MINJI JINFENGYI YUNDONG JIGOU KEKAOXING SHEJI

民机襟缝翼运动机构
可靠性设计

冯 军 主编

西北工业大学出版社

【内容简介】 本书详细介绍民用飞机襟缝翼机构可靠性分析、设计与试验的相关理论方法和工程应用。全书共分为 7 章,主要内容包括国内外机构可靠性研究现状,襟缝翼机构及可靠性技术的发展,襟缝翼机构可靠性工程设计要素和主要工作项目;民机襟缝翼机构适航要求及符合性验证方法;典型民机襟缝翼机构特点,民机襟缝翼机构主要失效模式和失效模式分析方法及应用案例;机构可靠性分析过程,基本理论及优化设计方法;典型襟缝翼机构可靠性设计;民机襟缝翼机构可靠性仿真分析基本流程和方法,以及相关工程应用案例;最后是民机襟缝翼机构可靠性试验与评估。

本书可供从事飞机机构设计特别是襟缝翼机构设计的科研人员、大专院校的教师、研究生及高年级本科生阅读参考。

图书在版编目(CIP)数据

民机襟缝翼运动机构可靠性设计/冯军主编. —西安:西北工业大学出版社,2015.12
ISBN 978-7-5612-4693-1

Ⅰ. ①民… Ⅱ. ①冯… Ⅲ. ①民用飞机—襟翼—机构综合—可靠性②民用飞机—前缘缝翼—机构综合—可靠性 Ⅳ. ①V224.5

中国版本图书馆 CIP 数据核字(2015)第 315334 号

出版发行:西北工业大学出版社
通信地址:西安市友谊西路 127 号   邮编:710072
电   话:(029)88493844 88491757
网   址:www.nwpup.com
印 刷 者:陕西博文印务有限责任公司
开   本:787 mm×1 092 mm   1/16
印   张:15.75
字   数:379 千字
版   次:2015 年 12 月第 1 版   2015 年 12 月第 1 次印刷
定   价:80.00 元(平装)   128.00 元(精装)

《民机襟缝翼运动机构可靠性设计》
编 委 会

前　　言

　　民机襟缝翼机构是用来操纵襟缝翼偏转的,以延迟机翼在大迎角飞行时失速的发生,改善起飞、着陆特性,提高各种飞行状态下飞机的机动性。它是飞机在起飞、爬升、进场和着陆阶段必须要使用的机械装置,也是飞行控制系统的一个重要组成部分,布置在现代飞机上机翼的前、后缘展长方向,主要包括有缝、襟翼操纵机构。这些机构一旦发生失效,轻则影响飞机任务的正常完成,重则导致严重的安全问题。据世界航空安全信息报道,飞机在起飞、爬升、进场和着陆阶段发生故障导致的死亡人数占总事故死亡人数的近 2/3,因此这几个阶段的飞机安全状况令人担忧。在民机适航标准中有多条关于飞机增升装置的技术设计要求,民航总局近年来多次专门发出针对襟缝翼操纵机电系统的适航性指令要求。

　　在现代飞机设计中,飞机的寿命指标如首翻期和总寿命要求日益提高,适航安全性要求更加苛刻。襟缝翼机构的复杂构成、复杂载荷工况特点和适航条款的严格规定使得传统的以"刚体运动学设计＋静强度安全系数校核＋经验"为主的较为粗放式的设计理念已经不能满足现代飞机襟缝翼机构的发展,因此需要考虑更复杂设计因素、更为精细化设计的方法和手段。同时,传统飞机机械类产品可靠性问题,大多依靠领先使用和实物试验暴露寿命问题,由于目前可靠性指标大幅提高,采用这种模式暴露问题的经济成本代价昂贵,设计更改带来的研制周期成本也难以忍受,会严重制约新型战机的研制进度和经济性。

　　本书从民用飞机顶层的适航要求出发,结合典型民用飞机襟缝翼机构形式和特点分析,总结归纳民用飞机典型失效案例,分析民用飞机襟缝翼机构关键部件和主要的失效模式。然后收集整理近些年国内外发展的可靠性分析方法和优化设计基本理论,为后续进行可靠性分析设计奠定理论基础。同时结合工程实际,总结提炼民用飞机典型襟缝翼可靠性设计流程和基本要素,应用可靠性基本理论,形成具体工程应用案例。最后从可靠性仿真试验和实物试验两个方面,详细阐述民机襟缝翼机构可靠性仿真试验和实物试验情况。

　　本书由冯军主编,第 1 章由喻天翔、朱胜利、朱小军、冯成慧等人编写,第 2 章由冯蕴雯、朱小军等人编写,第 3 章由冯蕴雯、喻天翔、崔卫民、朱小军等人编写,第 4 章由吕震宙编写,第 5 章由朱小军、喻天翔、冯蕴雯等人编写,第 6 章由喻天翔、吕震宙等人编写,第 7 章由朱胜利、冯成慧、庞宝才、冯蕴雯等人编写。

　　本书从策划到成稿历时 3 年多,在此期间,感谢民机重大专项的支持和资助,感谢西北工业大学航空学院各位老师的鼎力支持,感谢王斌团总师、宋笔锋教授对本书提出的中肯意见。他们的支持和有益的建议使得本书得到了进一步的完善。编写本书曾参阅了相关文献资料,在此,谨向其作者深表谢忱。

　　尽管慎之又慎,但是由于水平有限,书中难免存在不妥之处,恳求读者批评指正。

编　者

2015 年 9 月

目　　录

第1章　机构可靠性概述

机构是由运动副将若干个构件连接起来,并通过运动副使构件之间产生相对运动的系统,可实现运动、传递力与能量。飞机的起飞、降落及各种飞行动作都需要机构来完成。机构的可靠性对飞机飞行成败及飞行员、乘客的安全至关重要。

机构可靠性是指机构在规定时间和规定的条件下,完成规定功能的能力。该定义中的"规定时间"指的是机构完成规定功能需要经历的时间。"规定的条件"是指机构运行时候的环境和工作条件。"规定功能"是指机构设计时候所需要达到的传递运动、传递力的功能要求,根据不同类型的机构,所对应的功能要求和指标是不同的。总体上"规定功能"可以概括为机构运动的"准确性""及时性"和"协调性"。"准确性"是指机构传递运动的精确度要求。"及时性"是指运动时间要求。"协调性"是指机构整体功能之间的匹配和协调性,包括不同动作之间的协调性,整体性能指标的匹配性等。

机构可靠性可以采用不同的表征方法。机构可靠度常规的 3 种表达方式如下:①对于一次性开闭机构(如解锁机构),可以通过"在规定条件下和规定时间内,机构驱动力大于阻力的概率"来表征;②对于有输出参数要求的机构(如载荷机构),可以通过"在规定条件下和规定时间内,机构的输出参数在规定范围内的概率"来表征;③对于耗损特性明显的机构,可以通过"在规定条件下和规定时间内,机构的寿命大于规定任务时间的概率"来表征。

开展机构可靠性定量化设计与分析研究,其不仅涉及机构运动学、机构多体动力学、机构精度学、概率论与数理统计等多个学科,还涉及机构零部件的接触疲劳、摩擦学、腐蚀学等损伤机理对机构功能可靠性的影响研究。只有综合这些学科的研究成果,才能进行精细化的可靠性设计。因此,机构可靠性问题研究不仅是机构学研究的新领域,也是航空航天机构工程应用领域的关注热点。

1.1　机构可靠性国内外研究现状

飞机机构的可靠性研究一直是航空界备受关注的重要方面,国内外学者和相关研究单位对机构可靠性进行了大量的研究。机构可靠性问题大的方面可以分级为两个层次:机械零部件级可靠性问题和机构系统功能可靠性问题。现在从这两方面介绍机构可靠性的国内外研究现状。

1.机械零部件可靠性研究

可靠性技术领域的发展萌芽于电子类产品,基于电子类产品的偶发失效机理,借助故障统计学和概率理论,逐渐发展形成较为完善的电子类零部件的可靠性数据,形成了工程实用的、较为成熟的可靠性理论方法体系。借用电子类产品可靠性方法理论体系,欧美国家工业部门在 20 世纪 60~70 年代就开始重视非电机械零部件可靠性数据的收集和整理,逐渐积累了大量机械零部件的可靠性数据(参见表 1.1)。例如,欧美国家已经形成了 20 余种非电类零部件的可靠性数据库,在足够零部件的失效数据的基础上,形成了基于大量的非电产品可靠性统计数据的机械产品可靠性分析方法,如相似产品法、故障率预计法、评分预计法、可靠性框图法和NSWC 机械产品可靠性预计方法等。这些方法在机械零部件的可靠性设计分析中也起到很大的作用。

表 1.1　国外机械零部件可靠性数据源

Data Source	Title	Publisher and Date
GIDEP	Government Industry Data Exchange Program	United States Department of Commerce
NPRD – 3	Nonelectronic Parts Reliability Data	Reliability Analysis Center, RAC, New York, 1985
AVCO	Failure Rates	D. R. Earles, AVCO Corp. , 1962
CCPS	Guidelines for Process Equipment Reliability	American Institute of Chemical Engineers, 1990
Davenport and Warwick	A further Study of Pressure Vessels in theUK 1983 – 1988	AEA Technology – Safety and Reliability Directorate, 1991
DEFSTAN 0041, Part 3	MOD Practices and Procedures for Reliability and Maintainability, Part 3, Reliability Prediction	Ministry of Defense, 1983
R. F. de la Mare	Pipeline Reliability, report 80 – 0572	Det Norske Veritas/Bradford University, 1980
Dexter and Perkins	Component Failure Rate Data with Potential Applicability to a Nuclear Fuel Reprocessing Plant, report DP – 1633	E. I. Du Pont de Nemours and Company, USA, 1982
EIREDA	European Industry Reliability Data Handbook, Vol. 1 Electrical Power Plants	EUORSTAT , Paris, 1991
ENI Data Book	ENI Reliability Data Bank – Component Reliability Handbook	Ente Nazionale Indocarburi （ENI）, Milan, 1982
Green and Bourne	Reliability Technology	Wiley Interscience,London, 1972
IAEA TECDOC 478	Component Reliability Data for Use in Probabilistic Safety Assessment	International Atomic Energy Agency, Vienna, 1998
IEEE Std 500 – 1984	IEEE Guide to the Collection and Presentation of electrical, Electronic Sensing Component and Mechanical Equipment Reliability Data for Nuclear Power Generating Stations	Institution of Electrical and Electronic Engineers,New York, 1983
F. P. Lees	Loss Prevention in the Process Industries	Butterworth, London, 1980
MIL – HDBK 217E	Military Handbook – Reliability Prediction of Electronic Equipment , Issue E	US Department of Defense, 1986

续 表

Data Source	Title	Publisher and Date
OREDA 84	Offshore Reliability Data (OERDA) Handbook	OERDA, Hovik, Norway, 1984
OREDA 92	Offshore Reliability Data, 2nd Edition	DnV Technica, Norway, 1992
RKS/SKI 85 – 25	Reliability Data Book for Components in Swedish Nuclear Power Plants	RKS – Nuclear Safety Board of the Swedish Utilities and SKI – Swedish Nuclear Power Inspectorate, 1987
H. A. Rothbart	Mechanical Design and Systems Handbook	McGraw-Hill, 1964
D. J. Smith	Reliability and Maintainability in Perspective	Macmillan, London, 1985
Smith and Warwick	A Survey of Defects in Pressure Vessels in theUK (1962 – 1978) and its Relevance to Primary Circuits, report SRD R203	AEA Technology – Safety and Reliability Directorate, 1981
WASH 1400	Reactor Safety Study. An Assessment of Accident Risks anUS Commercial Nuclear Power Plants, Appendix III, Failure Data	US Atomic Energy Commission, 1974

　　然而,由于机械零部件的多样性、故障机理的复杂性,传统的借用电子类产品的以统计数据为基础的可靠性方法体系存在很大局限性,无法将产品的具体设计细节(如材料参数、尺寸参数及载荷参数等)与产品的可靠性指标建立直接的关系,已经不能满足高可靠性设计要求。因此,基于故障物理的可靠性理论方法在机械产品可靠性设计分析中逐渐获得重视。

　　基于故障物理的可靠性理论与方法,将概率与失效物理模型结合,能有效地表征失效的发生根源。早在 1946 年 Freuenthal 发表的《结构安全度》论文以及 1954 年拉尼岑提出的应力-强度干涉模型,奠定了基于故障物理的可靠性理论发展基础,并首先应用于结构构件失效的可靠性分析中。随后经过数十年的发展,该理论的发展沿着两个层次不断深入:其一是机械零部件失效机理模型研究,即如何建立表征机械零部件失效的失效物理模型及失效判断准则;其二是定量化可靠性模型及计算方法,即如何建立失效物理模型的概率表征计算模型以及高效、高精度的可靠度计算方法。

　　在机械零部件失效机理模型相关基础理论的研究方面,多年来结合机械零部件典型失效模式,已经积累了大量的研究成果,形成了大量基础损伤理论模型和方法,且还在进一步深化研究。在零部件疲劳失效分析研究领域主要集中在两个方面:疲劳累积损伤准则和裂纹扩展模型,形成了大量卓有成效的研究成果。在零部件磨损研究方面,经过多年的研究,沉淀了大量研究成果,据统计国内外现有的磨损计算模型超过 300 种。在腐蚀方面,结合金属材料腐蚀损伤,国内外也有大量研究工作,已有了相当的研究成果,形成了腐蚀磨损、腐蚀疲劳裂纹等多类计算模型。在机械产品中的高分子材料,如密封圈的老化研究方面,形成了多种老化性能预测方法,如 Dakin 寿命方程、动力学曲线直线化法、变量折合法(或称时温叠加法)、三元数学模型法(或称 P – t – T 数学模型法)、统计推算方法和基于修正的 Arrhenius 方程预测模型等。

在定量化可靠性模型及计算方法方面,基于结构可靠性基本理论,目前也形成了大量的研究成果。早在 20 世纪 40 年代,结构应力-强度干涉模型提出之后,形成了一次二阶矩法。经过多年的发展,以评估结构可靠度为目标,以概率统计理论为基础的可靠性计算方法相对成熟,形成了 RF 和 JC 法等解析计算方法、基于近似技术的可靠性分析方法(如响应面、Kriging 模型、神经网络和支持向量机等)和基于抽样技术的可靠性分析方法(如 Monte Carlo、重要抽样、描述性抽样、方向抽样、线抽样和子集模拟等),这些方法在解决零部件级失效上得到了广泛的应用。同时形成处理多失效模式相关的简单边界法、一阶边界法、二阶窄边界法、三阶高精度及考虑主次失效相关性的高精度计算方法等,以及考虑随机变量非概率性特征的模糊可靠性方法、区间可靠性分析方法等。这些方法的应用扩展了现有可靠性计算方法的使用范围,完善了机械零部件失效分析的可靠性建模过程。同时,受益于专业理论研究成果的日益丰富和计算机软硬件技术平台的开发,未来机械产品的可靠性设计和试验全面进入基于故障物理模型的可靠性设计分析和虚拟试验阶段。集成相关研究成果,一些机械结构可靠性计算分析软件也出现了,如美国西南研究院的 NESSUS 机械构件/结构可靠性分析软件。

相对而言,机械零部件可靠性问题的研究在国内始于 20 世纪 60 年代,对构件/结构静强度的研究采用并发展了国外的成熟理论,形成了大量的有关构件/结构静强度分析的研究专著。国内于 20 世纪 70 年代开始发展概率疲劳理论。高镇同院士创立了疲劳统计学分支学科,提出二维动态应力强度干涉模型和二维动态断裂干涉模型,并建立了现代化结构寿命可靠性评定专家系统,被用于我国多个飞机型号的定寿及延寿问题。80 年代发展了概率断裂力学和随机结构动力学。一些学者提出了扩阶系统法、随机因子法和概率密度演化法等用于随机结构动力响应分析,并对区间参数、模糊参数、模糊随机参数结构的动力可靠性进行了研究。

目前,国内广大研究工作者在机理研究和工程应用的基础上,已经形成了《机械设计手册》《飞机设计手册》以及《结构可靠性设计手册》等一系列包含静、动、疲劳失效的设计、分析方法和规范。借助国外基于故障物理的机械零部件失效方面的研究成果,国内相关专家也开展了大量的工程实践。针对机构运动副的接触疲劳失效,提出了非线性蠕滑力计算模型和一般有限弹性体接触问题的余虚功原理。另外,对于三维弹塑性接触力学问题进行了理论和算法研究,采用参变量变分原理和有限元二次规划法提出了三维弹塑性接触问题的求解方法及相应的数值计算程序 DELNA。在疲劳接触疲劳损伤问题方面也进行了大量的试验研究工作,如结构接触疲劳强度退化预测、接触磨损行为分析、不同材料的接触疲劳性能分析等。在摩擦与磨损领域开展的理论、试验和应用研究工作取得了若干进展,为建立准确的磨损失效模型奠定了基础。在流变润滑机理、润滑膜失效机理和微动磨损机制等方面进行了较为系统的研究,开展了大量试验考察了不同材料的抗磨性能,分析了磨损表面形貌的分形行为及其分形参数的变化规律,以及考虑污染物、高温等因素下的磨损过程。基于磨损模型和 Hertz 接触理论,一些学者提出了线接触零件磨损的通用仿真模型,用于凸轮、齿轮、铰链和轴承等摩擦副磨损动态全过程数值仿真;通过结合可靠性分析方法,进行铰链、凸轮和滑轨等的磨损可靠性研究。

近 30 年来,国内在密封件/垫片的失效机理、流体密封的基本理论、密封元件性能评价及退化规律、泄漏检测方法以及新型密封材料研究等方面取得了一定成果,并形成了密封产品和性能检测的相关标准。对于密封材料的抗磨损性能、抗腐蚀性能和抗老化性能等开展了一系列试验和理论研究工作,在性能退化定量计算方面,提出基于分形理论的时间相关密封泄漏预测模型建模方法和基于应力松弛数学模型的密封件老化寿命预测方法,并以接触压力、最大剪切力或是最大摩擦力等为失效判据的主要参数,结合有限元非线性分析,进行密封元件的可靠性计算。

2. 机构系统功能可靠性研究

对机构运动功能失效的研究,在国外最早的研究起于 20 世纪 60 年代对机构运动精度问题的研究,R. S. Hartenberg 和 J. Denavit 于 1964 年首次引入概率分析方法,基于杆件长度的最大允许公差,研究了四连杆机构的输出运动误差。1984 年,B. Z. Sandler 的《机械概率设计》奠定了采用概率方法分析机构运动精度的基础。到目前为止,机构运动误差分析的方法包含了转换机构法、微分法、作用线增量法、逐步投影法、矩阵法和矢量法等。

在过去的 30 年间,简单机构运动功能分析得到了广泛的开展,如考虑运动副间隙的平面连杆机构和曲柄滑块机构混沌行为的研究,提出了有效长度模型、虚杆原理等运动副间隙建模过程,对于在润滑条件下、热环境中的机构非线性动力学行为也进行了研究,并考虑了连杆柔性、裂纹、磨损等诸多因素对于机构动力学的影响。国外对于复杂机构运动功能分析也已有较多的研究成果。一些学者采用矩阵法、随机过程法、矩阵微分法等对考虑尺寸误差和运动间隙的空间机器手臂输出进行误差分析,虚拟样机技术也被广泛应用于空间机构运动学和动力学分析。同时,基于性能退化过程的复杂机构时变可靠性评估方法受到了学者们的关注,这种通过试验中的性能退化数据拟合来建立产品性能影响因素和性能之间的关系模型,借用试验数据分析达到预测故障发生时间的方法在装备健康监控和管理中得到了广泛应用。

针对机构运动功能可靠性的研究,目前国内也已经开展了较多的研究工作。针对机构运动精度的研究,在简单机构运动功能方面,通过建立不同的运动副间隙模型,基于微小位移叠加原理等误差分析方法考察尺寸误差、配合公差、材料性能对简单运动机构运动精度的影响,并提出了处理运动副间隙相关性的混合降维方法。在复杂机构运动功能分析方面,对于含间隙空间伸展机构、导弹折叠机翼、飞机操纵机构及其他空间机构等,采用摄动法、传递矩阵法、敏度矩阵解法和概率密度演化法等进行了机构非线性动力学响应及运动精度误差分析的研究,研究了尺寸误差、间隙、摩擦、碰撞、热变形等干扰因素下的机构非线性动力学行为及可靠性问题。对于机构的卡滞失效,国内相关研究相对较少,冯元生从能量角度提出机构卡滞的安全边界条件。陈建军等人发表的有关星载天线展开机构中同步齿轮系的卡滞失效问题研究,建立了综合考虑了尺寸误差、装配精度以及温度变化等因素的非概率可靠性模型,为多因素耦合下的齿轮系卡滞失效研究提供了一些参考。西北工业大学喻天翔等人针对复杂机构多因素耦合效应,基于机构多体仿真分析模型,开展了复杂机构功能可靠性模型和方法研究。金光等针对卫星动量轮提出了基于失效物理的可靠性评估框架,建立了可基于 Gamma 过程和基于随机阈值 Gauss - Brown 模型的性能退化分析模型。

总体而言,相对电子产品可靠性问题,机械产品存在机械零部件通用性较差、试验数据缺乏、试验成本昂贵等特点,因此,机械产品可靠性理论发展相对不成熟,是目前的研究热点。随着计算机技术、机械零部件失效机理相关模型和复杂系统仿真建模手段的成熟和完善,复杂机构可靠性问题必然向着更深更广的层次发展。

1.2 民机襟缝翼机构及可靠性发展

1.民机襟缝翼机构的发展概述

随着航空技术的发展,民用飞机襟缝翼复杂程度经历了倒"V"形的发展历程,从早期的单缝发展到中期三缝,再从三缝发展到单缝。图1.1总结了波音、空客、麦道三家主要民用飞机制造商从1957—1997年襟翼的发展趋势。最近10多年新出的B787,A380,A350无一例外地采用单缝襟翼,与图1.1中的发展趋势一致。

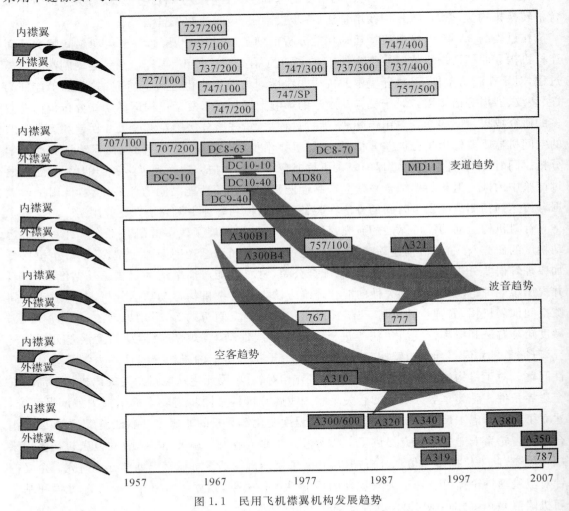

图 1.1 民用飞机襟翼机构发展趋势

前缘缝翼装置包括铰链前缘、可变拱形前缘、固定缝翼、简单克鲁格襟翼、可折叠克鲁格襟翼、两位置缝翼、三位置缝翼等。前缘增升装置在经历了形形色色的种类后,最终定格在安装在固定机翼前缘的齿轮和安装在缝翼圆弧滑轨下表面的齿条驱动的"三位置"缝翼。这种形式的前缘缝翼在 B757 上开始得到应用后,A320/321/319,A330/340,A380,A350,B777,B787都采用了这种形式。

后缘襟翼机构形式有富勒襟翼简单铰链机构、垂直四连杆机构、颠倒四连杆机构、颠倒/垂直四连杆机构、复杂四连杆机构、折线滑轨/圆弧、滑轨连杆/滑轨式机构。

随着 Y7,Y8,ARJ21,大型飞机等型号的研制,我国襟缝翼研制技术也有了较大的跃升,从金属襟翼到目前的复合材料襟翼,从单缝襟翼到三缝襟翼,从铰链式襟翼到滑轨式襟翼,从没研制过缝翼到大型飞机缝翼研制,从机构运动学二维设计到数字化三维仿真,从静力分析到多体动力学仿真技术,从静强度试验到地面功能试验,研制技术经历了由点突破到整个技术体系建立的过程。

襟缝翼机构的复杂程度、精细化设计和适航条款的严格规定对传统的以"刚体运动学设计＋静强度校核"为主的研发手段已经不能满足现代飞机襟缝翼的发展。民用飞机襟缝翼运动副设计、分析、试验技术,机构优化设计技术,机构可靠性设计、分析技术,多体动力学仿真技术,地面功能/可靠性试验技术等应运而生。

2. 民机襟缝翼机构可靠性工程技术发展概述

为了保证民机襟缝翼机构的功能可靠性问题,随着可靠性工程技术的发展,国内外工程部门和学者进行了大量的研究工作。20 世纪 50 年代初,由于飞机系统存在着高度复杂的结构与逻辑控制关系,从而大大增加了故障分析的时间和新产品的研制周期评估的难度,一些新的可靠性分析方面开始得到广泛应用,例如美国格鲁门飞机公司第一次将 FMEA 技术用于某飞机操作系统的设计分析,取得了很好的效果。60 年代后期和 70 年代初期,FMEA 方法开始广泛地应用于航空、航天、舰船、兵器等军用系统的设计研制中,并逐渐渗透到机械、汽车、医疗设备、核能等民用工业领域,用于各种产品和工艺的设计、生产管理等各个方面,对设计方案的改进和产品质量的保证起到了重要作用。同时 FMECA 方法也引入国内,形成相关标准和手册,在各个型号单位得到广泛应用。通过 FMEA 方法获得主要的失效模式和关键失效零部件。同时 FTA 和 FHA 等等一些可靠性分析方法也逐渐在襟缝翼操纵系统中得到广泛应用。这些基本的可靠性理论与方法的应用,有效地促进了襟缝翼机构可靠性工程设计技术的发展。

随着可靠性、耐久性理论的发展,襟缝翼机构的可靠性、耐久性分析工作也日益受到人们的重视。早些年,在工程领域,基于故障物理的可靠性、耐久性理论方法在襟缝翼机构的典型薄弱件上得到广泛的应用。例如针对襟缝翼结构失效问题,以结构疲劳失效为主,提出飞机结构耐久性设计方法和理念,以及基于飞机结构完整性为中心的飞机结构耐久性/损伤容限设计思想,以保证结构在满足设计目标寿命下的安全性、维修性及经济性。随着现有新型号飞机的高可靠性、长寿命和低维修成本要求,不仅给飞机结构提出了高耐久性设计要求,也给飞机机载设备的耐久性提出了更高的要求。国外近些年来,针对机载设备的特点,对机载设备耐久性问题更加重视。例如针对机载设备和子系统的完整性问题,2008 年,美国军标《机械设备和子系统完整性大纲》(MIL－STD－1798A)对机械设备和子系统的耐久性分析和试验提出了明确的要求,并在 2010 年提出改进版本 1798B。近些年来,在国内,耐久性的设计要求也同样逐渐明确到飞机机载设备的设计和试验中。

由于民机襟缝翼机构的复杂程度、民机适航的要求及对其可靠性和耐久性的要求越来越高,其可靠性和耐久性试验成本和费用昂贵,民机襟缝翼机构的可靠性设计变得日益困难。在20 世纪 70 年代以前,飞机都是将飞机襟缝翼机构的可靠性、耐久性试验与系统功能试验分开来进行,只进行典型零部件的可靠性、耐久性试验。这样进行分解往往只是分别考虑各自的载荷特点,很难模拟襟缝翼机构系统作为一个整体在飞机飞行过程中的真实受载历程,这样必然会导致可靠性、耐久性试验结果的分散性。20世纪70年代后期,福克(Fokker)F-28飞机首先将襟缝翼机构系统放在一起进行了可靠性、耐久性试验。后来英国的BAe-146飞机也效仿了F-28飞机的作法,进行了襟缝翼机构一边运动一边加载的可靠性、耐久性试验。但是以上两个机种只是将襟缝翼机构系统安装在地面支持装置上,而没有装在真实的机翼上,也就是没有考虑机翼结构的变形对其的影响。试验中襟翼的收放运动是靠地面电机和变速传动机构实现的。因此该方法不能实现真实载荷的模拟,且完全进行试验的成本昂贵。

近些年来,随着计算机技术的广泛应用,计算机技术的计算速度和计算规模大幅度提高,相关商用软件平台日益完善,这些都使得在计算机上模拟真实世界的机械产品的工作模式成为现实。为了弥补真实物理试验成本昂贵、周期费用长的缺陷,仿真技术和试验相结合的机械产品可靠性、耐久性设计成为现实,并逐渐得到应用。

对于飞机的襟缝翼机构典型零部件滑轨,A320飞机采用商用软件建模进行襟翼滑轨有限元仿真分析,以滑轨实物模拟载荷工况试验(如图1.2所示),通过仿真结合和实测数据对比分析,验证模型的正确性,在此基础上进行滑轨结构可靠性、耐久性优化设计,并分析了出现裂纹的原因。在后续的设计工作中,优化了结构形式,并改进了横截面积等相关参数,以避免进一步出现裂纹,很好地解决了该零部件的可靠性、耐久性问题。同样,为了考核某民机滚轮和滑轨表面涂层的磨损耐久性问题,对滚轮和滑轨涂层进行有限元接触应力仿真分析,并结合试验考核涂层的磨损耐久性问题,如图1.3所示。西北工业大学相关研究团队对某飞机襟翼齿轮和齿条机构,通过耐久性仿真和试验相结合,有效地评估了齿轮齿条机构耐久性问题,如图1.4所示。

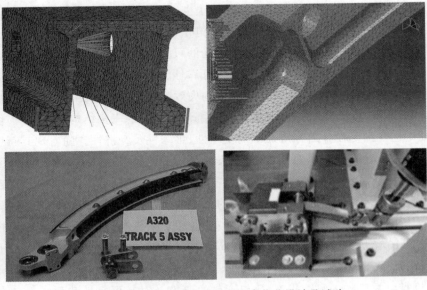

图1.2 A320缝翼滑轨疲劳寿命优化设计及试验

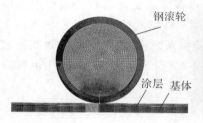

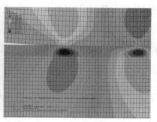

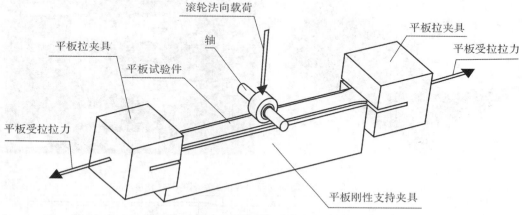

图 1.3　平板/滚轮式涂层接触和剪切应力仿真分析及耐久性试验

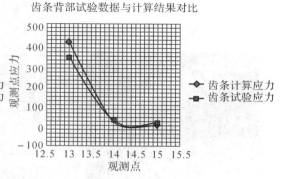

图 1.4　某缝翼齿轮和齿条耐久性仿真分析和试验

通过仿真和试验相结合进行可靠性、耐久性分析,不仅在襟缝翼机构简单零部件可靠性、耐久性分析中得到应用,而且在襟缝翼增升装置机构系统可靠性、耐久性分析中应用越来越广泛。例如，巴西 EMB170 飞机襟翼操纵系统（见图 1.5）通过多体系统仿真软件进行刚柔耦合的运动学和动力学仿真模型，在模拟载荷环境下进行机构耐久性试验，通过试验和仿真相互结合进行故障模拟试验。同样，空客公司的 A380 飞机等襟缝翼系统（见图 1.6）也通过实物试验和仿真试验相结合，指导可靠性、耐久性分析与设计。国内 ARJ21 飞机襟缝翼机构也进行了类似的研究工作（见图 1.7）。

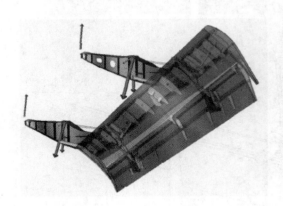

主襟翼的横梁和壁板　　　后襟翼的横梁和壁板

上侧　前侧　外侧

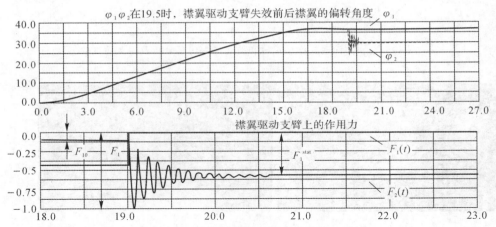

图 1.5　巴西 EMB170 襟翼操纵系统仿真、耐久性试验及故障模拟

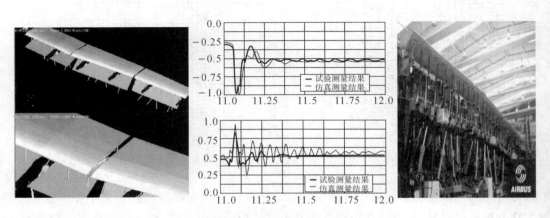

图 1.6　A380 飞机襟翼操纵系统仿真与可靠性、耐久性试验

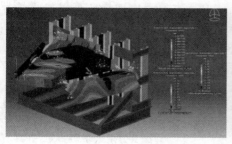

图 1.7　ARJ 21 - 700 襟缝翼机构多体系统仿真和实物可靠性、耐久性试验

总之,随着相关技术发展,民机襟缝翼机构可靠性工程技术呈以下三方面的发展趋势。

(1)在常规定性可靠性分析理论与方法在民机襟缝翼机构系统中得到广泛应用的同时,以故障模式为核心的基于故障物理的可靠性理论方法逐渐得到更为广泛的应用,同时会与产品设计者更加紧密地结合起来。

(2)受益于专业理论研究成果的日益丰富和计算机技术软硬件技术平台的开发,产品的可靠性、耐久性设计和试验全面进入基于仿真模型的可靠性、耐久性设计和虚拟试验阶段,应用范围从传统简单部件到复杂机构系统。

(3)为保证仿真分析的准确性和可靠性、耐久性试验的经济性,日益强调仿真试验和实物试验的相互结合和补充。

1.3　襟缝翼机构可靠性设计要素与主要工作项目

1.民机襟缝翼机构可靠性设计要点

机构可靠性定义为"机构在规定的时间和规定的条件下完成规定任务或规定功能的能力"。根据机构可靠性的定义,"规定的时间和规定的条件下"是外围的条件,是"不可设计"的,"规定功能"是"设计要实现"的而且是"必须符合"的,所以准确定义出机构的"规定功能"是机构可靠性设计的第一步,也是最关键的一步。

对民机襟缝翼机构而言,"规定的时间"包括春夏秋冬的白天和晚上。"规定的条件"包括自然条件和机械条件两部分,自然条件包括相关的飞行高度、闪电、雨雾、大气压、温度、湿度、沙尘、盐雾等,机械条件包括飞机振动、冲击等。对民机襟缝翼机构而言,严酷的时间和条件包括冬季运动副间隙结冰造成的运动副卡滞,闪电造成的关节轴承卡滞(安装合适的电搭铁可以避免),腐蚀和沙尘造成的滚轮轴承锈蚀卡滞。

对民机襟缝翼机构而言,"规定任务或规定功能"分为两部分,包括总体专业赋予的基本功能和适航局赋予的特种功能。总体专业赋予襟缝翼的功能为"起飞时能安全地运动至起飞构型并保持;起飞完成后,能顺利地运动至巡航构型并保持;在降落时能安全地运动至降落构型并保持"。适航赋予襟缝翼的功能是"在发生操纵系统卡滞故障、操纵系统断裂故障时,不影响飞行任务"。

根据适航条款、总体要求和前期的研究基础,将民机襟、缝翼机构功能定义为 9 种(为统一起见,将某些性能也定义为功能,如寿命等),见表 1.2。民机襟缝翼机构可靠性设计主要针对这 9 种功能来开展,从某种意义上讲,满足了这 9 种功能的民机襟缝翼运动机构,基本是可靠的设计。也就是说,民机襟缝翼机构可靠性设计要点主要是由围绕实现民机襟缝翼机 9 种功能开展的设计、分析、试验的 24 条设计措施组成的。

表 1.2 民机襟缝翼运动机构的 9 大功能及相关设计措施

序 号	功 能	功能描述	设计措施
1	承载功能	气动载荷及机动载荷	1)安全系数满足要求
2	运动功能	从巡航构型→起飞构型→巡航构型→降落构型→巡航构型	2)机构无死点 3)操纵力矩大于阻力矩,并具有一定的安全系数
3	定位/保持功能	在巡航构型、起飞构型和降落构型等三种构型的定位和保持	4)操纵件及定位接头强度刚度足够 5)防松措施有效
4	防系统断裂故障功能	丝杠断裂、旋转作动器断裂等	6)相邻两块襟翼之间有交联推拉杆 7)旋转作动器操纵杆采用背靠背破损安全设计 8)操纵接头采用破损安全设计 9)主传力路线采用破损安全设计
5	防系统卡滞功能	丝杠等发生卡滞	10)操纵有合理的扭矩保护 11)及时更换磨损严重的丝杠等操纵系统
6	防结构断裂故障功能	包括运动构件断裂	12)摇臂支臂具有破损安全设计 13)螺栓具有破损安全设计 14)连接有破损安全设计
7	防结构卡滞故障功能	铰链点关节轴承、滚轮轴承等在发生卡滞时,不影响飞行任务	15)襟、缝翼支点布置合理,变形小 16)襟、缝翼本体及机构有足够的刚度 17)铰链关节轴承有电搭铁 18)铰链关节轴承卡滞后,允许轴承内环与螺栓转动 19)操纵系统设计有合理的扭矩保护
8	寿命功能	60 000 个飞行起落、90 000 个飞行起落	20)典型运动副设计合理,有耐磨措施 21)载荷、应力水平设计合理 22)润滑维护及时
9	运动精度	左右机翼襟、缝翼不同步或同一块舵面两个操纵不同步	23)操纵系统操纵精度高,同步性好,如机械操纵精度和同步性高于液压操纵 24)舵面设计倾斜传感器

2. 民机襟缝翼机构可靠性工作项目

《装备可靠性工作通用要求》(GJB450A — 2004)规定了装备各研制阶段应实施的可靠性工作项目。对于民用飞机的可靠性工作项目,国内外均没有相应的标准进行明确规定。对民机襟缝翼运动机构而言,在各研制阶段需要开展哪些可靠性工作项目,目前无章可循。

本文依据民机适航 25 部与襟缝翼的相关条款、GJB450A 和相关研究基础,给出了民机襟、缝翼机构各研制阶段的可靠性主要工作项目,以供工程技术人员参考(见图 1.8)。

随着计算机技术和多体动力学理论的发展,以及计算多体动力学在 A380,EBM170,大型运输机等襟、缝翼运动机构中的逐渐应用,本文结合适航条款和前期的研究基础给出了民机襟缝翼运动机构多体动力学主要工作项目(见图 1.9)。

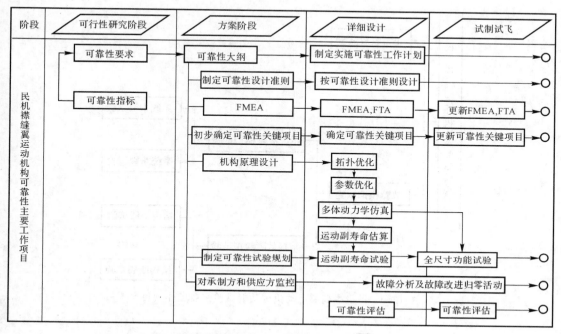

图 1.8　民机襟缝翼运动机构可靠性主要工作项目

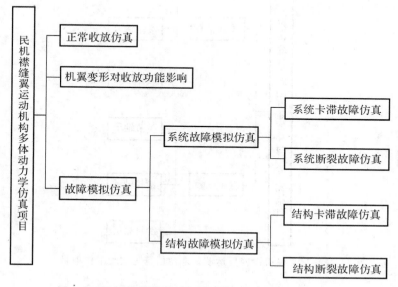

图 1.9　民机襟缝翼运动机构多体动力学主要工作项目

随着舵面随动加载与控制技术的发展,EBM170,A380,A350,大型运输机等最新的一批型号开展了地面功能试验,本文结合适航条款和前期的研究基础给出了民机襟缝翼运动机构功能试验的主要工作项目(见图1.10)。

随着运动副寿命估算模型、载荷谱当量技术和国内试验技术的发展,本文结合前期的研究基础给出了民机襟缝翼运动副寿命估算与试验主要工作项目(见图1.11)。

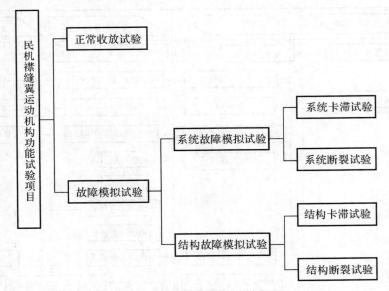

图 1.10　民机襟缝翼运动机构功能试验主要工作项目

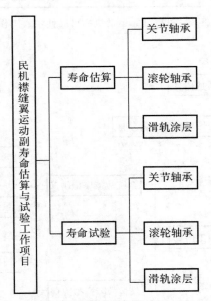

图 1.11　民机襟缝翼运动副寿命估算与试验工作项目

1.4　术语与基本概念表

FTA——故障树分析;　　　　　　　　　　FMEA——故障模式与影响分析;

R—— 可靠度；

P_r—— 可靠度；

$R(t)$—— 可靠度函数；

$\lambda(t)$—— 失效率函数,瞬时失效率；

ε—— 尺度系数；

MTBF—— 平均故障间隔；

X—— 随机变量；

σ—— 工作时的正应力(MPa)；

σ_s—— 材料的抗拉屈服点(MPa)；

θ—— 扭转角(° 或 rad)；

u—— 磨损速度；

w—— 线性磨损量；

β—— 可靠性指标；

P_f—— 失效概率；

λ—— 失效率(故障率)；

μ—— 均值；

η—— 威布尔分布的尺度参数；

N—— 母体容量；

α—— 显著水平,风险度；

σ_b—— 材料的抗拉强度(MPa)；

σ_m—— 平均应力(MPa)；

d—— 滑轨厚度(mm)；

v—— 摩擦表面的相对滑动速度；

ρ—— 相关系数。

机构——由运动副将若干个构件连接起来,并通过运动副使构件之间产生相对运动的系统,可实现运动、传递力与能量。

襟翼机构——现代机翼边缘部分的一种翼面形可动装置,通常装在机翼前缘或后缘,可向下偏转及向前(后)滑动,其基本效用是在飞行中增加升力。

前缘缝翼机构——安装在基本机翼前缘的一段或几段狭长小翼,其靠增大翼型弯度来获得升力增加的一种增升装置。

可靠性——产品在规定的条件下及规定的时间内,完成规定功能的能力。

基本可靠性——产品在规定条件下无故障的持续时间或概率,它反映产品对维修人力的要求。

任务可靠性——产品在规定的任务剖面(产品在完成规定任务这段时间内所经历的事件和环境的时序描述,又称任务历程)内完成规定功能的能力。

可靠性指标——用来衡量产品可靠性的指标,一般主要是平均寿命时间 MTTF(不可修复产品)或者平均故障时间 MTBF(可修复产品)以及安全性、维修性和检测性等方面的指标。

机构可靠性——在规定的时间内和规定的条件下,机构完成规定功能的能力。

机构可靠度——在规定的时间内和规定的条件下,机构完成规定功能的概率。

功能函数(极限状态方程)——结构机构的功能函数,一般定义为结构机构在其基本随机变量作用下的响应值与规定的失效阈值的差值。因此它描述了结构机构所处的状态。一般用 $g(\boldsymbol{x})$ 表示,$\boldsymbol{x}=(x_1,x_2,\cdots,x_n)$ 是决定结构机构状态不确定性的基本变量,基本变量的不确定性是由变量之间的联合概率密度函数 $f_X(\boldsymbol{x})$ 确定。

故障——与可靠性相对应,在规定的条件下和规定的时间内,不能完成规定功能的事件或状态,称之为故障(即产品丧失了规定的功能)。对于不可修产品(如电子元器件),又称失效。

累积故障概率(又称不可靠度)——产品在规定的条件下和规定的时间内,丧失规定功能的概率。对于不可修产品,称为失效概率。

故障密度函数——对累积故障函数 $F(t)$ 求导,则得故障密度函数 $f(t)$,又称失效密度函数。

故障率——又称失效率,常用的故障率有平均故障率和瞬时故障率。

平均故障率——工作到某时刻 t 时尚未发生故障的产品,在该时刻后平均单位时间内发生故障的概率。

瞬时故障率——工作到某时刻 t 时尚未发生故障的产品,在该时刻后的瞬时平均单位时间内发生故障的概率。

每飞行小时平均概率(average probability per flight hour)——是指一型飞机所有飞机的全部运营寿命内某一失效状态预计发生的次数除以此型号所有飞机的预期总运营小时数。

灾难性的(catastrophic)——故障或失效会阻止飞机继续安全飞行和安全着陆,则称此故障或失效为灾难性的。

危险的(hazardous)——故障或失效如果引起以下后果:如大幅度降低安全裕度或功能能力;飞行机组工作负担更高或者身体不适以至于不能依靠飞行机组准确执行或者完成任务;对乘员造成不利的影响。则称此故障或失效为危险的。

重大的(major)——故障或失效如果引起以下后果:如显著降低安全裕度或功能能力;显著增加飞行机组的工作负担或者健康状况,削弱飞行机组的工作效率;对乘员造成一些不适。则称此故障或失效为重大的。

微小的(minor)——故障或失效引起以下后果:如轻微降低安全裕度;轻微加重飞行机组工作负担;对乘员造成一些不便。则称此故障或失效为微小的。

无安全影响(no safety effect)——指不会对飞机的安全运营和安全性产生影响的故障,此类故障不会对机组造成影响,不会增加机组工作负担,可能对乘客造成少量不方便。其定性发生概率为经常的或无定量的发生概率要求。

失效状态(failure condition)——考虑飞行阶段、相关不利运行条件或环境条件、外部事件等,由一个或多个失效或错误引起或造成的情况,对飞机、乘员和/或其他人员产生直接的或造成间接的影响。

错误(error)——指机组或维修人员不正确的动作或动作遗漏,或者是在设计需求、产品设计或实施的过程中一个错误。

事件(event)——指发生源头在飞机之外的事情,如天气状况(包括突风、温度变化、结冰、闪电等)、跑道状况、通信和导航状况、监视服务、鸟撞、客舱和货舱着火等。

误导的(misleading)——是指不正确的(或没有)信息语音提示(警告)或信息显示,机组收到信息后会将其理解为正确的信息提示或信息显示。

非指令性的(uncommanded)——在机组没有给出指令的情况下,系统所执行的动作;或者是由自动控制系统发出的不正确的命令。

单点失效(single failure)——造成某个设备、零部件或系统不能完成预期的功能的,任何单一事件或不能表明相互独立性的事件组合。

单个失效模式——结构机构的失效模式是与结构机构的极限状态方程相对应的,当结构机构只有一个极限状态方程时,则结构机构也只有一个失效状态,称结构机构具有单个失效模式。对于单个失效模式的情况,单个失效模式的可靠度就是结构机构的可靠度。

多个失效模式——当结构机构具有多个极限状态方程时,称结构机构具有多个失效模式。对于多个失效模式的问题,结构机构的失效概率与某个模式的失效概率之间并不是简单的对应关系,结构机构失效与模式失效之间存在的是一定的逻辑关系,如串联、并联、混联等。对于这种问题必须先确定出结构机构失效与模式失效之间的逻辑关系,进而由模式的失效概率确定结构机构的失效概率。

失效模式分析——用来分析当前或以往过程的失效模式数据,以防止这些失效模式将来再发生的正式的结构化程序。

平均故障前时间(Mean Time To Failure,MTTF)——不可修复产品故障前工作时间的数学期望,简称平均故障时间。

平均故障间隔时间(Mean Time Between Failures,MTBF)——可修复产品相邻两次故障时刻之间工作时间的数学期望(均值)。

平均寿命——产品寿命的平均值,或称寿命的数学期望。对于不可修复产品来说,平均寿命就是平均故障前时间。对于可修复产品,即通过修复性维修可恢复到规定状态来说,平均寿命就是平均故障间隔时间。

可靠寿命——指可靠度为给定值 r 时的工作寿命。

中位寿命——指可靠度 $r=50\%$ 的可靠寿命。

特征寿命——指可靠度 $r=\mathrm{e}^{-1}$ 的可靠寿命。

可靠性灵敏度——基本变量分布参数的变化引起失效概率变化的比率。

多体系统动力学——包括多刚体系统动力学和柔性多体系统动力学,是研究多体系统(由若干个柔性和刚性物体相互连接所组成)运动规律的科学。

多刚体系统——对于低速运动的实际工程对象,其零部件的弹性变形并不影响其大范围的运动形态,在这种情况下,系统中的物体可作刚体假定,这样的多体系统称为多刚体系统。

柔性多体系统——若多体系统中的零部件的大范围运动与构件的弹性变形耦合将影响系统动力学性态,则分析这类系统动力学时,物体必须作柔性体假定,这样的多体系统称为柔性多体系统。

刚-柔混合多体系统——若在柔性多体系统中部分物体仍可作刚体假定,则其构成的力学模型称为刚-柔混合多体系统。

可靠性仿真试验——一种以计算机仿真来部分替代实物的试验,将仿真计算的结果作为多次模拟试验结果加以分析的方法。

除本文规定的术语、定义外,其他相关术语、定义采用 GJB 451A — 2004 规定的术语、定义。

参 考 文 献

[1]　机械设计手册:第 1 卷[M].5 版.北京:化学工业出版社,2011.

[2]　Anton van Beek. 现代机械工程设计—全寿命周期性能与可靠性[M].刘传军,译. 北京:清华大学出版社,2009.

[3]　宋笔锋.飞行器可靠性工程[M].西安:西北工业大学出版社,2006.

[4]　Cornell C A. Structural safety specification based on second–moment reliability[M]. London:System international association of bridge and structure,1969.

[5]　Hasofer A M,Lind N C. An exact and invariant first order reliability format [J]. Journal of Engineering Mechanics,ASCE,1974,100(1):111 – 121.

[6]　张建国,苏多,刘英卫. 机械产品可靠性分析与优化[M]. 北京:电子工业出版社,2008.

[7] 吕震宙，宋述芳，李洪双，等. 结构机构可靠性及可靠性灵敏度分析[M]. 北京：科学出版社，2009.

[8] Bucher C G, Bourgund U. A fast and efficient response surface approach for structural reliability problems [J]. Structural Safety, 1990, 7(1): 57 – 66.

[9] Rajashekhar M R, Ellingwood B R. A new look at the response safe approach for reliability analysis [J]. Structural Safety, 1993, 12(3): 205 – 220.

[10] Kaymaz I, Chris A M. A response surface method based on weighted regression for structural reliability analysis [J]. Probability engineering mechanics, 2005, 20(1): 11 – 17.

[11] Hurtado J E. An examination of methods for approximating implicit limit state function from the viewpoint of statistical learning theory [J]. Structural Safety, 2004, 26(1):11 – 17.

[12] Echard B, Gayton N, Lemaire M. AK – MCS: An active learning reliability method combining kriging and monte carlo simulation [J]. Structural Safety, 2011, 33: 145 – 154.

[13] Kaymaz I. Application of kriging method to structural reliability problems [J]. Structural Safety, 2005, 27: 133 – 151.

[14] Simpson T W, Mauery T M, Korte J J, et al. Kriging Models for Global Approximation in Simulation – Based Multidisciplinary Design Optimization [J]. AIAA Journal, 2001, 39(12): 2233 – 2241.

[15] Hurtado J E, Alvarez D A. Neural – network – based reliability analysis: a comparative study [J]. Computer methods in applied mechanics and engineering, 2001, 191:113 – 132.

[16] Elhewy A H, Mesbahi E, Pu Y. Reliability analysis of structures using neural network method [J]. Probabilistic Engineering Mechanics, 2006, 21: 44 – 53.

[17] Mechers R E. Importance sampling in structural systems [J]. Structural Safety, 1989, 6(1):3 – 10.

[18] Pradlwarter H J, Pellissetti M F, Schenk C A, et al. Realistic and efficient reliability estimation for aerospace structure [J]. Computer Methods in Applied Mechanics and Engineering, 2005, 194(12 – 16): 1597 – 1617.

[19] Au S K, Beck J L. Estimation of small failure probabilities in high dimensions by subset simulation [J]. Probabilistic Engineering Mechanics, 2001, 16(4): 263 – 277.

[20] Au S K. Reliability – based design sensitivity by efficient simulation [J]. Computers & Structure, 2005, 83(14): 1048 – 1061.

[21] Rosenblatt M. Remarks on a multivariate transformation [J]. The Annals of Mathematical Statistics, 1952, 23(3): 470 – 472.

[22] Lebrun R, Dutfoy A. A generalization of the Nataf transformation to distributions with elliptical copula [J]. Probabilistic Engineering Mechanics, 2009, 24(2): 172 – 178.

[23] Marshall A W, Olkin I. A multivariate exponential distribution [J]. Journal of the

American Statistical Association，1967，62：30 – 44.

[24]　Fleming K N. Hunnaman G W Common cause failure considerations in predicting HTGR cooling system reliability [J]. IEEE Transaction on Reliability，1976，25：171 – 177.

[25]　Dutuit Y，Chatelet E，Signoret J P，et al. Dependability modeling and evaluation by using stochastic Petri nets：application to two test cases [J]. Reliability Engineering and System Safety，1997，55：117 – 124.

[26]　Volovoi V. Modeling of system reliability Petri nets with aging tokens [J]. Reliability Engineering and System Safety，2004，84：149 – 161.

[27]　Marsegeuerra M，Zio E，Devooght J，et al. A Concept paper on time – dependent reliability via Monte Carlo simulation [J]. Mathematics and Computers in Simulation，1998，47：371 – 382.

[28]　Marsegeuerra M，Zio E，Cadini F. Biased Monte Carlo unavailability analysis for systems with time – depedent failure rates [J]. Reliability Engineering and System Safety，2002，76(1)：11 – 17.

[29]　Yang J N，Shinozuka M. On the first excursion probability in stationary narrow band random vibration [J]. Journal of Applied Mechanics，1971，38：1071 – 1022.

[30]　刘惟信. 机械可靠性设计[M]. 北京：清华大学出版社，1995.

[31]　Shen Z Y，Hedrick J K，Elkins J A. A comparison of ahemative creep – force models for rail vehicles dynamic analysis [J]. Proceeding 8th IAVSD，Cambridge，Ma.，1984：591 – 605.

[32]　Zhou Z R，Vicent L. Lubrication in fretting — a review [J]. Wear，1999，225：962 –965.

[33]　Zhou Z R，Liu Q Y，Zhu M H，et al. An investigation of fretting behavior of sevseal metallic materials under grease lubrication [J]. Tribology International，2000，33：69 –71.

[34]　孙法国. 运载火箭阀门可靠性与优化设计研究[D]. 西安：西北工业大学，2009.

[35]　石则昌，刘深厚. 机构精确度[M]. 北京：高等教育出版社，1995.

[36]　徐卫良，张启先. 空间开链和闭链连杆机构误差研究的微小位移合成法[J]. 北京航空学院学报，1987，1：69 – 80.

[37]　刘深厚，陆锡年，石则昌. 空间连杆机构位置误差分析的环路增量法[J]. 机械工程学报，1991，27(2)：13 – 20.

[38]　Jia X，Jin D，Ji L，et al. Investigation on the dynamic performance of the tripod – ball sliding joint with clearance in a crank – slider mechanism，part 1，Theoretical and experimental results[J]. Journal of Sound and Vibration，2002，252(5)：919 – 933.

[39]　黄玮，冯蕴雯，吕震宙，等. 考虑铰链运动副间隙的机构运动可靠性分析模型[J]. 机械强度，2007，29(2)：264 – 268.

[40]　Wang J G，Zhang J f，Du X P. Hybrid dimension reduction for mechanism reliability analysis with random joint clearances [J]. Mechanism and Machine Theory，2011，46：1396 – 1410.

[41] 杨玉虎，洪振宇，张策. 机构位置误差分析的传递矩阵法[J]. 机械工程学报，2005，41(2)：20-23.

[42] 张建国，刘英卫，苏多. 飞行器机构可靠性分析技术及应用[J]. 航空学报，2006，27(5)：827-829.

[43] Guo Z W，Bai G C. Application of least squares support vector machine for regression to reliability analysis [J]. Chinese Journal of Aeronautics，2009，22：160-166.

[44] 崔利杰，吕震宙，王奇. 概率密度演化方法在机构运动精度可靠性中的应用研究[J]. 机械科学与技术，2010，29(5)：690-700.

[45] Shi B，Jin Y. Dynamic analysis of the reheat-stop-valve mechanism with revolute clearance joint in consideration of thermal effect [J]. Mechanism and Machine Theory，2008，43：1625-1638.

[46] 陈培，王兴. 空间2-RSSS机构的误差分析[J]. 北京航空航天大学学报，2011，37(3)：263-267.

[47] Feng Y S. The development of theory of mechanism reliability[J]. Reliability Engineering and System Safety，1993，41：95-99.

[48] 贺东斌. 多支点轴防变形卡住可靠性分析[J]. 航空学报，1995，16(2)：243-245.

[49] 冯蕴雯，薛小峰，宋笔锋，等. 机构卡滞与定位可靠性分析[J]. 机械科学与技术，2005，24(9)：1045-1048.

[50] 刘强，周经伦，金光，等. 基于随机阈值的Gauss-Brown失效物理模型的动量轮可靠性评估[J]. 宇航学报，2009，30(5)：2109-2115.

[51] Jin G，Liu Q，Zhou J L，et al. Repofe：Reliability physics of failure estimation based on stochastic performance degradation for the momentum wheel [J]. Engineering Failure Analysis，2012，22：50-63.

[52] 袁波，冯成慧，李刚. 飞机襟翼机构动力学仿真分析[C]. 中国航空学会结构强度专业学术交流会，2013：283-289.

第2章 民机襟缝翼适航要求及符合性验证方法

2.1 民用飞机适航性的定义

民用飞机的适航性,是指每一种型号飞机在设计过程中必须符合适用的适航标准;每一架产品飞机的制造符合经批准的程序,并且每一架交付投入营运的飞机,在其全寿命期内保持适航规定的安全性水平。

对于飞机设计来说,应使其设计的型号飞机符合适用的适航标准,并在飞机的全寿命期内处于安全可运行状态,应促使、监督制造方生产的每一架产品飞机符合经批准的型号设计。

2.2 襟缝翼相关适航条款及阐明

中国民用航空规章第25部《运输类飞机适航标准》中与民机襟缝翼有关的适航条款包括:关于增升装置飞行载荷的 CCAR 25.345、关于操纵面强度符合性证明的 CCAR 25.651 和操纵面铰链载荷的 CCAR 25.657、关于襟缝翼操纵系统失效的 CCAR 25.671 和关于襟翼与缝翼的交连机构的 CCAR 25.701,下面分别对襟缝翼各相关适航条款进行分析阐明。

2.2.1 有关襟缝翼载荷的适航条款及其阐明

适航条款:

CCAR25.345 增升装置:

(a)如果在起飞、进场或着陆期间要使用襟翼,则假定在对应于这些飞行阶段的设计襟翼速度(按 §25.335(e)制定)下,且襟翼处于相应的位置,飞机经受对称机动和对称突风,必须由下列情况得到限制载荷:

(1)机动到正限制载荷系数为 2.0;

(2)垂直作用于水平飞行航迹的正、负突风速度为 7.60m/s。

阐明:

本条款规定了飞机上使用的增升装置(如前缘缝翼、后缘襟翼等)的结构载荷系数要求,同时规定了襟翼或类似的增升装置处于放下位置时,飞机应能承受对称突风和对称机动。建议 CCAR 25.345 条款的符合性验证方法可采用符合性说明、分析、实验室试验和试飞等方法。申请人在进行上述符合性验证工作时,可能需要提交的符合性证据有以下几种:说明性文件、计算分析报告、风洞试验报告、试飞验证报告。

2.2.2 有关襟缝翼强度的适航条款及其阐明

适航条款:

CCAR 25.651 强度符合性的证明：

（a）对各操作面要求进行限制载荷试验，这些试验必须包括与操作系统连接的支臂或接头。

（b）对各操作面铰链必须进行分析或单独的载荷试验，来表明满足 CCAR 25.619 至 CCAR 25.625 及 CCAR 25.657 中规定的特殊系数要求。

阐明：

本条（a）款规定对各操纵面要求进行限制载荷试验，试验必须包括与操纵系统连接的支臂或接头。操纵面的限制载荷试验是为了验证操纵面承受限制载荷的能力。在限制载荷作用下，操纵面的强度、刚度和运动的灵活性应符合要求。应通过试验表明结构能承受限制载荷而无有害的永久变形，其弹性变形不会妨害飞机的安全操作。操纵面上的载荷是通过悬挂接头和操纵摇臂传向主翼面或与操纵系统的操纵力相平衡的，所以操纵面的限制载荷试验必须包括接头与操纵摇臂。

操纵面的铰链和接头都是重要构件，其损坏可能导致飞机丧失操纵性。本条（b）款规定对操纵面铰链必须进行分析或单独的载荷试验，来表明满足 CCAR 25.619 至 CCAR 25.625 及 CCAR 25.657 中规定的特殊系数要求。

该条款的符合性验证方法可采用符合性说明、分析、实验室试验等方法。

适航条款：

CCAR 25.657 铰链：

（a）对操作面铰链，包括滚珠、滚柱和自润滑轴承铰链，不得超过批准的轴承的载荷额定值，非标准结构形式的轴承和载荷额定值必须根据经验或试验制定，在缺乏合理研究的情况下，用作轴承的最软材料，其极限支承强度的安全系数必须不小于 6.67。

（b）对平行于铰链轴线的载荷，铰链必须具有足够的强度和刚度。

阐明：

本条款对飞机操纵面的铰链的选择（标准铰链）和设计（非标准铰链）提出了要求。条款中飞机操纵面包括襟翼、副翼、缝翼、扰流板、升降舵、方向舵以及可调水平安定面等。

铰链作为操纵面与机体（垂尾或机翼）的连接部位，铰链上的轴承与机体结合并成为机体的一部分，对操纵面提供支持。为了使操纵面能平稳有效地工作，轴承不应损坏或出现故障。因此，对于操纵面铰链所选用的标准轴承，其工作负荷不得超过批准的轴承的载荷额定值。如果采用了非标准轴承，其载荷额定值无法从现用的轴承标准手册中查到，必须根据经验或试验确定。当缺乏合理的研究时，可根据极限支承强度来估算轴承的额定载荷，这时对硬度最低的材料采用的特殊安全系数不小于 6.67。

铰链除承受径向载荷外，还可能承受平行于铰链轴线的载荷。因此必须按 CCAR 25.393 的要求验证铰链及其安装支座的强度和刚度。带有安装支座的支臂应有足够的强度和刚度，特别是在承受平行于铰链轴线的载荷时，应有足够的横向弯曲刚度。

该条款的符合性验证可采用符合性说明、计算分析和/或实验室试验等方法。

2.2.3 有关襟缝翼操纵系统的适航条款及其阐明

适航条款：

CCAR25.671 总则：

(c)必须用分析、试验或两者兼用来表明,在正常飞行包线内发生飞行操纵系统和操纵面(包括配平、升力、阻力和感觉系统)的下列任何一种故障或卡阻后,不要特殊的驾驶技巧或体力,飞机仍能继续安全飞行和着陆。可能出现的功能不正常必须对操纵系统的工作只产生微小的影响,而且必须是驾驶员能易于采取对策的：

(1)除卡阻以外的任何单个故障(例如机械元件的脱开或损坏、或作动筒、操纵阀套和阀门一类液压组件的结构损坏)；

(2)除卡阻以外未表明是概率极小的故障的任意组合(例如双重电气系统或液压系统的故障,或任何单个损坏与任一可能的液压或电气故障的组合)；

(3)在起飞、爬升、巡航、正常转弯、下降和着陆过程中正常使用的操纵位置上的任何卡阻,除非这种卡阻被表明是概率极小的或是能够缓解的。若飞行操纵器件滑移到不利位置和随后发生卡阻不是概率极小,则须考虑这种滑移和卡阻。

阐明：

该条款的卡阻定义为：某个操纵舵面,飞行员操纵器件或组件停滞在某个位置的失效或事件。该条款的故障定义为：某个事件的发生,会影响某组件、部件或元件的运行,使其无法完成预定功能(这同时包括功能丧失和功能不正常)。

本款要求必须用分析、试验或两者兼用来表明,在操纵系统和操纵面在正常飞行包线内可能出现的故障：单个故障(不包括卡阻)、故障的组合(不包括卡阻)、卡阻的情况下,飞机仍能继续安全飞行和着陆。

该条款的符合性一般可通过安全性分析、试验室试验、机上地面试验、飞行试验和模拟器试验来表明。

适航条款：

CCAR 25.701 襟翼与缝翼的交连：

(a)飞机对称面两边的襟翼或缝翼的运动,必须通过机械交连或经批准的等效手段保持同步,除非当一边襟翼或缝翼收上而另一边襟翼或缝翼放下时,飞机具有安全的飞行特性。

(b)如果采用襟翼或缝翼交连或等效手段,则其设计必须计及适用的不对称载荷,包括对称面一边的发动机不工作而其余发动机为起飞功率(推力)时飞行所产生的不对称载荷。

(c)对于襟翼或缝翼不受滑流作用的飞机,有关结构必须按一边襟翼或缝翼承受规定对称情况下出现的最严重载荷,而另一边襟翼或缝翼承受不大于该载荷的 80% 进行设计。

(d)交连机构必须按对称面一边受交连的襟翼或缝翼卡住不动而另一边襟翼或缝翼可自由运动,并施加活动面作动系统全部动力所产生的载荷进行设计。

阐明：

(a)操纵面交连必须按对称面一侧的操纵面卡住不动而另一侧操纵面可自由运动,并受到操纵面作动系统的全部动力所产生的载荷进行设计,CCAR 25.345 确定的作用于操纵面的飞行载荷必须与该作动系统的载荷组合考虑。这是一种限制载荷情况。在表明对于 CCAR 25.701 交连要求的符合性时,应当考虑驱动和支撑系统的所有可能的卡阻位置,操纵面的机械交连必须能承受上述卡阻情况并预防不安全的非对称情况。

(b)对于驱动系统中的失效会导致襟翼或缝翼非指令收放的情况,应当提供可靠手段限制有关操纵面的运动。可以用不可逆作动器,防逆转装置,驱动系统冗余方法或其他等效手段来实现这一点。

　(c)确定襟翼或缝翼在作动时的载荷时,有必要考虑在服役中可合理预期发生的作动系统摩擦载荷。比如,襟翼滑轨和滚子经常会遭受结冰和融雪,就会使襟翼运动产生很高的阻力。应当对每项设计进行评定以确认其对机械摩擦的敏感度,而任何与这类阻力相关的载荷都应当被计及并与正常操纵载荷相组合。

　(d)在评定襟翼或缝翼的失效或卡阻影响时,应当评定偏斜了的操纵面对相邻操纵面的影响,还应当评定由于操纵面的偏斜对相邻结构和系统所造成的损伤。

　该条款的符合性一般可采用符合性声明、设计说明、安全性评估、分析/计算、试验室试验、飞行试验的方法进行。

2.3　适航符合性验证方法

　适航符合性验证是指采用各种验证手段,以验证的结果证明系统或设备是否满足相关的适航条款要求,检查所验证系统或设备与相关设计要求的符合程度,符合性验证应贯穿飞机系统或设备研制的全过程。在飞机型号审查过程中,为了获得所需的证据资料以向审查方表明产品对于相关设计要求的符合性,需要采用不同的方法进行说明和验证,这些方法统称为符合性验证方法。

　常用的符合性验证方法可根据实施的符合性工作的形式分为四大类:①工程评审;②试验;③检查;④设备鉴定。

　根据这四大类方法再具体进行细化,最终形成了常用的、经实践检验的及审定部门认可的10种符合性验证方法。为了便于编制计划和文件,每种符合性方法赋予相应的代码。常用的符合性验证方法见表2.1。

表 2.1　适航符合性验证方法

代　码	名　　称	使用说明
MC0	符合性声明	通常在符合性检查单/符合性记录文件中直接给出
MC1	说明性文件	如技术说明、安装图纸、计算方法、证明方案、飞机手册等
MC2	分析/计算	如载荷、静强度和疲劳强度,性能,统计数据分析,与以往型号的相似性等
MC3	安全评估	如初步风险分析、故障树分析,失效模式影响和危害性分析/FMECA,软件质量计划等用于规定安全目标和演示已达到这些目标的文件
MC4	试验室试验	如静力和疲劳试验,环境试验等,试验可能在零部件、分组件和完整组件上进行
MC5	地面试验	如旋翼和减速器的耐久性试验,环境、温度等试验等
MC6	试飞	规章明确要求时,或用其他方法无法完全演示符合性时采用
MC7	航空器检查	如系统的检查隔离,检查和维修的规定等
MC8	模拟器试验	如评估潜在危险的失效情况,驾驶舱评估等
MC9	设备合格性	如对预期功能的适合性,在临界环境中的性能等可能被记录与设计和性能声明中

　　比如对于适航条款 CCAR 25.671（c）（3）"在起飞、爬升、巡航、正常转弯、下降和着陆过程中正常使用的操纵位置上的任何卡阻，除非这种卡阻被表明是概率极小的或是能够缓解的。若飞行操纵器件滑移到不利位置和随后发生卡阻不是概率极小的，则必须考虑这种滑移和卡阻"，该条款要求襟翼操纵系统发生卡阻的概率是极小的，对于发生概率要求是极小的故障模式则必须通过安全性分析手段进行证明，即要求采用"MC3"的符合性验证方法——安全评估。该方法通过 FHA，FMEA，FTA 及 CCA 等故障分析手段对襟翼及其操纵系统进行安全性评估，验证其对于该适航条款的符合性。

参 考 文 献

［1］　运输类飞机适航标准（CCAR－25－R3）［S］. 中国民用航空总局，2001.

［2］　中华人民共和国国家军用标准 GJB438－88：军用软件文档编制规范［S］. 国防科学技术工业委员会，1988.

［3］　民航总局. 航空安全技术中心. 近几年来航空器重要事件情况介绍［R］. 北京：民航总局，2005.

［4］　包敦勇. 民机缝翼机构可靠性若干问题分析与研究［D］. 南京：南京航空航天大学，2008.

［5］　Bocchi W J. Predicting mechanical reliability ［C］. Annual Reliability and Maintainability Symposium，1981：33－37.

［6］　Finn J. Component Failures Based on Flaw Distributions［C］. Annual Reliability and Maintainability Symposium，1989：91－95.

［7］　Sadlon R J. Mechanical Applications in Reliability Engineering［R］. NASA Technical Reports，AD－A363860，1993.

［8］　Tallian T E. Weibull Distribution of rolling contact fatigue life and deviation thereform ［J］. ASLE Transactions，1962，5(1)：103－113.

［9］　Somerrville I F，Dietrich D L，Mazzuchi T A. Bayesian Reliability Analysis Using the Dirichlet Prior Distribution with emphasis on accelerated life testing run in random order［C］. Second World Congress of Nonlinear Analysis，1997，30(7)：4415－4423.

第3章 典型民机襟缝翼机构与失效模式分析

现代民用飞机上机翼的前、后缘,有时沿整个展长,布置了大量活动面。除后缘的部分展长布置了横向操纵用的副翼和扰流片之外,其余部分则用来布置各类增升装置,用以延迟机翼在大迎角飞行时失速的发生,改善起飞、着陆特性,提高各种飞行状态下飞机的机动性。而增升装置要实现这些功能,其收放运动机构起到了至关重要的作用。增升装置的收放运动机构的设计是一项独特而又复杂的工作,本章将简单介绍一些典型民机增升装置的收放运动机构及其失效模式的分析方法。

3.1 典型民机襟翼运动机构

3.1.1 民机襟翼运动机构形式

位于机翼后缘的襟翼,通过传动装置绕其转轴做向后直线或圆弧曲线运动,以扩大机翼的面积和弯度,达到增加升力和控制阻力的目的。飞机襟翼机构形式复杂,种类繁多,要想明确地划分不太容易。目前飞行在航线的民用飞机中,襟翼运动机构大致可分为以下几种。

1. 下沉式铰链机构

襟翼的运动是通过与其相连的摇臂绕转轴上的铰链点做圆弧运动。这类运动机构典型机型为 20 世纪 70 年代的 MD82,MD90 等,如图 3.1 所示。

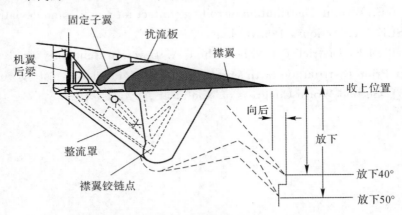

图 3.1 MD82 系列飞机襟翼运动装置

2. 滑轨滑轮架机构

在曲柄摇臂机构或丝杠机构的驱动下,襟翼通过滑轮架沿固定在机翼上的滑轨运动如图3.2,图 3.3 及图 3.4 所示。目前飞机的襟翼大多数都采用这种形式实现舵面的运动,其中滑轨的轨迹多种多样,有圆弧、曲线、直线及直线+曲线等多种形式。

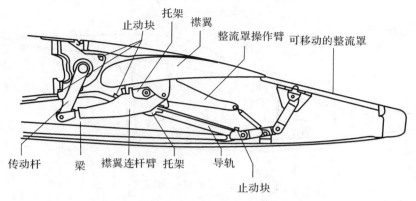

图 3.2　A320 襟翼运动装置

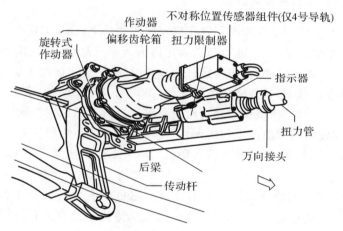

图 3.3　A320 旋转作动器

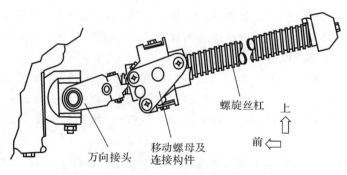

图 3.4　B737 驱动机构螺旋丝杠

3.四连杆机构

襟翼通过与其相连的连杆实现舵面的运动。B767 的襟翼采用了非常复杂的四连杆机构。而 B777 使用的四连杆机构却比较简单,如图 3.5 所示。采用四连杆机构驱动襟翼运动的这一形式更普遍地应用在大多数通用飞机上。

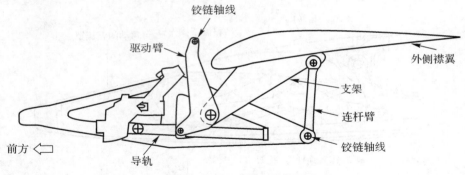

图 3.5　B777 襟翼运动装置

3.1.2　各襟翼运动机构特点分析

机构运动可靠性是机构系统或者部件在规定使用条件下,规定时间内,完成规定运动功能的能力。当使用概率来度量这一"能力"时,就是机构运动可靠性。"规定条件"指机构运行时的环境和工作条件。"规定时间"指机构运行的任务时间。"规定运动功能"指机构设计时需要达到的运动功能和性能技术指标,概括为运动的"准确""及时"和"协调"。"准确"指机构传递运动的精确度要求。"及时"指机构运动的时间要求。"协调"指机构在规定时间内完成多个动作时,不同动作之间在时间和轨迹上的协调性,反映不同动作间的相互关系。

现在从机构可靠性角度,对几种襟翼运动机构的特点作下述分析。

1. 铰链机构

(1)机构和运动简单是铰链机构的最大优点。它可以实现舵面的上、下运动(如 B787)。从可靠性角度来看,机构越简单,可靠性越高。因此从理论的角度来看,铰链机构的可靠性应该很高。对于简单的机构,维修性相对方便得多,维护时间将会大大降低。

(2)由于襟翼的舵面不是一个规则的长方形,因此对于一般依靠滑轨运动的襟翼来说,同一襟翼两端运动不是完全同步的,如果两端不能保持协调,襟翼可能会卡住。对于铰链机构来说,这种襟翼失效模式不会发生。铰链机构的舵面运动轨迹容易计算,就设计的角度来说,可以缩短设计周期,降低设计成本。

(3)这种形式的襟翼所受的气动载荷全部集中在铰链位置,铰链位置承受的力很大,在飞行的过程中,当遇到不稳定的气流时,铰链位置所受的动载荷可能会导致结构破坏,导致飞行事故。从维修角度看,由于襟翼铰链部件长期承受气动力,维修的频率可能会很高,影响飞机的正常出勤。

(4)可能会导致飞机襟翼无法放出和收起。在气动力的作用下,舵面对铰链将会产生一个很大的力矩,当这种力矩过大时,会使襟翼无法放出到指令位置,严重时襟翼将无法放出。

(5)襟翼摇臂不能承受侧向气动载荷。由于襟翼摇臂既是薄形构件,又是运动件,因此它不能承受来自外襟翼由于向上的安装角带来的侧向气动载荷;否则,驱动襟翼摇臂与襟翼偏转时,侧向气动载荷作用在铰链上会产生阻止襟翼摇臂运动的摩擦力矩,引起襟翼运动卡滞。

2. 滑轨滑轮架机构

(1)滑轨滑轮架结构受力更加合理,在飞行过程中,气动载荷主要由滑轨滑轮承受,这种滑轨滑轮机构比铰链的承载能力更大,保证了在飞机飞行过程中能承受较大的气动载荷,并在此气动载荷作用下,机构的弹性变形很小,从运动机构可靠性角度来看,确保了运动机构的"准确性"及运动精度。

(2)滑轨的轨迹可以是多种多样的,可以满足襟翼运动的各种不同要求,以达到最佳的气动要求,这是相比于无滑轨滑轮机构的一大优点所在。但是这种机构在使用的过程中会产生磨损和锈蚀,当磨损量过大时,会影响襟翼运动精度,同时也会导致同一襟翼两端运动不协调,从而引起襟翼卡阻。当滑轨滑轮锈蚀时,会阻扰滑轮与滑轨之间的相对运动,引起机械卡阻。这种由磨损与锈蚀引起的卡阻现象具有一定的隐蔽性,多发生在空中进近放襟翼时,且地面收放正常。由于这种机构卡阻现象发生概率高,因此需要时常对襟翼机构润滑和检查,这样就必然加大维护成本。

(3)曲柄摇臂机构相对于铰链机构要复杂,但是这种机构能承受复杂的气动载荷,在飞机起飞和降落时能满足各种气动要求。相对于丝杠机构,曲柄摇臂机构运动形式却要简单得多。

3.四连杆机构

(1)连杆机构运动灵活,只受连杆长度的限制。

(2)襟翼舵面的运动不依靠滑轨滑轮,结构重量更轻。

(3)这种运动形式在铰链处会承受很大的力,在外载荷的作用下容易产生磨损。

(4)在过大的气动载荷下,如果连杆设计刚度过小,产生过大变形,将会影响襟翼运动精度。

4.驱动系统

民机襟翼运动机构的驱动形式大致可以分为两种,即旋转作动器(如 A340)与丝杠(如 B777)。

旋转作动器驱动装置主要有以下几个特点。

(1)在气动力的作用下,旋转作动器驱动装置会产生一个很大的阻扰力矩,可能会导致襟翼旋转作动力矩不足,襟翼放出不能到位或者不能及时打开收起。

(2)由于飞机襟翼不是一个规则的长方形,在每个襟翼两端,旋转作动器旋转角度不相同,这种角度之差需要对旋转作动器进行精确的设计与加工。不仅如此,在旋转作动器安装时也需要精确地定位,当旋转作动器由于设计、加工与组装时产生误差,可能会导致飞机襟翼卡阻。

(3)旋转作动器驱动装置设计、安装和维修困难,一旦发生故障,维修成本将非常地高。但是按照航空公司飞机襟翼使用情况来看,旋转作动器发生故障的概率很小。

波音系列飞机大多采用丝杠驱动,丝杠驱动主要有以下几个特点。

(1)与旋转作动器相比,丝杠机构的设计成本小。由于襟翼的每个端部运动是不完全相同的,对于旋转作动器驱动的襟翼来说,每个滑轨的旋转作动器都要重新设计;而对于丝杠机构,只需要改变每个丝杠的螺距就可以控制每个滑轮的后退量,使得设计更加方便。

(2)丝杠机构的安装和维修相较旋转作动器工作量小。

(3)这种机构容易因磨损、锈蚀引起机械卡阻。

目前这种丝杆的顶珠大多数是由橡胶材料制成的,容易受注油枪油嘴及辅助工具的戳伤,使得润滑油的封严能力降低,甚至完全丧失,从而使丝杆在收放过程产生"干磨"现象。"干磨"会使丝杆的表面镀层受到严重损伤,使得丝杆容易产生腐蚀,加速丝杆的磨损。当丝杠磨损量过大时,会影响滑轮在滑轨上的运动精度;当同一襟翼两端磨损量有差别时,会导致襟翼卡阻。

根据航空公司维修记录,此类故障发生的概率很高。这是丝杠机构的缺点所在。

总的来说,丝杠机构维修和维护方便,但是容易发生故障;而旋转作动器设计、安装和维修困难,一旦发生故障,维修成本将非常地高。

3.2 典型民机缝翼运动机构

前缘缝翼是安装在基本机翼前缘的一段或者几段狭长小翼,主要是靠增大飞机临界迎角来获得升力增加的一种增升装置。前缘缝翼的作用主要有两个:一是延缓机翼上的气流分离,提高了飞机的临界迎角,使得飞机在更大的迎角下才会发生失速;二是增大机翼的升力系数。其中增大临界迎角的作用是主要的。

3.2.1 典型民机缝翼运动机构形式

通过资料调研发现,民机缝翼机构运动形式大致有以下几种(见表3.1和表3.2)。

表3.1 波音公司民用客机缝翼运动机构形式

型　　号	前缘装置	机构形式＋驱动形式	安装位置
707	克鲁格襟翼/缝翼	铰链	内侧
727	圆头克鲁格襟翼	四连杆＋液压作动器	内侧
727	前缘缝翼	圆弧轨道＋液压作动器	外侧
737	圆头克鲁格襟翼	四连杆＋液压作动器	内侧
737－100/200	前缘缝翼	滑轨滑轮架＋齿轮齿条	外侧
737－300/400	前缘缝翼	滑轨滑轮架＋齿轮齿条	外侧
747	变弧度克鲁格襟翼	四连杆＋液压作动器	外侧
747	圆头克鲁格襟翼		内侧
757	前缘缝翼	滑轨滑轮架＋齿轮齿条	全翼展
767	前缘缝翼	滑轨滑轮架＋齿轮齿条	全翼展
777	前缘缝翼	滑轨滑轮架＋齿轮齿条	全翼展

表3.2 空客公司民用客机缝翼运动机构形式

型　　号	前缘装置	机构＋驱动形式	备　注
300	前缘缝翼	滑轨滑轮架＋丝杠	全翼展
320	前缘缝翼	滑轨滑轮架＋齿轮齿条	全翼展
321	前缘缝翼	滑轨滑轮架＋齿轮齿条	全翼展

通过以上资料可发现,民机缝翼运动机构除较多地采用了齿轮齿条形式外,其余机构形式与襟翼运动机构形式基本一致。因此本节仅对齿轮齿条机构特点进行分析,其他机构运动形

式的特点参考 3.1 节。

3.2.2　齿轮齿条运动机构形式特点分析

典型缝翼运动机构具体结构如图 3.6 所示,整个机构主要是由滑轮架、滑轨、齿轮、齿条和滑轮架滚轮组成的。飞机缝翼和滑轨固定在一起,缝翼的运动轨迹由滑轨控制。通过飞机缝翼操纵系统控制液压马达带动扭力管旋转,利用齿轮齿条传动带动滑轨沿一定的弧线运动。缝翼的收放运动通过齿轮的双向旋转来实现。由于采用齿轮-齿条传动副,所以该收放机构简单、可靠,能够高质量地保证缝翼的收放运动。

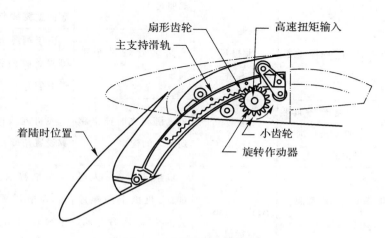

图 3.6　齿轮齿条机构简图

3.3　襟缝翼运动机构失效案例统计分析

襟缝翼运动机构,从狭义上讲,专指与操纵飞机增升装置达到预定位置的运动机构;从广义上讲,是指整个增升装置这个运动部件的整体,该整体既包括操纵机构,又包括可动的结构部件的结构(即襟缝翼结构本身,当然,这些结构是可动部件)。而且这里的襟翼代表后缘增升装置,缝翼代表前缘增升装置,是一种简化称呼。

本书汇总出涉及襟缝翼运动机构的各个等级事故、事故症候情况,简要叙述了事故发生的经过及事故发生原因。依据所收集到的襟缝翼运动机构的事故案例,汇总出了襟缝翼运动机构事故发生原因及事故后果,给出了襟缝翼运动机构主要的失效清单,并从失效模式及事故原因两个方面对故障统计表进行了分析,给出了分析结论及一些工程建议。

3.3.1　民机襟缝翼运动机构事故案例

根据 Aviation Safety Network 数据库、世界民航数据库、《飞行事故调查与分析选编》《民用航空飞行事故汇编》《世界航空安全与事故分析》以及相关文献等资料(其余加到参考文献),选取了 1956—2015 年世界各地多种型号的飞机襟缝翼运动机构引发的事故案例(见表 3.3)。

表 3.3 民机襟缝翼运动机构事故案例

编号	时 间	地 点	型 号	事故后果	事故原因
1	1956 年 4 月 11 日	加拿大古斯贝机场	水獭 U-1	飞机坠毁、2 名机组人员和 1 名乘客全部遇难	后缘襟翼突然全部自发收回导致机头下跌
2	1957 年 3 月 14 日	英国 Wythenshawe	子爵-701 客机	飞机坠毁、5 名机组人员和 15 名乘客全部遇难	襟翼装置的扁尾长平头螺拴失效，导致右舷机翼的 2 号襟翼单元从后缘脱落，从而使副翼被卡住
3	1965 年 1 月 14 日	底特律首都机场	北极星 LodeStar-18	两名驾驶员全部遇难	由于钢缆未对准导致了右侧襟翼收回钢索失效，引起襟翼裂开
4	1968 年 3 月 21 日	美国芝加哥 O'Hare 国际机场	波音 727-22C	飞机起飞时撞击跑到附近的沟渠	飞机起飞时，没有检查襟翼设置角度
5	1968 年 7 月 3 日	伦敦希思罗机场	AS.57 Ambassador 2 货机	机组 8 人有 6 人遇难、飞机撞上两架停放的三叉载 S-121 飞机	左舷襟翼操纵杆疲劳失效，左舷襟翼收回。因此产生滚转力矩并且导致飞机失控
6	1968 年 12 月 26 日	美国安哥雷奇的 Elmendorf	波音 707-321C	3 名机组人员全部遇难	飞行员试图在襟翼收回情况下起飞
7	1972 年 6 月 18 日	英国 Staines	HS-121Trident 客机	飞机坠毁、机上 109 名乘客和 9 名机组人员全部遇难	飞机速度低于襟翼收回时的最小速度、速度监控器失效
8	1974 年 11 月 20 日	肯尼亚 Nairrobi-Jomo 国际机场	波音 747-130	飞机坠毁、机上 55 名乘客和 4 名机组人员遇难	飞机前缘襟翼的气压作动筒系统没有打开，襟翼位于收回状态起飞
9	1975 年 3 月 22 日	加拿大多伦多市上空	波音 747	襟翼折成二段而掉落	该机在着陆前展开襟翼及起落架时，由于阻力增加，使襟翼动作的滚动机构失灵所引起
10	1975 年 10 月 25 日	630 所	歼 6	飞机坠毁，试飞员安全跳伞	忘记收起落架和襟翼、飞行中仍按起落架、襟翼收起情况操纵飞机

续 表

编 号	时 间	地 点	型 号	事故后果	事故原因
11	1978 年 1 月 18 日	美国普韦布洛 Memorial 机场	DHC - 6 Twin Ottar 300	飞机机头朝地翻转并坠毁,机上 1 名乘客和 2 名机组人员遇难	错误或没有操纵襟翼(襟翼完全展开为 30°,本来应该是 10°左右)
12	1978 年 9 月 3 日	维多利亚水上机场	双水獭-200	机上 2 名机组人员全部遇难,11 名旅客有 9 名遇难	内侧翼展方向推拉式襟翼操纵杆严重磨损,操纵杆与机械传动装置分离失效导致左侧内襟翼系统突然全部收回
13	1979 年 5 月 25 日	芝加哥奥黑尔机场	DC - 10 飞机	飞机坠毁	在发动机脱落时,切断 1 号液压管道,使系统停止工作,因此,左机翼外侧的前缘缝翼在风压的作用下向里凹进来。所以,主机翼的升力减少,失速速度增加
14	1979 年 8 月 29 日	俄 罗 斯 的 Kirsanov	图-124	飞机解体、5 名机组人员和 58 名乘客全部遇难	飞行员由于疏忽放下襟翼引起了飞机失控
15	1987 年 8 月 16 日	某机场跑道	DC - 9 - 82	爆炸解体,机上 148 名乘客、6 名机组人员和 2 名地面人员遇难	机组人员没有执行确保飞机襟翼和缝翼已经打开的清单检查;飞机起飞警报系统电源没有正常工作导致机组人员无法得知飞机在不正常的配置下起飞
16	1988 年 5 月	某机场跑道	DC - 10	飞机冲出跑道毁坏,2 名乘客受重伤	缝翼不对称,中断起飞
17	1988 年 7 月 20 日	美国华盛顿国际机场	DHC - 6 Twin Otter 200	飞机失速毁坏,机上一名机组人员遇难	飞行员误操作,襟翼完全展开,然后并没有对其进行正确的调整
18	1988 年 8 月 31 日	美国达拉斯国际机场	波音 727 - 232	飞机坠毁,机上 12 名乘客和 2 名机组人员遇难	机长和大副缺乏座舱训练,试图在没有正确配置襟翼和缝翼的情况下起飞;起飞配置警报没有能够及时发出警告
19	1990 年 11 月 2 日	英国伦敦盖特威客机场	DC - 10	机上 17 名机组人员和 225 名旅客遇难	飞机起飞时轮胎爆炸,造成襟翼损坏

续 表

编 号	时 间	地 点	型 号	事故后果	事故原因
20	1992 年 3 月 31 日	法国伊斯特勒机场	波音 727 - 321C	机上 5 名机组人员遇难	右襟翼从机翼脱落,飞机零襟翼顺风着陆,轮胎爆炸造成右机翼起火
21	1992 年 5 月 10 日	香港机场	波音 747 - 200	机上 4 人员遇难	飞机进近着陆时,左机翼内侧前缘襟翼脱落。脱落的前缘襟翼打坏翼根整流带并击破机身
22	1993 年 3 月 31 日	美国阿拉斯加安可雷奇机场	波音 747 - 100F	机上 3 人员遇难	发动机和发动机吊架从机翼脱落,造成机翼前缘襟翼和后缘襟翼严重损坏
23	1993 年 4 月 6 日	美国阿拉斯加州谢米亚南部	MD - 11 型 B - 2171	机上旅客受伤	巡航飞行中,飞机的前缘缝翼意外放出,飞机经历了几次猛烈的俯仰振荡,并失去高度 5 000 ft
24	1993 年 7 月 23 日	银川机场	B - 2716	冲出跑道坠毁	襟翼未放出而导致飞机始终不能离地
25	1993 年 11 月 15 日	印度海得巴机场	A - 300B2 - 101	迫降	飞机襟翼卡阻,无法收回
26	1994 年 2 月 11 日	广州	波音 747	左机翼前缘克鲁格襟翼未收到底	传动扭力管微动磨损导致断裂
27	1994 年 6 月 6 日	香港启德机场	空客 320 - 200	死亡人数不详	强紊流造成襟翼锁定在全放下位置
28	1995 年 4 月 8 日	英国伦敦盖特威客机场	波音 747 - 200 飞机	机上 18 名机组人员和 394 名旅客安然无恙	飞机向跑道进近时,飞机后缘一块 6m×1m 的内侧襟翼前段与机身脱离并撞上后部机身,后机身严重损坏
29	1995 年 11 月 22 日	安哥拉旺博机场	安-12	机上人数不详	两边襟翼展开太晚或没有展开,造成飞机高速接地后冲出跑道
30	1997 年 1 月 25 日	俄罗斯 Anadyr 机场	伊尔 76MD	2 人受伤	在未使用襟翼的情况下起飞
31	1998 年 5 月 25 日	希思罗机场	协和式超声速飞机	返航降落	6 个升降副翼中的一个升降副翼后缘上的一块0.6m×1.2m 的三角板从飞机上脱落

续 表

编 号	时 间	地 点	型 号	事故后果	事故原因
32	1998 年 5 月 30 日	波多黎各阿瓜迪亚的拉斐尔埃尔南德斯机场	康维尔 240	机上 2 人员遇难	机组在进行飞行训练时,副驾驶在着陆前本应放下襟翼,但是却收起了起落架
33	1998 年 11 月 14 日	比利时奥斯坦德机场	波音 707 - 320C	机上 5 人员遇难	飞机液压系统发生故障,由于没有襟翼和刹车,飞机冲出跑道
34	1999 年 1 月 18 日	尼泊尔 Jumla 机场	Cessna 208 Caravan I 飞机	驾驶员和 3 名旅客死亡	在临界状态没有打开襟翼,导致飞机失速坠毁
35	1999 年 8 月 7 日	美国孟菲斯机场	DC - 10	机上 5 人员遇难	飞机左内侧后缘襟翼和开缝襟翼导流片断裂脱落,造成一个机翼下倾
36	1999 年 8 月 31 日	阿 根 廷 Buenos Aires - Jorge Newbery 机场	波音 737 - 204C	机上 61 名乘客、3 名机组人员和和 5 名地面人员遇难	在没有选择合适的襟翼角度的情况下起飞,然后在飞机摆动的时候忽视起飞配置警报系统
37	1999 年 12 月 16 日	不明	TB200 8839 号飞机	下滑着陆放襟翼时,左、右襟翼放出约 15° 就卡死放不出	蜗杆螺纹的强度已不能承受襟翼传递来的气动载荷时螺纹就出现脱扣,襟翼便操纵失效
38	2000 年 1 月 9 日	马来西亚槟榔屿机场	波音 747 - 200F	不明	一截襟翼将紧靠机翼后缘和主舱板上方的机身击破一个 1.5m×1.6m 的洞
39	2002 年 1 月 14 日	印 尼 Pekanbaru - Sultan Syarif Kasim II 机场	波音 737 - 291	飞机在撞击一些树木后,冲出跑道,无人员伤亡	飞机襟翼系统失效和襟翼不对称
40	2004 年 3 月 4 日	阿塞拜疆	伊尔 76MD	飞机坠毁,机上 3 名乘客和 3 名机组人员遇难	起飞重量为 189t 的情况下,随机工程师由于疏忽没有设置合理的起飞襟翼角(30°)和缝翼角(14°)
41	2005 年 3 月 15 日	秘鲁 Lima - J Chavez 国际机场	Antonov 26B - 100	机尾着地,飞机刹车 200m 后停止,结构损坏	超重起飞时,应该采取 15° 的襟翼角度而不是 0°

续表

编 号	时 间	地 点	型 号	事故后果	事故原因
42	2007 年 3 月 7 日	印度尼西亚阿迪苏吉普托机场	B737 - 487	客机着陆时滑出跑道起火燃烧,20 名乘客和 1 名机组遇难	降落时速度太快,角度过于倾斜(有报道称进近过程中机长和副驾驶关于速度和襟翼角度问题发生过争执)
43	2008 年 1 月 26 日	津巴布韦布拉瓦约机场	新舟 60	飞机擦尾,严重受损	驾驶员襟翼角度设置不足(应该是 30°,但是实际是以 15°着陆的)
44	2008 年 1 月 3 日	法国多维尔机场	B737 - 400	飞机严重损坏,部分乘客受轻伤伤	机组人员对飞机着陆性能过高估计,对跑道状况准确信息缺乏,导致最后襟翼下发角度不足(延长了着陆距离),以及其他一系列错误操作
45	2008 年 3 月 10 日	沙特阿拉伯利雅得/哈利德国王国际机场	Boeing 777 - 268ER	飞机轻微损坏	最后进近过程中,当飞行员选择 30°襟翼时,松落的襟翼作动筒穿透了机翼上表面
46	2008 年 8 月 20 日	西班牙马德里机场	MD - 82	飞机离地 30 ft 之后突然向右滚转撞击地面,冲出跑道。飞机起火烧毁,机上 172 中 154 人遇难,至少 9 人重伤	起飞时,飞机襟翼处于零度而构型告警没有响,机组人员没有认真执行起飞检查
47	2009 年 2 月 6 日	俄罗斯新西伯利亚机场	B767 - 300er	飞机轻微损坏	低温导致液压系统工作不够顺畅,襟翼下放困难
48	2009 年 5 月 3 日	美国格林威尔斯坦斯堡机场	CRJ - 900	飞机轻微损坏	进近过程中左侧襟翼不能正常放出导致两侧襟翼不对称
49	2009 年 5 月 11 日	南非约翰内斯堡机场	B747 - 400	飞机轻微损伤,没有人员伤亡	起飞阶段因错误信号导致前缘襟翼自动收起
50	2009 年 7 月 30 日	加拿大卡尔加里机场	A320 - 200	飞机轻微损坏	进近过程中报告襟翼故障,襟翼卡阻不能下放(左侧旋转激励器损坏)
51	2009 年 12 月 6 日	加拿大多伦多机场	ERJ - 170	飞机轻微损坏	进近过程中,右侧缝翼卡阻,传感器失效
52	2010 年 1 月 1 日	加拿大桑德湾机场	CRJ - 200	飞机轻微损坏	进近过程中襟翼故障(卡在 20°)

续表

编号	时间	地点	型号	事故后果	事故原因
53	2010 年 1 月 19 日	美国西弗吉尼亚州查尔斯顿机场	CRJ-200	飞机严重损伤,没有人员伤亡	机组人员没有正确地进行襟翼设置和核实;机长在第一次发现襟翼设置错误时没有及时中断起飞
54	2010 年 4 月 19 日	加拿大蒙特利尔机场	ERJ-170	飞机轻微损坏	进近过程中,缝翼卡在 2 号位置
55	2010 年 4 月 21 日	加拿大法立法克斯国际机场	ERJ-170	飞机轻微损坏	进近过程中襟翼故障(不能下放到指定位置)
56	2010 年 4 月 25 日	美国纽瓦克国际机场	ERJ-175	飞机轻微损坏	进近过程中缝翼故障(卡在 0°)
57	2010 年 5 月 27 日	加拿大萨斯卡通国际机场	CRJ-440	飞机轻微损坏	起飞后襟翼卡在 8° 位置(两个 4 号襟翼作动器和一个 5 号襟翼柔性轴被更换)
58	2010 年 5 月 30 日	加拿大蒙特利尔国际机场	CRJ-700	飞机轻微损坏	进近过程中缝翼卡在 0° 位置
59	2010 年 7 月 17 日	美国奥兰多国际机场	B757-200	飞机轻微损坏	巡航过程中发现右侧机翼的前缘缝翼出现脱层
60	2010 年 7 月 27 日	加拿大蒙特利尔国际机场	ERJ-170	飞机轻微损坏	进近过程中多个系统失效(最终发现是作动电子控制单元),导致襟翼不能放下
61	2010 年 8 月 22 日	加拿大温哥华国际机场	DHC-8-300	飞机轻微损坏	巡航过程中发现液压系统失效,襟翼不能放下
62	2011 年 1 月 4 日	美国洛杉矶国际机场	B757-200	飞机轻微损伤	液压系统失效,着陆后无法收回襟翼
63	2011 年 7 月 6 日	加拿大多伦多国际机场	ERJ-175	飞机轻微损伤	巡航过程中襟翼警报,右侧襟翼位置传感器失效,着陆时襟翼不能放下
64	2011 年 9 月 16 日	加拿大卡尔加里国际机场	A320-200	飞机轻微损伤	着陆过程中 2 号襟翼作动器失效
65	2012 年 3 月 22 日	加拿大埃德蒙顿机场	DHC-8-300	飞机轻微损坏	右侧滚转扰流板作动器附近液压线泄漏,导致襟翼不能放下
66	2013 年 5 月 19 日	美国亚特兰大国际机场	B747-400	飞机轻度损坏,没有人员受伤	进近过程中后缘襟翼脱落,砸穿了居民的房顶

续 表

编 号	时 间	地 点	型 号	事故后果	事故原因
67	2014 年 5 月 15 日	英国伦敦城机场	RJ - 85	飞机轻度损坏,没有人员受伤	爬升过程中左侧襟翼整流罩部分脱落,仅前部来连接着
68	2014 年 10 月 8 日	美国法兰克福美因机场	B747 - 400	飞机严重损坏,没有人员伤亡	进近过程中一段后缘襟翼脱落,飞机继续进近安全着陆

注:1 ft=0.304 8 m。

3.3.2 民机襟缝翼运动机构事故原因统计

根据事故发生原因对以上 68 个事故案例进行分类处理,将事故原因主要分为襟翼控制错误、襟翼断裂、操纵错误、卡阻、磨损、襟翼损坏、疲劳裂纹等 7 类失效模式。

1.失效模式的说明

(1)襟翼控制错误:由于外部作用或其他设备故障而导致的襟缝翼错误工作。

(2)襟翼断裂:由于其他设备导致的襟缝翼部件断裂。

(3)操纵错误:主要由于驾驶员未能正确操纵可动部件,也包含由于地面机械人员设置错误而驾驶员未检查出来,从而导致事故发生。

(4)卡阻:指襟翼缝翼由于机械卡阻、电或计算机等控制信号有误等引起的启动不了、达不到指定位置或不对称动作过量引起的失效。

(5)磨损:主要指襟翼运动机构相互摩擦而造成的结构件严重磨损。

(6)襟翼损坏:指由于机翼或其他飞机部件故障时造成的襟翼毁坏或脱落。

(7)疲劳裂纹:指由于襟翼或缝翼的所有部件由于结构疲劳造成的裂纹。

2.按事故原因的失效模式统计

按事故原因的失效模式统计汇总结果见表 3.4。

表 3.4 事故原因统计表

故障编号	故障原因	次 数
1	襟翼控制错误	5
2	襟翼断裂	3
3	操作错误	22
4	襟翼卡阻	20
5	磨损	3
6	襟翼损坏	13
7	疲劳裂纹	1

按事故原因的失效模式统计图见图 3.7。

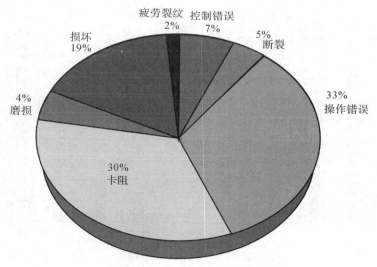

图 3.7　失效模式统计图

3. 按事故原因的失效模式分类分析

把表 3.3 统计的事故按照故障原因分类、分析，进一步可以得知，除了尽量避免驾驶员误操作外，因强度失效引起的危险性高，需要注意避免；磨损卡阻因其频度高也需要特别注意。

3.3.3　民机襟缝翼运动机构事故后果统计

根据通用的飞机事故等级划分原则，通常飞机事故等级分为以下 4 级。

1）Ⅰ级——灾难性的（常对应于灾难性事故或一等事故）；

2）Ⅱ级——致命的（常对应于重大事故或二等事故）；

3）Ⅲ级——临界的（常对应于一般事故或三等事故）；

4）Ⅳ级——轻度的（常对应于事故症候）。

以上 68 个事故案例的各种失效模式引起事故的等级具体统计见表 3.5。

表 3.5　事故后果统计表

序　号	故障后果＼故障原因	Ⅰ级	Ⅱ级	Ⅲ级	Ⅳ级
1	襟翼控制错误	3		1	1
2	襟翼断裂	2		1	
3	操作错误	16	2	3	1
4	襟翼卡阻	1	1	2	16
5	磨损	1			2
6	襟翼损坏	6		4	3
7	疲劳裂纹	1			

在表 3.5 的基础上进一步作分析,如图 3.8 所示。

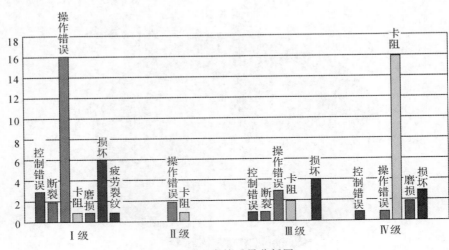

图 3.8 事故后果分析图

3.3.4 民机襟缝翼运动机构事故分析

以上与襟缝翼运动机构有关的事故案例的原因和后果的资料统计表明,由于操纵错误引起的事故最多,占 32%,襟翼卡阻引起的事故达到了 29%,襟翼损坏引起的事故占 19%,襟翼控制错误引起的事故占到了 7%,襟翼断裂和磨损引起的事故都分别占到了 4%,疲劳裂纹引起的事故占到了 1.5%。由此可见,如果要减少与飞机襟缝翼运动机构有关的事故,提高襟缝翼运动机构可靠性,必须从以下几方面引起重视。

(1)操作错误引起的事故最高,造成的后果最严重。可通过提高驾驶员和维护人员的素质和责任心、制定合理的规章制度及配置完善的警告系统来降低驾驶员的操作错误。

(2)从设计的角度来讲,必须避免因强度、磨损、锈蚀、变形卡阻等设计问题引起的襟缝翼卡阻、襟翼损坏、疲劳裂纹、襟缝翼控制错误和磨损。

由此可见,造成襟缝翼以上各种故障模式的因素有很多,既有结构、设备和部件本身的因素(强度、制造工艺),还有外界环境的影响(磨损、锈蚀),还有驾驶员本身的误操作,所有以上各种失效原因造成了襟缝翼失效模式的发生。因此,要预防及减少、杜绝失效和故障的产生,就要从失效和故障原因上进行安全设计和维修。

3.4 襟缝翼运动机构典型失效模式分析

本节通过飞机襟缝翼重大事故统计分析和已完成的襟缝翼运动机构 FMEA 分析以及 FTA 分析,总结了民机襟缝翼运动机构典型失效模式,并对其进行了初步分析。

3.4.1 襟缝翼运动机构主要失效模式统计及分析

1.关键件

根据襟翼故障模式影响分析(FMEA)中严酷度为Ⅰ级、Ⅱ级的结构件常被列入关键件或关键部位,可以分析出襟翼运动机构的关键件有襟翼丝杠、滑轮和滑轨、襟翼支臂、操纵杆、连接螺栓、扭力管、收放蜗杆、分流集流阀、电传动装置、制动装置等部件;另外,钢索、齿轮箱虽然只引起严酷度为Ⅲ级的故障,但也需要有所考虑。

在已有的襟翼故障案例中,由滚轮滑轨引起的故障最多,其次为襟翼丝杠和电传动装置。可见在襟翼传动机构中的机械部件中,滑轮滑轨和襟翼丝杠需要重点考虑。

2.故障原因

根据襟翼故障模式影响分析(FMEA),襟翼故障主要原因包括运动元件的磨损、部件疲劳破坏、部件设计装配制造问题、锈蚀、其他部件的问题(非襟翼和襟翼机构部件)、设计不合理或者环境因素(电传装置)。其中,磨损和疲劳是两个最重要的故障原因。

通过对飞机襟缝翼重大事故统计分析和已完成的襟缝翼运动机构 FMEA 分析以及 FTA 分析,可总结出襟缝翼运动机构主要失效模式,见表 3.6。

表 3.6　襟缝翼部件故障模式及故障原因

襟翼部件	故障原因	故障模式
襟翼丝杠	磨损	机械卡阻
	锈蚀	
滚轮滑轨	磨损	机械卡阻
	锈蚀	
	制造工艺	
	元件强度	
襟翼支臂	疲劳	关键件的强度破坏
操纵杆	磨损	操纵精度不够
	疲劳	关键件的强度破坏
连接螺栓	疲劳	关键件的强度破坏
扭力管	疲劳	关键件的强度破坏
收放蜗杆	磨损	机械卡阻
	设计问题	
钢索	疲劳	操纵精度不够
齿轮箱	磨损	操纵精度不够
	设计问题	
分流集流阀	调节装配问题	襟翼开度不一致
电传动装置	设计不合理	机械卡阻
制动装置	疲劳	关键件的强度破坏
螺旋传动机构	磨损	操纵精度不够

3.4.2 飞机襟缝翼运动机构重要失效模式典型类型

重要失效模式有时也统称为主要失效模式,此时"主要"是指重要性,不再是指计算中失效概率占总概率中的主要部分。

重要失效模式的分类法主要分为以失效的机理或性质分类和以零、构、部件的组成分类两种。

1. 以失效的机理或性质分类

以失效的机理或性质分类,有定位失效、卡阻失效、磨损失效、强度失效、精度失效等,如图3.9 所示。

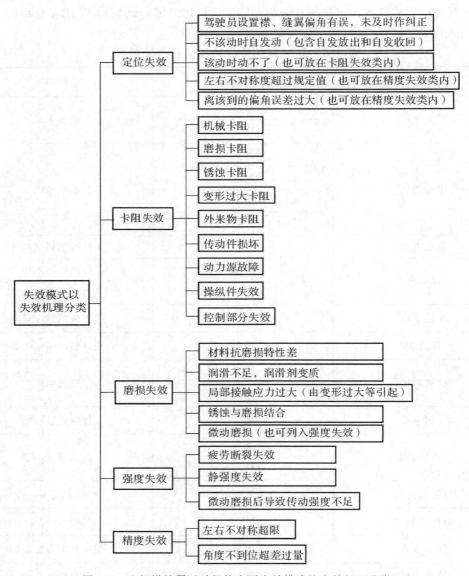

图 3.9 飞机襟缝翼运动机构主要失效模式按失效机理分类

2. 以零、构、部件的组成分类

以零、构、部件的组成分类,大部件可分为两类,即可动结构部件(含襟翼主翼、子翼与缝翼、前缘襟翼等可动结构件——指很少动作而不是经常动来动去)与机构部件(含动力源、传动件、操纵件、接头及支撑件、控制部分等),如图 3.10 所示。

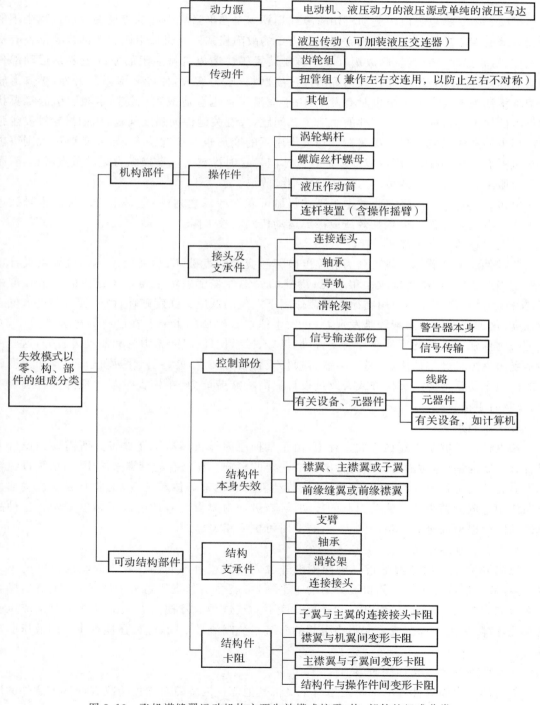

图 3.10　飞机襟缝翼运动机构主要失效模式按零、构、部件的组成分类

重要失效模式以零构部件的组成分类,主要是根据零件失效、构件失效及组件失效来进行分类。

3.4.3 飞机襟缝翼运动机构失效部件及故障模式分析

1. 机械卡阻

机械卡阻是指襟翼由于运动机构故障或襟翼本身变形过大引起的襟翼在收放过程中不能继续运动或者主动操纵力矩不能克服被动力矩的故障模式。与机械卡阻有关的襟翼部件有襟翼丝杠、滑轮滑轨、齿轮箱、收放蜗杆和电传动装置等。造成机械卡阻的原因主要是运动部件的磨损和锈蚀,比如丝杠、球性螺帽等部件过度磨损,阻力增大,使襟翼卡阻。另外,襟翼滑轨导架轴承锈蚀造成机械卡阻也时有发生,由于润滑不良也会造成飞机锈蚀卡阻。引起襟翼机械卡阻的原因还可能是某些部件的制造工艺问题,或者关键件的强度问题,比如滑轮轴发生强度破坏也能造成襟翼卡阻。襟翼在气动力作用下的变形也应引起注意,如果变形过大则可能会与机翼后缘相碰撞,从而造成襟翼的收放卡阻。这时襟翼的主动操纵力矩需重点考察,看是否能克服阻止襟翼收放的被动力矩使襟翼继续收放。

电传动装置造成的襟翼收放卡阻不在机械可靠性考虑之列,一般是由于环境因素导致电路老化或者电子元件的突然失效造成襟翼运动机构收放卡阻。

2. 关键件的强度破坏

关键件的强度破坏一般可分为静强度破坏和疲劳强度破坏,静强度破坏一般是由设计或使用不当造成的,在襟翼事故中很少见;襟翼的关键件强度破坏主要是关键件的疲劳强度破坏,指的是襟翼部件长期使用在循环载荷作用下发生的低应力强度破坏,由于疲劳强度远低于静强度,这种破坏比较隐蔽较难发现,一旦发生往往有致命的影响。在已有的襟翼事故中,发生过关键件强度破坏的部件有襟翼支臂、操纵杆、操纵拉杆耳环、扭力管和制动装置等,这些部件承受操纵力且经常使用,容易产生疲劳损伤或者疲劳裂纹,最终引起强度破坏。预防强度破坏的措施主要是地面人员检查或者改进设计提高抗疲劳能力,在检查时若发现部件有裂纹产生,应及时更换。

3. 操纵精度不够

操纵精度不够是襟翼在收放过程中,由于某种原因导致襟翼不能放置到所需要的位置上或者有一定的偏差,对襟翼的增升性能造成一定的影响。在已有的襟翼事故中,与襟翼操纵精度不够有关的部件有操纵杆、齿轮箱、螺旋传动机构和钢索等传动装置,主要原因是这些部件长期使用造成的磨损或者疲劳引起的传动误差,进而对襟翼的收放造成了精度影响。这种故障的预防应以地面维修人员检测为主,必要时可更换相关部件。

4. 襟翼开度不一致

襟翼开度不一致通常是指飞机同侧内外襟翼之间或者不同侧襟翼之间收放角度的不一致,这种故障造成了飞机两侧机翼升力的不平衡,可能会引起飞机意外的横滚,给飞机的操纵带来影响。在已有的襟翼事故中,和襟翼开度不一致这种故障模式有关的部件主要是液压驱动系统,故障原因为调节或装配不当引起的分流集流阀流量不同,应加强检查飞机的液压驱动系统。

5. 其他部件对襟翼性能的影响

其他部件对襟翼性能的影响是指由于飞机其他部件的故障对襟翼的收放产生了意外的影

响,在已有的襟翼事故中,就有过由于副翼的操纵不当影响了襟翼的收放。这种故障较少见,应加强对其他部件的监控。

3.5　民机襟缝翼运动机构失效模式分析方法及应用案例

3.5.1　失效模式分析方法概述

故障模式及影响分析(FMEA)和故障树分析(FTA)是可靠性工程中常用而有效的两种故障分析技术。它们在用于产品的安全性和可靠性分析时,其重点在于能在产品的设计阶段就找出产品可能发生的故障及原因,并从设计、工艺、使用维护措施等方面采取有效的改进措施,以提高产品的安全性和可靠性,是可靠性工程中的重要基础工作,为产品的设计、制造等提供信息。

工程实践表明,FMEA 和 FTA 技术用于设计分析时,可以取得良好的效果。在襟缝翼运动机构的研制过程中,应收集飞机襟缝翼运动机构的设计资料和外场使用信息、故障及其原因分析,借鉴成功的设计经验,在设计过程中利用 FMEA 和 FTA 技术,对襟缝翼运动机构可能的故障隐患或薄弱环节进行分析,通过各种可靠性设计方法,并综合应用其他设计方法和传统的设计经验,预防和消除故障隐患,提高襟缝翼传动机构的设计水平,满足可靠性要求。

3.5.2　FMEA 方法

1. FMEA 方法简述

FMEA 是分析产品所有可能的故障模式及其对该产品及上层产品所产生的影响,并按每个故障模式产生影响的严重程度予以分类的一种归纳分析技术,属于单因素的分析方法。

2. FMEA 方法用途

FMEA 在可靠性分析中占有重要地位,FMEA 应从方案设计开始,边设计、边分析,并贯穿于产品的研制全过程。FMEA 技术在型号研制的各个阶段都可以应用。不同的研制阶段,分析所采用的方法、最低约定层次、考虑的改进措施也不相同。FMEA 结果的正确性取决于分析人员的工程经验、水平及其对产品认识程度。FMEA 有下述用途。

(1)找出产品的所有可能的故障模式及故障原因,并进行定性分析,进而采取相应的改进措施;

(2)为确定严酷度为Ⅰ级、Ⅱ级故障模式清单和单点故障模式清单提供定性依据;

(3)作为维修性(maintainability)、安全性(safety)、测试性(testability)、保障性(supportability)设计与分析的输入;

(4)为确定可靠性试验、寿命试验的产品项目清单提供依据;

(5)为确定关键、重要件清单提供定性信息。

3. FMEA 过程

FMEA 应全面考虑寿命剖面和任务剖面内的故障模式,分析对安全性、完好性、任务成功性以及对维修和保障资源要求的影响。FMEA 工作应与设计和制造工作相协调进行,即 FMEA 工作的结果与建议能反映到产品设计和工艺中去。例如,分析确定的关键件、重要件的结果,应与在设计及过程中所确定的关键件、重要件的结果相吻合。工程应用中,只要抓住了以下"14个字"(模式—原因—影响—后果—检测—措施—评定),也就抓住了FMEA的基本任务、要点、核心和精髓(见图3.11)。

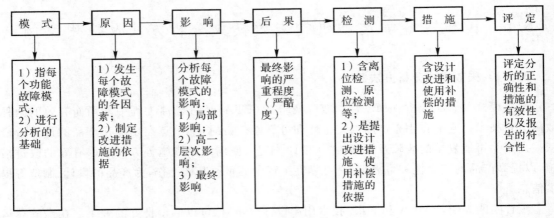

图 3.11　FMEA 的核心

FMEA是一个自下而上的分析过程。图3.12所示为各约定层次间存在的关系,即低层次产品的故障模式是紧邻上一层次的故障原因;低层次产品故障模式对高一层次的影响是紧邻上一层次产品的故障模式;自下而上地逐步迭代分析,直至初始约定层次相邻的下一层次为止,进而构成完整产品的FMEA。

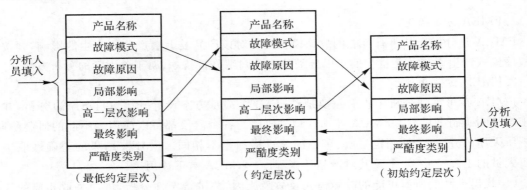

图 3.12　不同约定层次间故障模式、原因和影响的关系

(注:假设图中的系统只有三个层次,即最低约定层次、约定层次和初始约定层次,每层次只有一个功能,每个功能只有一个故障模式,每个故障模式只有一个故障原因、影响。)

4. FMEA 原则

FMEA分析中应认真执行以下工作原则。

(1)有效性原则——FMEA必须与产品设计或工艺设计紧密相结合,尽量避免"两张皮"现象,否则就失去了它的实用价值。

(2)协同原则——FMEA的目的是为产品设计或工艺设计的改进提供有效的支持,因此FMEA工作应与产品设计或工艺设计同步进行,并将FMEA结果及时反映到产品、工艺设计中去。

(3)穷举原则——FMEA对被分析对象采用穷举法,尽力找出所有可能的故障模式、原因和影响等,以保证 FMEA 的有效性、可信性、全面性。

(4)"团队"原则——建立由产品设计人员为主、并有可靠性专业人员、管理人员和相关人员组成的产品设计和过程 FMEA 的"团队"或小组,以保证 FMEA 工作的全面性、准确性。

(5)跟踪原则——对 FMEA 的设计、改进、使用补偿措施的落实、效果及时跟踪分析,以保证工作真正落实到实处。

3.5.3 某型民机襟缝翼运动机构 FMEA 分析

1. FMEA 分析对象定义

分析对象定义是 FMEA 分析的前提,应尽可能地对被分析对象进行全面、准确的定义,分析对象的定义内容可包括功能分析和绘制框图(功能框图和任务可靠性框图)两个部分。

可靠性框图是描述产品整体可靠性与其组成部分的可靠性之间的关系,它不反映产品组成部分之间的功能关系。如果产品存在多项任务或多个工作模式,则应分别建立对应不同任务的任务可靠性框图。某型民机襟翼传动机构的任务可靠性框图见图 3.13,缝翼传动机构的任务可靠性框图见图 3.14。该型民机襟翼传动机构功能层次与结构层次对应图见图 3.15,缝翼传动机构功能层次与结构层次对应图见图 3.16。

图 3.13 襟翼传动机构任务可靠性框图

图 3.14 缝翼传动机构任务可靠性框图

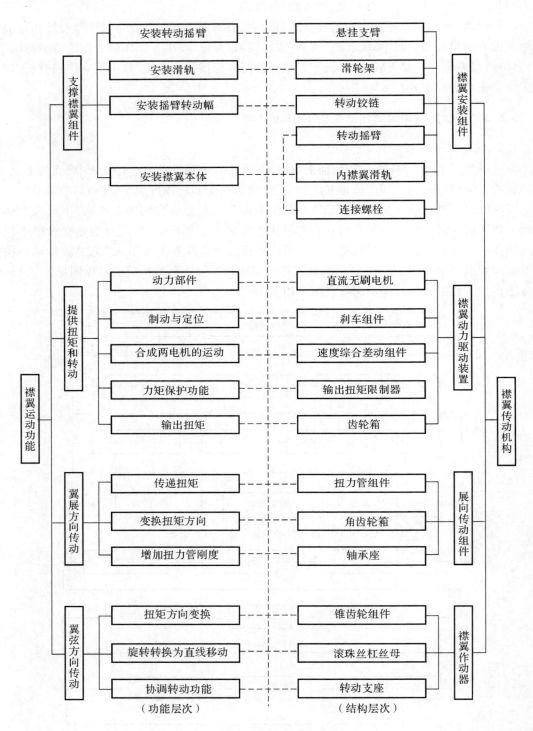

图 3.15　襟翼传动机构功能与结构层次对应图

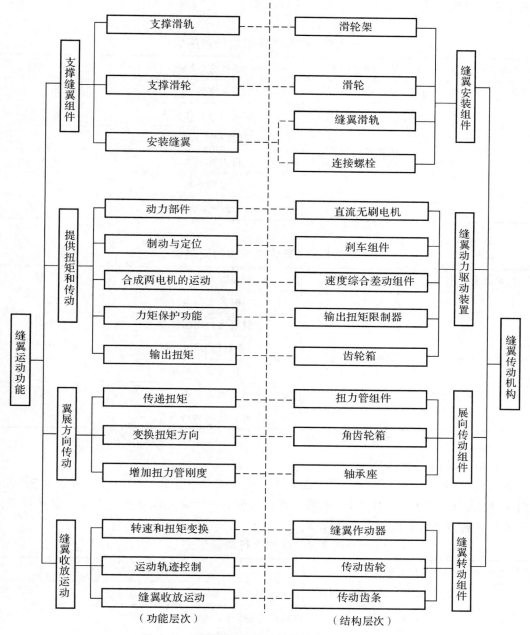

图 3.16　缝翼传动机构功能与结构层次对应图

2.约定层次的划分

约定层次的划分是根据 FMEA 工作的需要,按照产品的功能关系或复杂程度划分的产品功能层次或结构层次。约定层次的划分是 FMEA 工作的关键,约定层次的划分直接影响 FMEA 工作目标的实现。约定层次划分应按照"谁设计、谁分析"的工作原则,由对应的设计人员进行划分,综合考虑产品的各内部功能组成层次关系、设计分工界面和可获得的信息资源的情况,确定分析工作中约定层次划分的依据,划分初始约定层次、其他约定层次和最低约定层次。某型民机襟翼传动机构的约定层次划分见表 3.7,缝翼传动机构的约定层次划分见表 3.8。

表 3.7　襟翼传动机构约定层次

初始约定层次	第二约定层次	最低约定层次	编　码
某型民机	襟翼传动机构	襟翼安装组件	F01
		襟翼动力驱动装置	F02
		襟翼扭力管组件	F03
		扭力管轴承座	F04
		角齿轮箱	F05
		襟翼作动器	F06

表 3.8　缝翼传动机构约定层次

初始约定层次	第二约定层次	最低约定层次	编　码
某型民机	缝翼传动机构	缝翼安装组件	S01
		缝翼动力驱动装置	S02
		缝翼扭力管组件	S03
		扭力管轴承座	S04
		角齿轮箱	S05
		缝翼展向运动组件	S06

3.FMEA 分析有关说明

(1)任务剖面和使用阶段。任务剖面是产品在完成规定任务时间内所经历的事件和环境的时序描述。在 FMEA 工作中,一般用任务剖面来描述产品完成任务的要求及其环境条件,所研究民机典型飞行阶段划分见表 3.9。

表 3.9　典型飞行阶段划分

阶段划分	代　号	任务阶段	说　明
地面	G	暖机及检查	包括开车及各种飞行前检查
		起飞前滑行	从停机位到跑道端头起飞位置
		着陆后滑行	从着陆结束滑行到停机位
起飞	T	起飞	从松刹车滑跑开始至达到起飞安全高度 35 ft 的过程
爬升	F1	爬升	从达到起飞安全高度 35 ft 和开始至达到巡航高度的过程,期间收起落架、收增升装置
巡航	F2	巡航	从爬升至巡航高度开始到开始下降为止的过程,包括加速至巡航马赫数、巡航和下降前的减速
下降	F3	下降	从巡航高度下降到进场高度 1 500 ft 的过程

续　表

阶段划分	代　号	任务阶段	说　　明
进场	F4	进场	从到达进场高度 1 500 ft 开始下滑到着陆安全高度 50 ft 的过程，包括放起落架、放增升装置、着陆航线、待机等
着陆	L	着陆	从下滑到着陆安全高度 50 ft 开始至接地、滑跑并减速到速度低于 20 节的过程

注:1 ft＝0.304 8 m;1 节＝1.853 18 km/h。

按照表3.9的定义,某型民机的襟缝翼传动机构在飞行中的T,F1,F4,L阶段使用。为方便FMEA分析表格的填写,在此处规定在襟缝翼传动机构的FMEA表中用"F"代表飞行中的T,F1,F4和L阶段。

(2)定义故障判据。故障判据应根据规定的产品功能要求、相应的性能参数要求和允许极限确定。在FMEA报告中应该予以明确表述。通用的故障判据定义为:

1)产品在规定的条件下或规定的时间内,不能完成规定的功能;

2)产品在规定的条件下或规定的时间内,某些性能参数不能保持在规定的范围内;

3)产品在规定的条件下或规定的时间内工作时,引起的能源、物资等的消耗或对人员、环境及其他设施的影响超出了允许的范围;

4)技术合同或其他文件规定的故障判据。

(3)故障影响和严酷度定义。故障影响及严酷度分析的目的是找出产品的每个可能的故障模式所产生的影响,并对其结果的严重程度(严酷度)进行分析。分析中常用三级故障影响:局部影响、高一层次影响和最终影响,其定义和特点见表3.10。

表 3.10　按约定层次划分的故障影响分级表

影响分级	定　　义	特　　点
局部影响	某产品的故障模式对该产品自身或所在约定层次产品的使用、功能或状态的影响	1)是描述故障模式对被分析产品局部产生的后果; 2)是某产品的故障对同一约定层次产品的影响后果的判断和说明
高一层次影响	某产品的故障模式对该产品所在约定层次紧邻高一层次产品的使用、功能或状态的影响	1)是描述被分析产品故障模式对紧邻上一层次产品的影响; 2)是故障影响分析逐步迭代的中间环节,是相邻上一层约定层次的故障模式
最终影响	某产品的故障模式对初始约定层次产品的使用、功能或状态的影响。	1)是描述被分析产品故障模式对"初始约定层次"产品的影响; 2)是故障影响逻辑分析的终点,是设计、使用、决策者关注的重要内容; 3)是划分严酷度、确定设计改进措施与使用补偿措施的依据

在FMEA之前应划分故障模式对产品影响的严酷度类别,严酷度类别是对故障模式导致

最坏的潜在影响的一种定性度量,严酷度类别定义是严酷度判定的前提。某型民机 FMEA 分析时的严酷度类别定义见表 3.11。

表 3.11 严酷度类别定义

<table>
<tr><th colspan="2">严酷度等级</th><th>Ⅰ类(灾难的)</th><th>Ⅱ类(致命的)</th><th>Ⅲ类(中等的)</th><th>Ⅳ类(轻度的)</th></tr>
<tr><td rowspan="5">严重程度定义</td><td>对飞机的影响</td><td>飞机损毁</td><td>飞机损坏</td><td>飞机中等程度的损坏</td><td>飞机轻度损坏或无影响</td></tr>
<tr><td>对乘员的影响</td><td>绝大部分乘员死亡</td><td>引起乘员的严重伤害或个别的乘员死亡</td><td>引起乘员的身体不适,可能出现受伤</td><td>身体不适,不足以导致受伤</td></tr>
<tr><td>对驾驶员的影响</td><td>死亡或丧失(执行任务的)能力</td><td>身体不适或过分的工作负担削弱了执行任务功能的能力</td><td>身体不适或明显的增加工作负担</td><td>轻微增加工作负担或无影响</td></tr>
<tr><td>对任务的影响</td><td>—</td><td>导致任务失败</td><td>导致任务延误或降级</td><td>任务无影响</td></tr>
<tr><td>对其他的影响</td><td>重大环境损害</td><td>重大的经济损失 严重的环境损害</td><td>中等程度的经济损失;中等程度的环境损害</td><td>轻度经济损失;轻度环境损害;导致非计划性的维护或修理</td></tr>
</table>

4. 襟缝翼传动机构 FMEA 分析

某型民机襟翼传动机构故障模式及影响分析见附录 A 的表 A.1。

某型民机缝翼传动机构故障模式及影响分析见附录 B 的表 B.1。

通过分析,某型民机襟翼传动机构的故障模式共 46 项,按影响等级进行分类,其中无Ⅰ类故障模式,Ⅱ类故障模式共有 18 项,Ⅲ类故障模式共有 5 项,Ⅳ类故障模式共有 23 项。某型民机襟翼传动机构Ⅱ类严酷度的故障模式清单见附录 A 的表 A.2。某型民机缝翼传动机构的故障模式共 42 项,按影响等级进行分类,其中无Ⅰ类故障模式,Ⅱ类故障模式共有 16 项,Ⅲ类故障模式共有 2 项,Ⅳ类故障模式共有 24 项。某型民机缝翼传动机构Ⅱ类严酷度的故障模式清单见附录 B 的表 B.2。

3.5.4 FTA 方法

1. FTA 方法简述

FTA 是一种图形演绎法,是在系统设计过程中,通过对引起系统故障的各种因素(包括硬件、软件、环境、人为因素等)进行逻辑因果分析,画出逻辑图(故障树),确定导致故障发生的各种可能原因,并通过定性分析和定量计算,找出系统设计的薄弱环节,采取纠正措施,以提高系统可靠性和安全性的一种设计分析方法和评估方法。FTA 的工作流程如图 3.17 所示。

2. FTA 的用途

故障树分析工作主要有以下用途。

1)从可靠性的角度出发,比较各种设计方案,或者评估已确定的设计方案的可靠性;

2)对于大型复杂系统,通过 FTA 可发现由几个非致命故障事件的组合导致的致命事件,据此采取相应的改进措施；

3）为制定试验使用及维修程序提供依据；

4）对于不曾参与系统设计的管理和使用维修人员来说，故障树为他们提供了一个形象的管理、使用维修"指南"或查找故障的"线索表"。

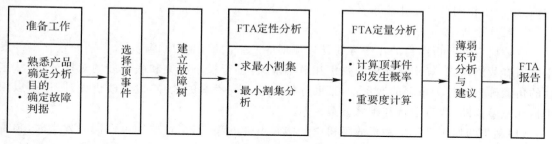

图 3.17　FTA 工作流程图

3. FTA 的适用时机

故障树分析适用于型号的研制、生产和使用阶段，具有广泛的适用范围。目前 FTA 方法在工程研制和使用阶段的主要应用为：

1）在产品设计的同时做 FTA，发现可靠性和安全性的薄弱环节，以便采取改进措施，提高可靠性；

2）发生重大故障或事故后，利用 FTA 查找重大故障或事故的原因，为故障"归零"提供依据。

4. 建立故障树的方法和原则

（1）顶事件的选择。顶事件是建立故障树的基础，选择的顶事件不同，则建立的故障树也不同。在进行故障树分析时，选择顶事件可利用下述方法。

1）在设计过程中进行 FTA，一般从那些显著影响产品技术性能、经济性、可靠性和安全性的故障中选择确定顶事件；

2）在 FTA 之前若已进行了 FMEA，则可以从故障影响后果为 Ⅰ 类、Ⅱ 类的系统故障模式中选择确定顶事件；

3）发生重大故障或者事故后，可以将此类事件作为顶事件。

故障树的顶事件必须严格定义，否则建立的故障树将达不到预期的目的。在大多数情况下，产品会有多个不希望事件，应对它们一一确立，分别作为顶事件建立故障树并进行分析。

（2）建树过程。故障树是由各种事件以及连接事件的逻辑门构成的。当顶事件确定后，首先找出直接导致顶事件发生的各种可能因素或因素的组合，即中间事件（或二次事件）。在顶事件与紧连的中间事件之间，根据其故障逻辑关系，相应的画上正确的逻辑门，然后再对每个二次事件进行类似的分析，即找出其发生的直接原因，逐次下去，最终到不能分解的基本事件为止，这样就可绘制出用基本符号描绘的故障树。故障树的建树规则如下：

1）正确地选择并定义顶事件；

2）对系统中各事件的逻辑关系必须分析清楚，不能有逻辑上的矛盾，条件要统一；

3）在对某个门的全部输入事件中的任一输入事件进一步分析之前，应先对该门的全部输入事件作出完整的定义；

4）合理地确定系统的边界条件，明确故障树分析到哪个层次；

5）建树应从上到下按逻辑关系逐步进行，门的输入应当是经过恰当定义的故障，门与门之间不能直接相连；

6）对故障树不同分支出现的"共因事件"必须使用同一故障标号，若此共因故障不是底事件，必须使用相同符号简化表示。

5. 定性分析

故障树定性分析的目的在于寻找导致顶事件发生的原因和原因组合，识别导致顶事件发生的所有故障模式，确定故障树的割集和最小割集，进行最小割集和底事件的对比分析，从定性的角度确定出较为重要的底事件，帮助分析人员发现潜在的故障，以便改进设计，还可以用于指导故障诊断，改进运行和维修方案。

（1）割集的作用。割集是指故障树中一些底事件的集合，当这些底事件同时发生时，顶事件必然发生。若将割集中所含的底事件任意去掉一个就不再成为割集了，这就是最小割集。一个最小割集代表系统的一种故障原因，确定故障树最小割集有以下意义。

1）找出最小割集进行改进设计对降低复杂系统潜在事故的风险具有重大意义，因为在设计中如果能做到使每个最小割集中至少有一个底事件发生概率极低，则顶事件发生概率就会极低。

2）消除系统中的一阶最小割集，就可以消除系统的单点故障；在系统设计时进行故障树分析，找出一阶最小割集，然后在其所在的层次或更高的层次增加"与门"，并使"与门"尽可能接近顶事件。

3）最小割集可以指导系统的故障诊断和维修，如果系统发生了某一故障，则一定是该系统中与其对应的某个最小割集的底事件全部发生了，因此维修时只有修复同一最小割集中的所有故障部件，才能恢复系统的可靠性水平。

（2）定性分析原则。常用求最小割集的方法有下行法与上行法，在求得全部最小割集后，当分析数据不足时，可按下列原则进行定性比较。首先根据每个最小割集所含底事件数目（阶数）排序，当各个底事件发生概率比较小时，其差别相对不大的条件下：

1）阶数越小的割集越重要；

2）在低阶最小割集中出现的底事件比高阶最小割集中的底事件重要；

3）在最小割集阶数相同的条件下，在不同最小割集中重复出现次数越多的底事件越重要。

定性分析结果可用来指导设计改进、故障诊断和确定维修次序。

6. 定量分析

故障树定量分析的任务是在底事件互相独立和已知其发生概率的条件下，计算顶事件发生的概率和底事件的重要度等定量指标。

假设故障树的全部最小割集为 $K_1, K_2, \cdots, K_k$，在大多数情况下，底事件可能在几个最小割集中重复出现，即最小割集之间是相交的，这时精确计算顶事件发生的概率就必须用相容事件的概率公式，即

$$P(T) = P(K_1 \bigcup K_2 \bigcup \cdots \bigcup K_{N_k}) = \sum_{i=1}^{N_k} P(K_i) - \sum_{i<j=2}^{N_k} P(K_iK_j) +$$

$$\sum_{i<j<k=3}^{N_k} P(K_iK_jK_k) + \cdots + (-1)^{N_k-1} P(K_1K_2, \cdots, K_{N_k}) \tag{3.1}$$

式中，K_i，K_j，K_k 分别为第 i，j，k 个最小割集；N_k 为最小割集数。

式（3.1）中等号右端共有（$2^{N_k}-1$）项。当最小割集数 N_k 足够大时，就会产生"组合爆炸"问题。即使使用直接化法或递推化法将相交和化为不交和，计算量也相当大。在工程实际中，精确计算是不必要的，使用近似计算顶事件发生概率的方法，就能够满足工程应用的需要，这是因为：

1）统计得到的基本数据往往是不很准确的，因此用底事件的数据计算顶事件发生的概率值时精确计算没有工程实际意义；

2）一般情况下，产品的可靠性设计得比较高，因此产品的不可靠度是很小的，故障树顶事件发生的概率按式（3.1）计算收敛得非常快，（$2^{N_k}-1$）项的代数和中起主要作用的是首项或是首项及第二项，后面一些的数值极小。

所以在实际计算中往往取式（3.1）的首项来近似，称为一阶近似算法。一阶近似算法的计算公式为

$$P(T) \approx S_1 = \sum_{i=1}^{N_k} P(K_i) \tag{3.2}$$

3.5.5　襟缝翼运动机构 FTA 实例

1. 某型民机襟翼传动机构 FTA 分析说明

襟翼是重要的增升装置，其可靠性对于飞机起飞、着陆以及低速飞行的安全性至关重要。飞机的故障统计资料显示，飞机的襟翼故障分为机械故障和襟翼控制系统故障，而机械故障以襟翼机械卡阻为主。襟翼典型的失效模式分别为：襟翼收放卡阻、左右襟翼不对称运动、襟翼实际位置与指令不一致和襟翼控制系统故障。其中的左、右机翼的襟翼不对称运动故障，若用 θ_l 表示左襟翼偏角，用 θ_r 表示右襟翼偏角，当左右偏差（剪刀差）$\Delta\theta = |\theta_l - \theta_r|$ 大于等于临界差角 $\Delta\theta_{cr}$ 时，出现襟翼不对称运动。飞机在起飞、着陆阶段出现襟翼不对称运动故障，机翼的升力和阻力偏离设计使用状态，此时飞机的横向平衡很难控制，同时使飞机按照预定轨迹运动的控制能力下降，即不能正常控制飞机。通常取容许左右襟翼偏角差 $\Delta\theta^*$ 为小于 $\Delta\theta_{cr}$ 一定的量值，以增加飞机的安全性；如英国 BAe146-300 型飞机的 $\Delta\theta_{cr}=6°$，取 $\Delta\theta^*=2°$，即当 $\Delta\theta=2°$，通过控制系统自动把襟翼锁住，出现锁定的允许概率为 10^{-5}/次，即飞行 10^5 个起落可出现一次。在德国空中客车《可靠性和安全性训练手册》中规定襟翼不对称运动的失效概率应小于 10^{-9}/飞行小时，这里估计指的是出现 $\Delta\theta_{cr}$ 的概率。襟翼不对称运动故障会造成严重的飞行事故，襟翼不对称运动故障涉及的系统、零部件较全，分析起来较全面、深入。襟翼不对称运动可能是：左侧襟翼机构正常，右侧襟翼机构故障，或右侧襟翼机构正常，左侧襟翼机构故障。飞机的左、右襟翼机构为完全对称部件，设飞机一侧襟翼不对称运动的概率为 P，则另一侧襟翼正常运动的概率为 $1-P$，这样整机的襟翼不对称运动的发生概率为 $2P(1-P)$。经过以上分析，为简化故障树和减小故障树的规模，本书选择某型民机的"单侧襟翼不对称运动"为顶事件，该顶事件的定义为：某型民机的单侧内襟翼或外襟翼不对称运动超过气动性能限制值。

关于"单侧襟翼不对称运动"故障树有以下假设条件：

1）不考虑因驾驶员误操作而引起的襟翼运动不对称；

2）不考虑襟翼系统的能源故障，认为能源系统可靠无失效；

3）内襟翼和外襟翼的翼盒不会发生强度或刚度失效；

4）内、外襟翼的结构安装固定件（如：襟翼支撑摇臂、转动摇臂和转动铰链等）可靠无失效；

5）襟翼的安装连接件和支撑结构件可靠无失效。

2. 某型民机单侧襟翼不对称运动的 FTA

襟翼传动机构的零部件故障和襟缝翼控制装置故障的组合会导致顶事件"单侧襟翼不对称运动"的发生。某型民机的内襟翼由 1 号、2 号襟翼作动器驱动，1 号和 2 号襟翼作动器未设置襟翼倾斜传感器监控内襟翼倾斜角度，即不能单独监控内襟翼的倾斜角度；外襟翼由 3 号、4 号襟翼作动器驱动，对 3 号和 4 号襟翼作动器分别设置襟翼倾斜传感器单独进行监控，即能单独监控外襟翼的倾斜角度。在襟翼传动机构最外侧的扭力管组件处安装有襟翼位置传感器（左、右各 1 个），对单侧襟翼的位置进行监控。襟缝翼控制装置是冗余设计，能隔离故障控制单元的信号，由正常的襟缝翼控制单元进行控制。该型民机的襟缝翼控制装置采集各传感器的监控信号，如果襟缝翼控制装置监控到襟翼系统倾斜或非对称，通过动力驱动装置停止襟翼，将襟翼倾斜或非对称限制在安全范围内。

顶事件"单侧襟翼不对称运动"的故障树见图 3.18，树中的底事件说明见表 3.12。

表 3.12　故障树底事件说明表

符　　号	底事件定义	发生概率
X_1	1 号襟缝翼控制装置（含传感器）襟翼不对称运动监控功能失效	2.6×10^{-6}
X_2	2 号襟缝翼控制装置（含传感器）襟翼不对称运动监控功能失效	2.6×10^{-6}
X_3	襟翼驱动装置至一侧 1 号襟翼作动器之间的扭力管组件传动故障	4×10^{-7}
X_4	两个 105° 角齿轮箱中至少一个传动故障不能驱动其外侧扭力管	3×10^{-5}
X_5	1 号襟翼作动器翼展方向传动故障不能带动其外侧扭力管运动	1.5×10^{-7}
X_6	1 号襟翼作动器和 2 号襟翼作动器之间轴承支座传动故障	1.2×10^{-5}
X_7	1 号襟翼作动器和 2 号襟翼作动器之间扭力管组件传动故障	1.6×10^{-5}
X_8	1 号襟翼作动器翼弦方向传动故障不能驱动内襟翼运动	1.8×10^{-9}
X_9	2 号襟翼作动器翼弦方向传动故障不能驱动内襟翼运动	1.8×10^{-9}
X_{10}	2 号襟翼作动器翼展方向传动故障不能带动其外侧扭力管运动	1.5×10^{-7}
X_{11}	2 号襟翼作动器和 3 号襟翼作动器之间扭力管组件传动故障	1.5×10^{-5}
X_{12}	161° 角齿轮箱中传动故障不能带动其外侧扭力管运动	1.5×10^{-5}
X_{13}	3 号襟翼作动器和 4 号襟翼作动器之间的两轴承座中至少一个故障	2.4×10^{-5}
X_{14}	3 号襟翼作动器和 4 号襟翼作动器之间扭力管组件传动故障	3.6×10^{-5}
X_{15}	3 号襟翼作动器翼弦方向传动故障不能驱动外襟翼运动	2×10^{-9}
X_{16}	4 号襟翼作动器翼弦方向传动故障不能驱动外襟翼运动	2×10^{-9}

注：1）表中的发生概率是每个飞行起落底事件的发生概率，是参考相似民机同类产品的航线故障统计值整理得到的，所列数值仅供参考；

2）表中底事件中的零部件均为同侧的襟翼传动零部件。

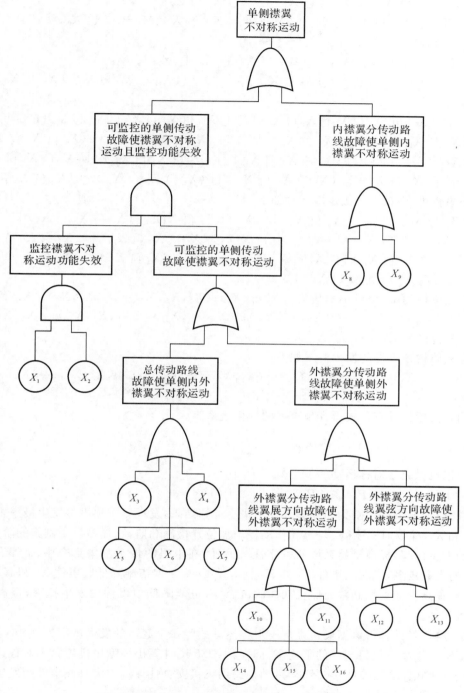

图 3-18　单侧襟翼不对称运动故障树

3.定性分析与定量计算

根据上节中以某型民机的"单侧襟翼不对称运动"为顶事件的故障树,采用上行法求解该故障树的最小割集,其计算过程如下:

设：$M_1 = X_1 \bigcap X_2$；$M_2 = X_3 \bigcup X_4 \bigcup X_5 \bigcup X_6 \bigcup X_7$；

$M_3 = X_{10} \bigcup X_{11} \bigcup X_{12} \bigcup X_{13} \bigcup X_{14}$；$M_4 = X_{15} \bigcup X_{16}$；$M_5 = X_8 \bigcup X_9$；

往上一级计算：

$T_1 = M_3 \bigcup M_4 = X_{10} \bigcup X_{11} \bigcup X_{12} \bigcup X_{13} \bigcup X_{14} \bigcup X_{15} \bigcup X_{16}$；

$T_2 = M_2 \bigcup T_1 = X_3 \bigcup X_4 \bigcup X_5 \bigcup X_6 \bigcup X_7 \bigcup X_{10} \bigcup X_{11} \bigcup X_{12} \bigcup X_{13} \bigcup X_{14} \bigcup X_{15} \bigcup X_{16}$；

$T_3 = M_1 \bigcap T_2 =$

$(X_1 \bigcap X_2) \bigcap (X_3 \bigcup X_4 \bigcup X_5 \bigcup X_6 \bigcup X_7 \bigcup X_{10} \bigcup X_{11} \bigcup X_{12} \bigcup X_{13} \bigcup X_{14} \bigcup X_{15} \bigcup X_{16}) =$

$(X_1 \bigcap X_2 \bigcap X_3) \bigcup (X_1 \bigcap X_2 \bigcap X_4) \bigcup (X_1 \bigcap X_2 \bigcap X_5) \bigcup (X_1 \bigcap X_2 \bigcap X_6) \bigcup$

$(X_1 \bigcap X_2 \bigcap X_7) \bigcup (X_1 \bigcap X_2 \bigcap X_{10}) \bigcup (X_1 \bigcap X_2 \bigcap X_{11}) \bigcup (X_1 \bigcap X_2 \bigcap X_{12}) \bigcup$

$(X_1 \bigcap X_2 \bigcap X_{13}) \bigcup (X_1 \bigcap X_2 \bigcap X_{14}) \bigcup (X_1 \bigcap X_2 \bigcap X_{15}) \bigcup (X_1 \bigcap X_2 \bigcap X_{16})$

设顶事件为 T，最上一级逻辑运算如下：

$T = T_3 \bigcup M_5 = (X_1 \bigcap X_2 \bigcap X_3) \bigcup (X_1 \bigcap X_2 \bigcap X_4) \bigcup (X_1 \bigcap X_2 \bigcap X_5) \bigcup$

$(X_1 \bigcap X_2 \bigcap X_6) \bigcup (X_1 \bigcap X_2 \bigcap X_7) \bigcup (X_1 \bigcap X_2 \bigcap X_{10}) \bigcup (X_1 \bigcap X_2 \bigcap X_{11}) \bigcup$

$(X_1 \bigcap X_2 \bigcap X_{12}) \bigcup (X_1 \bigcap X_2 \bigcap X_{13}) \bigcup (X_1 \bigcap X_2 \bigcap X_{14}) \bigcup (X_1 \bigcap X_2 \bigcap X_{15}) \bigcup$

$(X_1 \bigcap X_2 \bigcap X_{16}) \bigcup X_8 \bigcup X_9$

求得故障树的 14 个最小割集为：(X_8)；(X_9)；(X_1,X_2,X_3)；(X_1,X_2,X_4)；(X_1,X_2,X_5)；(X_1,X_2,X_6)；(X_1,X_2,X_7)；(X_1,X_2,X_{10})；(X_1,X_2,X_{11})；(X_1,X_2,X_{12})；(X_1,X_2,X_{13})；(X_1,X_2,X_{14})；(X_1,X_2,X_{15})；(X_1,X_2,X_{16})。

计算故障树顶事件的发生概率如下：

设 $K_1 = (X_8)$，$K_2 = (X_9)$，$K_3 = (X_1,X_2,X_3)$，$K_4 = (X_1,X_2,X_4)$，$\cdots$，$K_{14} = (X_1,X_2,X_{16})$。

采用二阶近似计算公式得到顶事件的发生概率为

$$P(T) = \sum_{i=1}^{14} P(K_i) - \sum_{i<j=2}^{14} P(K_i K_j) = 0.359\ 9 \times 10^{-9}$$

该型民机襟翼不对称运动的发生概率为

$$P = 2 \times P(T) \times [1 - P(T)] = 0.461 \times 10^{-9}$$

定性分析：分析最小割集和顶事件发生概率计算结果，发现影响顶事件发生概率主要是底事件 X_8 和 X_9，建议对 1 号和 2 号襟翼作动器增加位置检测和监控，提高最小割集的阶数，降低顶事件的发生概率，提高襟翼系统的可靠性。另外，在求得的最小割集集合中，底事件 X_1 和 X_2 出现的次数较多，说明底事件 X_1 和 X_2 相对重要，应采取措施降低底事件 X_1 和 X_2 的故障发生率，即提高襟缝翼控制单元监控功能的可靠性，也能降低顶事件的发生概率，提高襟缝翼系统的可靠性。

定量分析：经计算得该型民机襟翼不对称运动故障每个起落的发生概率为 0.461×10^{-9}，该概率值除以该型民机每起落的平均飞行时间 1.275 h，计算出该型民机襟翼不对称运动故障的发生概率为 0.362×10^{-9}/飞行小时，满足民用飞机安全性评估中灾难性事件的发生概率小于 1×10^{-9}/飞行小时的设计要求。

参 考 文 献

[1]　张兴国. 大型运输机多缝富勒襟翼运动机构设计研究[D]. 西安：西北工业大学，2003.

[2]　包敦勇. 民机缝翼机构可靠性若干问题分析与研究[D]. 南京:南京航空航天大学,2008.

[3]　屈滋培. 可靠性工程[M]. 北京:原子能出版社,2000.

[4]　国志刚. 机构可靠性若干专题研究[D]. 西安:西北工业大学,2001.

[5]　黄建国,后缘襟翼运动型式的选择及其分析[J]. 民机飞机设计与研究,2009(3):10 -17.

[6]　Lynwood M R. Mechanical Systems Reliability Testing[C]. Annual Reliability and Maintainability Symposium,1981:278 - 282.

[7]　张祖明. 非电产品的可靠性技术与应用[M]. 北京:海洋出版社,1993.

[8]　Bocchi W J. Predicting mechanical reliability [C]. Annual Reliability and Maintainability Symposium,1981:33 - 37.

[9]　Finn J. Component Failures Based on Flaw Distributions[C]. Annual Reliability and Maintainability Symposium,1989:91 - 95.

[10]　Sadlon R J. Mechanical Applications in Reliability Engineering[R]. NASA Technical Reports,AD - A363860,1993.

[11]　Tallian T E. Weibull Distribution of rolling contact fatigue life and deviation thereform. ASLE Transactions,1962,5(1):103 - 113.

[12]　Somerrville I F, Dietrich D L, Mazzuchi T A. Bayesian Reliability Analysis Using the Dirichlet Prior Distribution with emphasis on accelerated life testing run in random order[C]. Second World Congress of Nonlinear Analysis,1997,30(7):4415 - 4423.

[13]　唐文明. 襟翼故障初探[J]. 江苏航空,2009(4):40.

[14]　陈德龙. 对 B737 飞机襟翼卡阻故障的分析[J]. 江苏航空,1998(3):4 - 5.

[15]　徐世清. 前襟操纵拉杆开裂分析及改进措施[J]. 航空制造技术,1999(4):47 -50.

[16]　王宇. 关于 A319 拉萨、九寨航线襟缝翼卡阻的探讨[J]. 飞行研究,2007(12):22 - 26.

[17]　陈硕,麻力. B767 后缘襟翼不协调故障分析[J]. 中国民航学院学报,2004,22:4 - 5.

[18]　曾声奎,赵廷弟,张建国,等. 系统可靠性设计分析教程[M]. 北京:北京航空航天大学出版社,2001.

[19]　Fleming K N, Mosleh A. Classification and analysis of reactor operating experience involving dependent failures[C]. NP - 3967. Electric Power Research Institute, June 1985.

[20]　Mosleh A, Siu N O. A multi - parameter event - based common - cause failure model [C]. Proceedings of the Ninth International Conference on Structural Mechanics in Reactor Technology,1987:147 - 152.

[21]　Atwood C L. The binomial failure rate common cause model[J]. Technometrics, 1986,28:139 - 148.

[22]　Hautmanns U. The multi - class binomial failure rate model [J]. Reliability Engineering and System Safety,1996,53:85 - 90.

[23]　Shiraishi N, Furuta H. Reliability analysis based on fuzzy probability [J]. Engineering Mechanics,1983,109(6):32 - 38.

[24]　Rao S S, Berke L. Analysis of uncertain structural system using interval analysis[J].

AIAA Journal，1997，35：727－735.

[25] Vaurio J K. Availability of redundant safety systems with common mode and undetected failures[J]. Nuclear Engineering and Design，1980，58：415－424.

[26] Wu W D，Rao S S. Uncertainty analysis and allocation of joint tolerances in robot manipulators based on interval analysis[J]. Reliability Engineering and System Safety，2007，92：54－64.

[27] Gunter B，Leonidas C，Dimitris K. Time－depedent reliability under random shocks [J]. Reliability Engineering and System Safety，2002，24：239－251.

[28] Matsuoka T，Kobayashi M. The GO－FLOW reliability analysis methodology－ analysis of common cause failures with uncertainty[J]. Nuclear Engineering and Design，1997，175：205－214.

[29] Miner M A. Cumulative damage in fatigue[J]. Journal of Applied Mechanics，1945，12(3)：A159－164.

[30] Henry D L. A theory of fatigue damage accumulation in steel[J]. Transaction of the ASME，1955，77：913－918.

[31] Bui Q T. Cumulative damage with interaction effect due to fatigue under torsion loading[J]. Experimental Mechanics，1982，22：180－187.

[32] Chaboche J L，Lesne P M. A non－linear continuous fatigue damage model[J]. Fatigue and Fracture of Engineering Materials and Structures，1988，11(1)：1－7.

[33] Niu X，Li G X，Lee H. Hardening law and fatigue damage of a cyclic hardening metal [J]. Engineering Fracture Mechanics，1987，26(2)：163－170.

[34] Birnbaum Z W，Sauders S C. A probabilistic interpretation of Miner's rule[J]. Journal of Applied Mathmatics，1968，16(3)：637－652.

[35] Bognanoff J L. A new cumulative damage model，part 1[J]. Journal of Applied Mechanics，1978，45(2)：246－250.

[36] Kopnov V A. A randomized endurance limit in fatigue damage accumulation models [J]. Fatigue Fracture in Engineering Material Structure，1993，16(10)：1041－1059.

第4章 机构可靠性分析及优化设计方法

结构机构可靠性的研究略迟于电器类产品的可靠性研究,而且在20世纪60年代时,还是参照电器类产品可靠性的研究方法进行的,即从基本原理上把结构机构简化为理想的串并联系统,略去相关性计算可靠度,实际上两者之间是有本质区别的。在第二次世界大战期间,由于有关建筑、航空、船舶及海洋工程结构、机电设备等在设计使用期限内,在规定的载荷条件与环境下失效的事例日趋严重,这说明了以安全因数法为代表的传统设计方法对环境条件和结构特性的确定性假设是不适当和不可靠的。另外,一些设计结构机构接近或已超过设计寿命期限,如何估计这些结构机构能否延长寿命或对其可靠性做出正确的判断结论成为很迫切的任务。研究人员不仅希望能定性地分析结构机构的可靠性,还要能定量分析与设计,所有这些都促进了结构机构可靠性的发展。

本章主要阐述了可靠性分析中涉及的基本理论与方法,以及可靠性优化方法,以期将其应用于民机襟缝翼运动机构的可靠性分析及优化,提高民机襟缝翼机构的可靠性及稳健性。

4.1 机构可靠性分析过程

针对结构机构的可靠性分析,首先进行确定性分析,结构机构的输入特性(诸如几何构成、材料特性、环境载荷等)被考虑为确定量,通过力学或运动学分析建立响应模型,进而得到给定输入下的结构机构输出性能(诸如结构机构的强度、刚度、运动精度等)。事实上,在工程实际中,结构机构的材料属性、几何尺寸以及所受的载荷等均存在大量的误差和不确定性,在结构分析中必须考虑这些不确定性因素所带来的影响。在结构机构可靠性分析中,将输入特性的不确定性使用不确定性理论进行描述,输入变量的不确定性通过响应模型的传递后,进一步地得到结构机构输出性能的不确定性。本章的主要目的在于将结构机构可靠性及可靠性灵敏度分析理论应用于民机襟缝翼运动机构的分析中。图4.1详细描述了对工程结构机构进行确定性分析以及可靠性、可靠性灵敏度分析的过程。

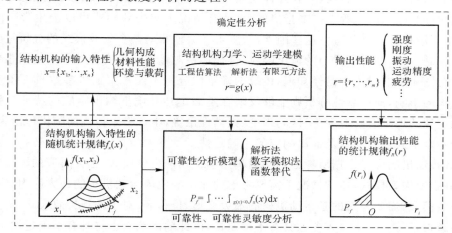

图 4.1 结构机构可靠性及可靠性灵敏度分析过程

由于民机襟缝翼运动机构包含的构件较多,在飞机的使用寿命内会遇到多种可能导致失效的情况,因此对该运动机构进行完善的可靠性分析涉及大量的工作。在第 3 章中讨论了民机襟缝翼运动机构的典型失效模式及分类方法。图 4.2 给出了对襟缝翼运动机构进行可靠性及可靠性灵敏度分析的基本流程,包含以下基本步骤。

(1)选取失效模式。首先,应当选取需要考虑的失效模式。在第 3 章中介绍了襟缝翼运动机构的典型失效模式,诸如定位失效、卡阻失效、磨损失效、强度失效、精度失效、变形失效等,并对这些失效模式进行了进一步的分析。在实际工程中,设计人员应根据所关心的襟缝翼运动机构的性能,选择相应的失效模式。

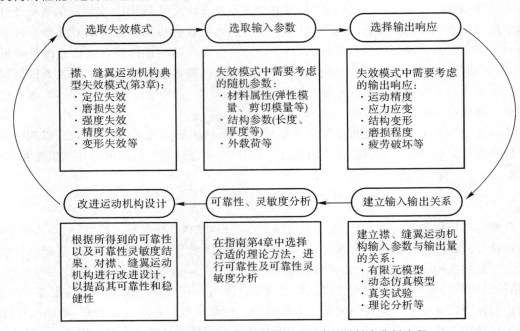

图 4.2　民机襟缝翼运动机构可靠性及可靠性灵敏度分析流程

(2)选择输入参数。分析失效模式,根据实际情况选取需要考虑的输入参数。影响襟缝翼运动机构的因素通常有材料属性(如弹性模量、剪切模量)、结构参数(如腹板厚度、梁的形状尺寸)、外载荷(如气动载荷)等。需要指出的是,通常情况下对失效模式可以产生影响的因素有很多,但是不能盲目地全部考虑这些因素,否则可能会使得对整个失效模式的分析过于复杂以至于难以控制,应当结合所关心的输出响应,选择那些对输出响应有显著影响的因素作为输入参数。在对图 4.1 的讨论中已经知道,传统的确定性分析不能考察输入参数具有不确定性时对结构机构的影响,而可靠性分析则能够反映在不确定性环境下输出响应的特征。描述输入参数不确定性的理论有随机理论、区间理论、模糊理论等,本章将以传统的随机理论为工具,使用概率分布来描述输入参数及输出响应的不确定性。

(3)选择输出响应。根据所考虑的襟缝翼运动机构的失效模式,选择对应的输出响应。例如,对于静强度失效模式,通常情况下需要考虑的输出响应为运动机构的最大应力、应变等;对于变形失效模式,需要考虑的是运动机构的最大变形、位移等;对于磨损失效模式,需要考虑运动机构的磨损量等。由于输入参数具有不确定性,因此输出响应也将具有不确定性,这是能够进行可靠性和可靠性灵敏度分析的必要条件。

（4）建立输入输出关系。在已经选择了输入参数和输出响应后，需要建立输入与输出之间的关系，以能够将输入参数的不确定性传递到输出响应中。建立输入输出关系有多种途径，对于民机襟缝翼运动机构而言，最基本的方法是进行襟缝翼运动机构试验，试验可以最真实地反映输入参数和输出响应的关系，但是值得指出的是，这种试验往往需要大量的时间成本和人力成本。另外，建立输入输出关系的途径还有建立结构有限元模型、动态仿真模型、理论分析等。对于强度失效或变形失效等失效模式，可以通过有限元模型获得在给定输入条件下运动机构的应力、应变大小；对于运动精度失效等失效模式，可以通过动态仿真模型，获得机构的运动特性等，进而进行可靠性及可靠性灵敏度分析。

（5）可靠性、灵敏度分析。在（1）～（4）步骤完成后，即可进行可靠性及可靠性灵敏度分析。本章介绍了对结构机构进行可靠性及可靠性灵敏度分析的方法，设计人员需要根据所考虑的失效模式、输入输出关系等选择合适的分析方法，以得到尽可能合理、准确的结果。

（6）改进运动机构设计。根据得到的可靠性及可靠性灵敏度分析结果，对襟缝翼运动机构进行改进设计。可靠性灵敏度能够反映输入参数对襟缝翼运动机构可靠性的影响程度，因此能够指导研究人员对襟缝翼运动机构的某些参数进行调整或改进，以提高运动机构的可靠性和稳健性。在改进设计后，可以通过（1）～（5）步骤对改进后的运动机构继续进行可靠性分析，以对改进措施进行校核、验证。

鉴于篇幅限制，本章将主要考虑静强度失效以及变形失效模式，以民机襟缝翼运动机构的有限元模型为分析对象，进行可靠性及可靠性灵敏度分析。值得指出的是，本章的主要目的在于为设计人员提供一个对民机襟缝翼运动机构进行可靠性及灵敏度分析的指导性步骤，当将其应用于真实结构时需要综合考虑实际情况，以得到合理的分析结果。

4.2　结构机构可靠性分析理论与方法

4.2.1　结构机构可靠性分析基础

结构机构的可靠性分析与系统可靠性分析的基本原理是一致的，只是所针对的目标不同。但正是由于结构机构产品的失效机理、失效原因、寿命分布的复杂性以及在进行结构机构可靠性分析时所要考虑因素的多样性，结构机构的可靠性分析与系统可靠性分析在概念和分析方法上都有所差异。这里先介绍结构机构可靠性分析中所涉及的基本概念。

1. 结构机构可靠性分析的定义

结构机构可靠性是研究结构机构在各种因素作用下的安全问题，与系统可靠性的定义类似，其定义为：结构机构在规定的条件下、规定的时间内完成规定功能的能力。一般用结构机构的可靠度来定量地描述。结构机构的可靠度表示结构机构在规定的条件下、规定的时间内完成规定功能的概率。进行结构机构可靠性分析的目的就是将结构机构实现规定功能的可能性或失效的可能性的大小以概率的形式定量地给出，以保证结构机构具有足够的安全水平。

2. 结构机构可靠性灵敏度分析的定义

结构机构可靠性灵敏度定义为：结构机构的基本变量分布参数的变化引起其失效概率变化的比率。它反映了基本变量分布参数对失效概率影响的相对重要程度，在数学上用失效概

率对基本变量分布参数的偏导数来表示。根据失效概率的表达式可得可靠性灵敏度公式为

$$\frac{\delta P_f}{\delta \theta_x} = \int_{g(\boldsymbol{x})<0} \frac{\delta f_x(\boldsymbol{x})}{\delta \theta_x} \mathrm{d}\boldsymbol{x} \tag{4.1}$$

式中，θ_x 是基本变量 $\boldsymbol{x}=(x_1,x_2,\cdots,x_n)$ 的分布参数。

4.2.2 干涉理论及可靠度计算的一般公式

1. 结构机构功能函数

设结构机构的功能函数，即 $P_r = P(Z = g(x_1,x_2,\cdots,x_n) > 0)$ 极限状态函数为

$$Z = g(\boldsymbol{x}) = g(x_1,x_2,\cdots,x_n) \tag{4.2}$$

则结构机构的可靠度为

$$P_r = P(Z = g(x_1,x_2,\cdots,x_n) > 0) \tag{4.3}$$

结构机构的不可靠度，也称为结构机构的失效概率为

$$P_f = P(Z = g(x_1,x_2,\cdots,x_n) < 0) \tag{4.4}$$

失效概率 P_f 同样可以作为衡量结构机构可靠性的数量指标。在结构机构可靠性分析中一般均有 $P_r \gg P_f$。因此，为表达方便，许多实际问题多用失效概率 P_f 表示。

2. 干涉理论与可靠度的普遍表达

一般而言，描述结构机构状态的基本变量 $\boldsymbol{x} = \{x_1,x_2,\cdots,x_n\}$ 按其属性，可分为两类基本变量，即强度变量 R 和应力变量 S，有

$$R = R(x_{R_1},x_{R_2},\cdots,x_{R_i}) \tag{4.5}$$

$$S = S(x_{S_1},x_{S_2},\cdots,x_{S_j}) \tag{4.6}$$

其中 x_{R_i} 是与强度相关的基本变量，如结构机构尺寸、表面粗糙度、材料的性质、划痕、裂纹等。x_{S_i} 是与应力相关的基本变量，如力、力矩、温度、湿度、过载等。此时结构机构的功能函数变为

$$Z = g(R,S) \tag{4.7}$$

确定结构机构可靠度 P_r 就是研究应力和强度两个变量一个超过另一个的概率，对于式 (4.7) 的功能函数表达式，可以根据不同的情况取不同的形式。

当以强度-应力差为功能函数时，取

$$Z = R - S \tag{4.8}$$

当以强度-应力比为功能函数时，取

$$Z = R / S \tag{4.9}$$

(1) 以强度-应力差为功能函数时的可靠度计算。假设应力 S 和强度 R 为两个独立的随机变量，且分别有概率密度函数（PDF）$f_S(S)$ 和 $f_R(R)$。则由定义可得结构机构的可靠度为

$$P_r = P(Z > 0) = P(R - S > 0) \tag{4.10}$$

图 4.3 给出了应力 S 和强度 R 的 PDF 曲线，正如该图所示，由于应力 S 和强度 R 存在着随机不确定性，它们的 PDF 曲线出现了重叠区域，称为干涉区，它是结构机构可能出现失效的区域。根据干涉区情况进行结构机构可靠性计算的理论就称为应力-强度干涉理论。这种模型称为干涉模型。

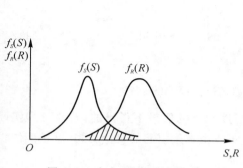

图 4.3 应力-强度干涉模型

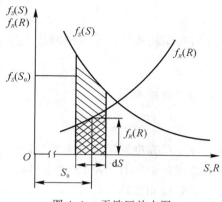

图 4.4 干涉区放大图

为确定结构机构的可靠度,将干涉区放大,如图 4.4 所示。应力-强度干涉理论求解结构机构可靠度一般可分为以下 4 步。

1) 设有某一定值应力 S_0 施与结构机构,则元件内力值位于该应力邻域 dS 区间内的概率为

$$P(S_0 - \frac{1}{2}dS \leqslant S_0 \leqslant S_0 + \frac{1}{2}dS) = f_s(S_0)dS \tag{4.11}$$

2) 强度 R 大于某一内力 S_0 的概率为

$$P(R > S_0) = \int_{S_0}^{\infty} f_R(R)dR \tag{4.12}$$

3) 应力处在 dS 小区间内,且强度 R 大于给定内力 S_0 的概率为

$$f_S(S_0)dS \cdot \int_{S_0}^{\infty} f_R(R)dR \tag{4.13}$$

由于假设 S 和 R 相互独立,故此处两个事件同时发生的概率即为两个单独概率的乘积。

4) 对于应力的所有可能值,强度大于应力的概率为

$$P_r = P(R > S) = \int_{-\infty}^{\infty} f_S(S)dS \cdot \int_{S}^{\infty} f_R(R)dR \tag{4.14}$$

根据强度累计分布函数:

$$F_R(S) = \int_{-\infty}^{S} f_R(R)dR \tag{4.15}$$

式(4.14)又可以表示为等价形式

$$P_r = P(R > S) = \int_{-\infty}^{\infty} f_S(S)[1 - F_R(S)]dS \tag{4.16}$$

则结构机构的失效概率为

$$P_f = P(R \leqslant S) = 1 - P_r = \int_{-\infty}^{\infty} f_S(S)dS \cdot \int_{0}^{S} f_R(R)dR \tag{4.17}$$

或其等价形式

$$P_f = \int_{-\infty}^{\infty} f_S(S)F_R(S)dS \tag{4.18}$$

(2) 以强度-应力之比为功能函数时的可靠度计算。由概率论中有关随机变量商的知识可知,当 $Z = R/S$ 时,其 PDF 可表示为

$$f_Z(z) = \int_{-\infty}^{\infty} |S| f_R(ZS) f_S(S) \mathrm{d}S \qquad (4.19)$$

进而可得结构机构可靠度的表达式为

$$P_r = P\{Z > 1\} = \int_1^{\infty} \int_{-\infty}^{\infty} |S| f_R(ZS) f_S(S) \mathrm{d}S \mathrm{d}Z \qquad (4.20)$$

相应的失效概率为

$$P_f = 1 - P_r = \int_{-\infty}^{1} \int_{-\infty}^{\infty} |S| f_R(ZS) f_S(S) \mathrm{d}S \mathrm{d}Z \qquad (4.21)$$

以上可靠度及失效概率的理论公式是在应力和强度独立的假设下得出的,符合工程实际一般情况。但有时,譬如要考虑到结构机构本身的重量或由重量引起的自重应力,就不能假设应力和强度相互独立,此时就必须考虑到它们的相关性。

设应力和强度的联合 PDF $f_{R,S}(R,S)$ 已知,则可以得到结构机构的可靠度的表达式为

$$P_r = P(R > S) = \iint_{R>S} f_{R,S}(R,S) \mathrm{d}R \mathrm{d}S \qquad (4.22)$$

相应的失效概率表达式为

$$P_f = P(R \leqslant S) = \iint_{R \leqslant S} f_{R,S}(R,S) \mathrm{d}R \mathrm{d}S \qquad (4.23)$$

由此可知,要计算结构机构的可靠度或者失效概率,需要知道应力和强度的 PDF $f_s(S)$ 和 $f_R(R)$,或者它们的联合 PDF $f_{R,S}(R,S)$,但在很多工程实际结构机构可靠性问题中,很难有足够的资料确定它们,已知的往往是影响结构机构的各个基本变量 $x_1, x_2, \cdots, x_n$ 的边缘 PDF $f_{X_i}(x_i)(i=1,\cdots,n)$,或者它们的联合 PDF $f_X(x)$,此时则不能应用应力-强度干涉理论所得到的公式进行计算。对于一般的功能函数形式 $Z = g(x_1, x_2, \cdots, x_n)$,如果已知 n 个随机变量的联合 PDF $f_x(x)$,则由概率论的知识可得可靠度与失效概率更加普遍的表达式为

$$P_r = P\{Z > 0\} = P\{g(x) > 0\} = \int_{g(x)>0} f_x(x) \mathrm{d}x \qquad (4.24)$$

$$P_f = P\{Z \leqslant 0\} = P\{g(x) \leqslant 0\} = \int_{g(x) \leqslant 0} f_x(x) \mathrm{d}x \qquad (4.25)$$

当 n 个随机变量相互独立时,$f_x(x) = \prod_{i=1}^{n} f_{X_i}(x_i)(i=1,\cdots,n)$。

4.2.3 可靠性和可靠性灵敏度分析的一次二阶矩法

一次二阶矩法(First Order and Second Moment,FOSM)是在可靠性发展初期采用的一种近似解析的方法。这里"一次"是指将极限状态函数按泰勒级数展开仅取一次项,"二阶矩"是指仅需要用到随机变量的均值(对原点的一阶矩)和标准差(二阶中心矩)。一次二阶矩分为均值一次二阶矩(Mean Value FOSM,MVFOSM)和改进的一次二阶矩(Advanced FOSM,AFOSM)。它们的基本思想都是:将非线性功能函数在特定的点处进行泰勒展开,只取其一次项进行线性化,然后由基本变量的一阶矩和二阶矩计算出线性化后的功能函数的一阶矩和二阶矩,进而近似得到单个失效模式的失效概率。所不同的是均值一次二阶矩是在随机变量的均值点处展开,而改进的一次二阶矩的展开点是功能函数的最可能失效点(即设计点)。现在具体介绍这两种可靠性分析方法,以及基于这两种方法相应的可靠性灵敏度分析方法。

1. 均值一次二阶矩可靠性分析方法

由于在工程实际中正态的随机变量具有普遍意义,本节以正态随机变量为例进行说明。对于非正态随机变量可以通过相应的方法转化为正态随机变量。设基本随机变量 $x = (x_1, x_2, \cdots, x_n)$ 服从正态分布,$x_i \sim N(\mu_{x_i}, \sigma_{x_i}^2)(i = 1, 2, \cdots, n)$。结构机构的功能函数为

$$Z = g(x_1, x_2, \cdots, x_n) \tag{4.26}$$

则均值一次二阶矩方法是将功能函数在基本变量的均值点 $\boldsymbol{\mu}_x = \{\mu_{x_1}, \mu_{x_2}, \cdots, \mu_{x_n}\}$ 处线性展开成泰勒级数,即

$$Z = g(x_1, x_2, \cdots, x_n) \approx g(\mu_{x_1}, \mu_{x_2}, \cdots, \mu_{x_n}) + \sum_{i=1}^{n} \left(\frac{\partial g}{\partial x_i}\right)_{\mu_x} (x_i - \mu_{x_i}) \tag{4.27}$$

其中 $\left(\dfrac{\partial g}{\partial x_i}\right)_{\mu_x}$ 表示功能函数的导函数在均值点 $\boldsymbol{\mu}_x$ 处的函数值。

然后由式(4.27)的线性化功能函数,近似得到功能函数的均值 μ_g 和方差 σ_g^2 分别为

$$\mu_g = g(\mu_{x_1}, \mu_{x_2}, \cdots, \mu_{x_n}) \tag{4.28}$$

$$\sigma_g^2 = \sum_{i=1}^{n} \left(\frac{\partial g}{\partial x_i}\right)_{\mu_x}^2 \sigma_{x_i}^2 + \sum_{i=1}^{n} \sum_{j=1}^{n} \left(\frac{\partial g}{\partial x_i}\right)_{\mu_x} \left(\frac{\partial g}{\partial x_j}\right)_{\mu_x} \mathrm{Cov}(x_i, x_j) \tag{4.29}$$

当各基本变量相互独立时,上式 σ_g^2 简化为

$$\sigma_g^2 = \sum_{i=1}^{n} \left(\frac{\partial g}{\partial x_i}\right)_{\mu_x}^2 \sigma_{x_i}^2 \tag{4.30}$$

则可靠度指标 β 为

$$\beta = \frac{\mu_g}{\sigma_g} = \frac{g(\mu_{x_1}, \mu_{x_2}, \cdots, \mu_{x_n})}{\sqrt{\sum_{i=1}^{n} \left(\frac{\partial g}{\partial x_i}\right)_{\mu_x}^2 \sigma_{x_i}^2}} \tag{4.31}$$

由此便可得到均值一次二阶矩法的可靠度 P_r 和失效概率 P_f 分别为

$$P_r = P\{g > 0\} = P\left\{\frac{g - \mu_g}{\sigma_g} > -\frac{\mu_g}{\sigma_g}\right\} = \Phi(\beta) \tag{4.32}$$

$$P_f = P\{g \leqslant 0\} = P\left\{\frac{g - \mu_g}{\sigma_g} \leqslant -\frac{\mu_g}{\sigma_g}\right\} = \Phi(-\beta) \tag{4.33}$$

式中,$\Phi(\cdot)$ 为标准正态累积分布函数。

对于线性的功能函数,不用展开,直接可以求得可靠度指标及失效概率。

2. 均值一次二阶矩可靠性灵敏度分析方法

由以上的失效概率与可靠度指标的关系式(4.33),以及可靠度指标与基本变量分布参数之间的关系式(4.28)、式(4.30)和式(4.31),可利用下列的复合函数求导法则,求得可靠性灵敏度 $\partial P_f / \partial \mu_{x_i}$ 和 $\partial P_f / \partial \sigma_{x_i}$,有

$$\frac{\partial P_f}{\partial \mu_{x_i}} = \frac{\partial P_f}{\partial \beta} \times \frac{\partial \beta}{\partial \mu_{x_i}} \tag{4.34}$$

$$\frac{\partial P_f}{\partial \sigma_{x_i}} = \frac{\partial P_f}{\partial \beta} \times \frac{\partial \beta}{\partial \sigma_{x_i}} \tag{4.35}$$

则可靠性灵敏度 $\partial P_f / \partial \mu_{x_i}$ 和 $\partial P_f / \partial \sigma_{x_i}$ 的最终结果分别为

$$\frac{\partial P_f}{\partial \mu_{x_i}} = \frac{\partial P_f}{\partial \beta} \times \frac{\partial \beta}{\partial \mu_{x_i}} = -\frac{(\partial g / \partial x_i)_{\mu_x}}{\sqrt{2\pi}\, \sigma_g} \exp\left[-\frac{1}{2}\left(\frac{\mu_g}{\sigma_g}\right)^2\right] \tag{4.36}$$

$$\frac{\partial P_f}{\partial \sigma_{x_i}} = \frac{\partial P_f}{\partial \beta} \times \frac{\partial \beta}{\partial \sigma_{x_i}} = \frac{(\partial g / \partial x_i)^2_{\mu_x} \sigma_{x_i} \mu_g}{\sqrt{2\pi} \sigma_g^3} \exp\left[-\frac{1}{2}\left(\frac{\mu_g}{\sigma_g}\right)^2\right] \tag{4.37}$$

3. 均值一次二阶矩可靠性及可靠性灵敏度分析方法的优缺点

从上述过程可以看出,均值一次二阶矩可靠性分析方法以及基于均值一次二阶矩法的可靠性灵敏度分析方法对于正态的随机变量且功能函数为线性的问题可以得到失效概率及可靠性灵敏度的精确解。对于正态随机变量且非线性程度不大的功能函数,该方法得到的失效概率及可靠性灵敏度近似解也是可以接受的。而且当只知道基本随机变量均值(一阶矩)和标准差(二阶矩)而不知道其具体分布时,由均值一次二阶矩方法也可以近似求得失效概率及可靠性灵敏度。且其操作过程简单易行。

尽管均值一次二阶矩法能很好地解决正态基本变量线性功能函数问题,但对于高度非线性功能函数,该方法得到的可靠性灵敏度解可能是完全错误的,而且它还需要求解功能函数的导函数。还必须指出的是,该方法致命的弱点是它对于物理意义相同而数学表达式不同的非线性问题有可能得到完全不同的失效概率,这就要求在选择功能函数时,应尽量选择线性化程度较好的形式,以便采用均值一次二阶矩法能够得到精度较高的解。针对均值一次二阶矩方法存在的致命弱点,可靠性研究者提出了改进的一次二阶矩方法。

4. 改进的一次二阶矩可靠性分析方法

改进的一次二阶矩法(AFOSM)是在均值一次二阶矩法的基础上由 Hasofer - Lind 提出的。其基本的原理与均值一次二阶矩法是一致的,都是通过将非线性的功能函数线性展开,然后用线性功能函数的失效概率来近似原非线性功能函数的失效概率。与均值一次二阶矩法的不同之处在于,改进的一次二阶矩方法线性化的点是对失效概率贡献最大的点(又称设计点),而不是基本变量的均值点。而对于一个给定的非线性功能函数,其对失效概率贡献最大的点是不能预先得知的,它需要通过迭代的过程或者直接寻优的过程来求得,本节介绍用迭代方法来寻找设计点。

(1)AFOSM 的原理及计算公式。设 $x_i \sim N(\mu_{x_i}, \sigma_{x_i})(i=1,2,\cdots,n)$ 是相互独立的正态基本随机变量,其对应的功能函数为 $Z = g(x_1, x_2, \cdots, x_n)$,该功能函数定义的失效域 $F = \{\boldsymbol{x}: g(\boldsymbol{x}) \leqslant 0\}$。

设失效域中的最可能失效点(Most Probable Point,MPP)—— 设计点为 $\boldsymbol{P}^*(x_1^*, x_2^*, \cdots, x_n^*)$,将非线性的功能函数在设计点处展开,取线性部分,有

$$Z = g(x_1, x_2, \cdots, x_n) \approx g(x_1^*, x_2^*, \cdots, x_n^*) + \sum_{i=1}^{n}\left(\frac{\partial g}{\partial x_i}\right)_{\boldsymbol{P}^*}(x_i - x_i^*) \tag{4.38}$$

由于设计点 $\boldsymbol{P}^*$ 在失效边界上,所以有 $g(x_1^*, x_2^*, \cdots, x_n^*) = 0$,则原功能函数对应的线性极限状态方程简化为

$$\sum_{i=1}^{n}\left(\frac{\partial g}{\partial x_i}\right)_{\boldsymbol{P}^*}(x_i - x_i^*) = 0 \tag{4.39}$$

整理上述方程后可得

$$\sum_{i=1}^{n}\left(\frac{\partial g}{\partial x_i}\right)_{\boldsymbol{P}^*} x_i - \sum_{i=1}^{n}\left(\frac{\partial g}{\partial x_i}\right)_{\boldsymbol{P}^*} x_i^* = 0 \tag{4.40}$$

则上述线性极限状态方程的可靠度指标 β 和失效概率 P_f 分别为

$$\beta = \frac{\sum_{i=1}^{n} \left(\frac{\partial g}{\partial x_i}\right)_{\boldsymbol{P}^*} \mu_{x_i} - \sum_{i=1}^{n} \left(\frac{\partial g}{\partial x_i}\right)_{\boldsymbol{P}^*} x_i^*}{\left[\sum_{i=1}^{n} \left(\frac{\partial g}{\partial x_i}\right)_{\boldsymbol{P}^*}^2 \sigma_{x_i}^2\right]^{1/2}} = \frac{\sum_{i=1}^{n} \left(\frac{\partial g}{\partial x_i}\right)_{\boldsymbol{P}^*} (\mu_{x_i} - x_i^*)}{\left[\sum_{i=1}^{n} \left(\frac{\partial g}{\partial x_i}\right)_{\boldsymbol{P}^*}^2 \sigma_{x_i}^2\right]^{1/2}} \tag{4.41}$$

$$P_f = \Phi(-\beta) \tag{4.42}$$

由于可靠度指标 β 代表的是标准正态空间中,坐标原点到极限状态方程的最短距离,根据关系式 $x_i^* = \mu_{x_i} + \sigma_{x_i} \lambda_i \beta$,可将式(4.42)变换到标准正态空间,再做相应的变换后可得

$$\sum_{i=1}^{n} \lambda_i y_i = \beta \tag{4.43}$$

其中 y_i 的系数为

$$\lambda_i = -\frac{\left(\frac{\partial g}{\partial x_i}\right)_{\boldsymbol{P}^*} \sigma_{x_i}}{\left[\sum_{i=1}^{n} \left(\frac{\partial g}{\partial x_i}\right)_{\boldsymbol{P}^*}^2 \sigma_{x_i}^2\right]^{1/2}} = \cos\theta_i \quad (i = 1, 2, \cdots, n) \tag{4.44}$$

根据以上关系在标准正态空间中采用最优化的方法,就可以求得设计点和可靠度指标。关于求设计点和可靠度的最优化方法有很多种,本节介绍常用的有梯度的迭代算法。

(2) 改进一次二阶矩迭代算法的具体计算步骤。

1) 假设设计点坐标 $x_i^* (i = 1, 2, \cdots, n)$ 的初始值,通常取 $x_i^* = \mu_{x_i}$;

2) 由 x_i^* 的值根据式(4.44)计算 λ_i;

3) 将 $x_i^* = \mu_{x_i} + \sigma_{x_i} \lambda_i \beta$ 的表达式代入 $g(x_1^*, x_2^*, \cdots, x_n^*) = 0$,得出关于 β 的方程;

4) 解关于 β 的方程,求出 β 值;

5) 将所得 β 值代入 $x_i^* = \mu_{x_i} + \sigma_{x_i} \lambda_i \beta$,计算出设计点 x_i^* 新的坐标值;

6) 重复以上 2) ~ 5) 的步骤,直到迭代前后两次的可靠度指标的相对误差小于允许值为止。

5. 改进的一次二阶矩可靠性灵敏度分析

(1) 改进一次二阶矩可靠性灵敏度分析方法及计算公式。首先采用改进的一次二阶矩方法将非线性的功能函数在设计点 $\boldsymbol{P}^* (x_1^*, x_2^*, \cdots, x_n^*)$ 处线性化,得到线性的功能函数为

$$g \approx g(x_1^*, x_2^*, \cdots, x_n^*) + \sum_{i=1}^{n} \left(\frac{\partial g}{\partial x_i}\right)_{\boldsymbol{P}^*} (x_i - x_i^*) \tag{4.45}$$

在式(4.45)中,令 $c_0 = g(x_1^*, x_1^*, \cdots, x_n^*) - \sum_{i=1}^{n} \left(\frac{\partial g}{\partial x_i}\right)_{\boldsymbol{P}^*} x_i^*$, $c_i = \left(\frac{\partial g}{\partial x_i}\right)_{\boldsymbol{P}^*}$ $(i = 1, 2, \cdots, n)$,并记线性化后的功能函数为 $G(\boldsymbol{x})$,则有

$$g(\boldsymbol{x}) \approx G(\boldsymbol{x}) = c_0 + \sum_{i=1}^{n} c_i x_i \tag{4.46}$$

则 $G(\boldsymbol{x})$ 的均值 μ_G 和标准差 σ_G 分别为

$$\mu_G = c_0 + \sum_{i=1}^{n} c_i \mu_{x_i} \tag{4.47}$$

$$\sigma_G^2 = \sum_{i=1}^{n} c_i^2 \sigma_{x_i}^2 \tag{4.48}$$

则可靠度指标 β 和失效概率 P_f 分别为

$$\beta = \frac{\mu_G}{\sigma_G} = \frac{c_0 + \sum_{i=1}^{n} c_i \mu_{x_i}}{\sqrt{\sum_{i=1}^{n} c_i^2 \sigma_{x_i}^2}} \tag{4.49}$$

$$P_f = \Phi(-\beta) \tag{4.50}$$

根据可靠性灵敏度的定义和复合函数求导法则,可求得以下失效概率对基本随机变量分布参数的可靠性灵敏度 $\partial P_f / \partial \mu_{x_i}$ 和 $\partial P_f / \partial \sigma_{x_i}$ 分别为

$$\frac{\partial P_f}{\partial \mu_{x_i}} = \frac{\partial P_f}{\partial \beta} \times \frac{\partial \beta}{\partial \mu_{x_i}} = -\frac{c_i}{\sqrt{2\pi} \sigma_G} \exp\left[-\frac{1}{2} \left(\frac{\mu_G}{\sigma_G}\right)^2\right] \tag{4.51}$$

$$\frac{\partial P_f}{\partial \sigma_{x_i}} = \frac{\partial P_f}{\partial \beta} \times \frac{\partial \beta}{\partial \sigma_{x_i}} = \frac{c_i^2 \sigma_{x_i} \mu_G}{\sqrt{2\pi} \sigma_G} \exp\left[-\frac{1}{2} \left(\frac{\mu_G}{\sigma_G}\right)^2\right] \tag{4.52}$$

(2)改进一次二阶矩迭代法求解可靠性灵敏度的具体步骤。设 $\boldsymbol{\mu}_x = \{\mu_{x_1}, \mu_{x_2}, \cdots, \mu_{x_n}\}$ 和 $\boldsymbol{\sigma}_x = \{\sigma_{x_1}, \sigma_{x_2}, \cdots, \sigma_{x_n}\}$ 分别为基本随机变量 $x = \{x_1, x_2, \cdots, x_n\}$ 的均值向量和标准差向量,采用改进一次二阶矩迭代法求解可靠性灵敏度的具体步骤如下:

1)假定一个初始设计点 $\boldsymbol{P}^*$,通常令 $\boldsymbol{P}^* = \boldsymbol{\mu}_x$;

2)利用设计点 $\boldsymbol{P}^*$ 的值根据式(4.44)计算 λ_i;

3)将 $x_i^* = \mu_{x_i} + \sigma_{x_i} \lambda_i \beta$ 的表达式代入 $g(\boldsymbol{x}) = 0$ 中,得到关于 β 的方程;

4)解方程求出 β 的值;

5)将求得的 β 代入 $x_i^* = \mu_{x_i} + \sigma_{x_i} \lambda_i \beta$ 中,得到新的设计点 $\boldsymbol{P}^*$;

6)重复2)~5)步,直到两次迭代前后求得的可靠度指标相对误差满足一定的精度要求。

7)求得可靠度指标 β 后,运用式(4.51)和式(4.52)就可以得到基本变量的可靠性灵敏度。

6.改进一次二阶矩方法的优缺点

改进的一次二阶矩法将功能函数在设计点处线性化,由于设计点是对失效概率贡献最大的点,因此将功能函数在设计点处线性化比在均值点处线性化对失效概率的近似具有更高的精度。对于极限状态方程非线性程度不大的情况,改进的一次二阶矩法能给出近似精度较高的结果。更重要的是改进的一次二阶矩法克服了均值一次二阶矩法的致命弱点,它使得物理意义相同而数学表达式不同的问题具有了统一解。

然而尽管改进的一次二阶矩方法比均值一次二阶矩法优越许多,但是仍然存在许多的不足之处。由于改进的一次二阶矩法仍然需要求解功能函数的偏导数,因此它对极限状态方程的解析表达式有一定的依赖性,对于隐式的极限状态方程其偏导数比较难求,特别是由有限元决定的隐式情况,偏导数的计算量相当大。在功能函数的非线性程度较大的情况下,迭代算法受初始点影响较大,对具有多个设计点的问题,改进的一次二阶矩方法可能会陷入局部最优,甚至不收敛。并且它不能反映功能函数的非线性对失效概率的影响,对于图4.5所示4种情况,它们的失效域有很大差异,但采用改进一次二阶矩法得到的结果都是一样的。

4.2.4 可靠性和可靠性灵敏度分析的 Monte Carlo 数字模拟法

4.2.3节介绍了可靠性与可靠性灵敏度分析中比较简单常用的近似解析法——一次二阶

矩方法,但无论均值一次二阶矩法还是改进的一次二阶矩,由于其基本思想都是将非线性功能函数线性化,所以对于高度非线性问题的精度均较低。而根据大数定理,当样本量较大时,母体的统计规律可以由样本来代替,所以产生了各种数字模拟法。各种数字模拟方法统一的基本思路是:根据样本来推断母体的一些统计规律。Monte Carlo 数字模拟方法是最通用的可靠性及可靠性灵敏度分析方法,这种方法在样本量趋于无穷时可得到精确解,在理论研究中,Monte Carlo 方法的解常作为标准解来检验其他新方法的解。Monte Carlo 可靠性分析方法又称为随机抽样法、概率模拟法或统计试验法。该方法是通过随机模拟或者说统计试验来进行结构机构可靠性分析的。

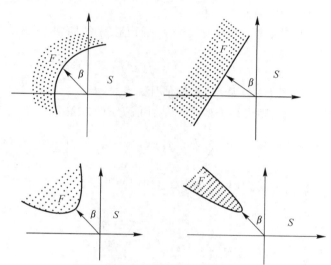

图 4.5　改进一次二阶矩法对不同非线性问题近似的示意图

Monte Carlo 数字模拟法用于可靠性及可靠性灵敏度分析的理论依据是两条大数定律:样本均值依概率收敛于母体均值,以及事件发生的频率依概率收敛于事件发生的概率。采用 Monte Carlo 法进行可靠性及可靠性灵敏度分析时,首先要将求解的问题转化成某个概率模型的期望值,然后对概率模型进行随机抽样,在计算机上进行模拟试验,抽取足够的随机数并对需求解的问题进行统计求解。求解出结果后还可以对所得结果的精度(方差)进行估计。

1. Monte Carlo 可靠性分析的原理和计算公式

(1) Monte Carlo 方法求解失效概率估计值的计算公式。设结构机构的功能函数为

$$Z = g(\boldsymbol{x}) = g(x_1, x_2, \cdots, x_n) \tag{4.53}$$

Monte Carlo 法首先将失效概率的精确表达式改写为失效域指示函数 $I_F(\boldsymbol{x})$ 的数学期望形式,即

$$P_f = \int \cdots \int_{g(\boldsymbol{x}) \leqslant 0} f_X(x_1, x_2, \cdots, x_n) \mathrm{d}x_1 \mathrm{d}x_2 \cdots \mathrm{d}x_n =$$

$$\int \cdots \int_{R^n} I_F(\boldsymbol{x}) f_x(x_1, x_2, \cdots, x_n) \mathrm{d}x_1 \mathrm{d}x_2 \cdots \mathrm{d}x_n = E[I_F(\boldsymbol{x})] \tag{4.54}$$

其中 $f_x(x_1, x_2, \cdots, x_n)$ 是基本随机变量 $\boldsymbol{x} = \{x_1, x_2, \cdots, x_n\}$ 的联合 PDF,$I_F(\boldsymbol{x}) = \begin{cases} 1, & \boldsymbol{x} \in F \\ 0, & \boldsymbol{x} \notin F \end{cases}$ 为失效域的指示函数,R^n 为 n 维变量空间,$E[\cdot]$ 为数学期望算子。

则求解失效概率 P_f 的值转化为求失效域指示函数 $I_F(\boldsymbol{x})$ 的数学期望。依据大数定律,失效域指示函数的数学期望可以由失效域指示函数的样本均值来近似。则以随机变量的联合 PDF $f_x(\boldsymbol{x})$ 抽取 N 个样本 $\boldsymbol{x}_j(j=1,2,\cdots,N)$,落入失效域 F 内样本点的个数 N_f 与总样本点的个数 N 之比即为失效概率的估计值 $\hat{P}_f$,则

$$\hat{P}_f = \frac{1}{N}\sum_{j=1}^{N} I_F(\boldsymbol{x}_j) = \frac{N_f}{N} \tag{4.55}$$

(2)Monte Carlo 失效概率估计值的方差分析。由式(4.55)可以看出,失效概率估计值 $\hat{P}_f$ 为随机样本 $\boldsymbol{x}_j(j=1,2,\cdots,N)$ 的函数,因此 $\hat{P}_f$ 也是一个随机变量。为了了解 $\hat{P}_f$ 估计值的收敛性和精度,需要对 $\hat{P}_f$ 的方差进行分析。

对式(4.55)两边求数学期望,可得失效概率估计值 $\hat{P}_f$ 的期望 $E[\hat{P}_f]$ 为

$$E[\hat{P}_f] = \frac{1}{N}\sum_{j=1}^{N} E[I_F(\boldsymbol{x}_j)] = E[I_F(\boldsymbol{x}_j)] = E[I_F(\boldsymbol{x})] = P_f \tag{4.56}$$

由上式可知,$E[\hat{P}_f] = P_f$,即 $\hat{P}_f$ 为 P_f 的无偏估计。

对式(4.55)两边求方差,则可得失效概率估计值 $\hat{P}_f$ 的方差 $\mathrm{Var}[\hat{P}_f]$ 为

$$\mathrm{Var}[\hat{P}_f] = \frac{1}{N}\mathrm{Var}[I_F(\boldsymbol{x}_j)] = \frac{1}{N}\mathrm{Var}[I_F(\boldsymbol{x})] \approx \frac{1}{N-1}\left(\frac{1}{N}\sum_{j=1}^{N} I_F^2(\boldsymbol{x}_j) - \bar{I}_F^2\right) =$$

$$\frac{1}{N-1}\left[\frac{1}{N}\sum_{j=1}^{N} I_F^2(\boldsymbol{x}_j) - \left(\frac{1}{N}\sum_{k=1}^{N} I_F(\boldsymbol{x}_k)\right)^2\right] =$$

$$\frac{1}{N-1}\left(\frac{1}{N}\sum_{j=1}^{N} I_F(\boldsymbol{x}_j) - \hat{P}_f^2\right) = \frac{(\hat{P}_f - \hat{P}_f^2)}{N-1} \tag{4.57}$$

则估计值 $\hat{P}_f$ 的变异系数 $\mathrm{Cov}[\hat{P}_f]$ 为

$$\mathrm{Cov}[\hat{P}_f] = \frac{\sqrt{\mathrm{Var}[\hat{P}_f]}}{E[\hat{P}_f]} = \sqrt{\frac{(1-\hat{P}_f)}{(N-1)\hat{P}_f}} \tag{4.58}$$

(3)多个失效模式情况下可靠性分析的 Monte Carlo 法。多模式情况下系统失效概率 $P_f^{(s)}$ 的精确表达式为基本变量的联合 PDF 在多模式系统失效域 $F^{(s)}$ 中的积分,即

$$P_f^{(s)} = \int\cdots\int_{F^{(s)}} f_x(x_1,x_2,\cdots,x_n)\,\mathrm{d}x_1\mathrm{d}x_2\cdots\mathrm{d}x_n =$$

$$\int\cdots\int_{R^n} I_{F^{(s)}}(\boldsymbol{x}) f_x(x_1,x_2,\cdots,x_n)\,\mathrm{d}x_1\mathrm{d}x_2\cdots\mathrm{d}x_n = E[I_{F^{(s)}}(\boldsymbol{x})] \tag{4.59}$$

其中 $I_{F^{(s)}}(\boldsymbol{x}) = \begin{cases}1, & \boldsymbol{x}\in F^{(s)}\\ 0, & \boldsymbol{x}\notin F^{(s)}\end{cases}$ 为系统失效域 $F^{(s)}$ 的指示函数。

多模式情况下可靠性分析的 Monte Carlo 法也与单模式情况下的类似,只是多模式情况下系统的失效域 $F^{(s)}$ 是由多个模式共同决定的。需要根据单个失效模式与系统失效的关系,写出系统失效域与单个失效模式失效域的逻辑关系,然后再采用与单模式类似的 Monte Carlo 法来求解多模式的失效概率,并对多模式的失效概率估计值进行方差分析。

Monte Carlo 法以概率论中的大数定理为理论基础,随着样本点数的增加,由其估计的失效概率及灵敏度值以概率稳健地收敛于精确解,其编程容易实现,且对于功能函数的形式,基本变量的分布及维数都没有要求,因此成为可靠性分析中最基本、适用范围最广的数字模拟方法。在理论研究中,Monte Carlo 方法的解常作为标准解来检验其他新方法的解。但采用 Monte Carlo 法求解失效概率估计值时,一般需要估计值的变异系数达到 10^{-2} 量级才能够得

到收敛的解,这对于比较复杂的功能函数,特别是在高维小失效概率的情况下,要想采用 Monte Carlo 法估计出比较精确的解,计算工作量巨大,工程实际中常常很难接受。

2. Monte Carlo 可靠性灵敏度分析的基本原理和计算公式

采用 Monte Carlo 方法进行单模式和多模式可靠性灵敏度分析的原理是一致的,计算公式也基本相同,因此本节以单模式为例进行介绍,多模式情况可以类推。

(1) Monte Carlo 可靠性灵敏度估计的计算公式。Monte Carlo 可靠性灵敏度分析法是通过对灵敏度积分公式进行变换,将其写成某个概率模型数学期望的形式后,再采用数字模拟试验的方法进行求解。可靠性灵敏度变成数学期望的表达形式为

$$\frac{\partial P_f}{\partial \theta_{x_i}^{(k)}} = \int \cdots \int_F \frac{\partial f_{\boldsymbol{x}}(\boldsymbol{x})}{\partial \theta_{x_i}^{(k)}} \frac{1}{f_{\boldsymbol{x}}(\boldsymbol{x})} f_{\boldsymbol{x}}(\boldsymbol{x}) \, \mathrm{d}\boldsymbol{x} = \int \cdots \int_{R^n} I_F(\boldsymbol{x}) \frac{\partial f_{\boldsymbol{x}}(\boldsymbol{x})}{\partial \theta_{x_i}^{(k)}} \frac{1}{f_{\boldsymbol{x}}(\boldsymbol{x})} f_{\boldsymbol{x}}(\boldsymbol{x}) \, \mathrm{d}\boldsymbol{x} =$$

$$E\left[\frac{I_F(\boldsymbol{x})}{f_{\boldsymbol{x}}(\boldsymbol{x})} \frac{\partial f_{\boldsymbol{x}}(\boldsymbol{x})}{\partial \theta_{x_i}^{(k)}}\right] \tag{4.60}$$

在 Monte Carlo 数字模拟的过程中,采用样本均值代替总体均值,即

$$\frac{\partial \hat{P}_f}{\partial \theta_{x_i}^{(k)}} = \frac{1}{N} \sum_{j=1}^{N} \frac{I_F(\boldsymbol{x}_j)}{f_{\boldsymbol{x}}(\boldsymbol{x}_j)} \cdot \frac{\partial f_{\boldsymbol{x}}(\boldsymbol{x})}{\partial \theta_{x_i}^{(k)}}\bigg|_{\boldsymbol{x}=\boldsymbol{x}_j} = \frac{1}{N} \sum_{j=1}^{N} I_F(\boldsymbol{x}_j) \cdot \omega_{\theta_{x_i}}^{(k)} \tag{4.61}$$

其中 $\omega_{\theta_{x_i}}^{(k)} = \frac{1}{f_{\boldsymbol{x}}(\boldsymbol{x}_j)} \frac{\partial f_{\boldsymbol{x}}(\boldsymbol{x})}{\partial \theta_{x_i}}\bigg|_{\boldsymbol{x}=\boldsymbol{x}_j}$, $\boldsymbol{x}_j = \{x_{j1}, x_{j2}, \cdots, x_{jn}\}$ $(j=1,2,\cdots N)$ 是按密度函数 $f_{\boldsymbol{x}}(\boldsymbol{x})$ 抽取的 N 个样本中的第 j 个。

特别地,对于相互独立的 n 维正态随机变量而言,可得失效概率对第 i 个变量的均值 μ_{x_i} 和标准差 σ_x 的可靠性灵敏度分别为

$$\frac{\partial \hat{P}_f}{\partial \mu_x} = \frac{1}{N} \frac{1}{\sigma_{x_i}} \sum_{j=1}^{N} I_F(\boldsymbol{x}_j) \frac{x_{ji} - \mu_{x_i}}{\sigma_{x_i}} \tag{4.62}$$

$$\frac{\partial \hat{P}_f}{\partial \sigma_x} = \frac{1}{N} \frac{1}{\sigma_{x_i}} \sum_{j=1}^{N} I_F(\boldsymbol{x}_j) \left[\left(\frac{x_{ji} - \mu_{x_i}}{\sigma_{x_i}}\right)^2 - 1\right] \tag{4.63}$$

(2) Monte Carlo 可靠性灵敏度估计的方差分析。对式(4.61)两边求数学期望,并以样本的均值代替总体的期望,可得 Monte Carlo 可靠性灵敏度分析结果 $\partial \hat{P}_f / \partial \theta_{x_i}^{(k)}$ 的数学期望为

$$E\left[\frac{\partial \hat{P}_f}{\partial \theta_{x_i}^{(k)}}\right] \approx \frac{1}{N} \sum_{j=1}^{N} \frac{I_F(\boldsymbol{x}_j)}{f_{\boldsymbol{x}}(\boldsymbol{x}_j)} \cdot \frac{\partial f_{\boldsymbol{x}}(\boldsymbol{x})}{\partial \theta_{x_i}^{(k)}}\bigg|_{\boldsymbol{x}=\boldsymbol{x}_j} = \frac{\partial \hat{P}_f}{\partial \theta_{x_i}^{(k)}}$$

$$\tag{4.64}$$

Monte Carlo 可靠性灵敏度估计值为无偏估计。

对式(4.61)两边求方差,以样本方差近似代替母体方差,则 Monte Carlo 可靠性灵敏度估计值的方差为

$$\mathrm{Var}\left[\frac{\partial \hat{P}_f}{\partial \theta_{x_i}^{(k)}}\right] \approx \frac{1}{N-1}\left[\left(\frac{1}{N} \sum_{j=1}^{N} \frac{I_F(\boldsymbol{x}_j)}{f_{\boldsymbol{x}}(\boldsymbol{x}_j)} \cdot \frac{\partial f_{\boldsymbol{x}}(\boldsymbol{x})}{\partial \theta_{x_i}^{(k)}}\bigg|_{\boldsymbol{x}=\boldsymbol{x}_j}\right)^2 - \left(\frac{\partial \hat{P}_f}{\partial \theta_{x_i}^{(k)}}\right)^2\right] \tag{4.65}$$

则估计值的变异系数 $\mathrm{Cov}[\partial \hat{P}_f / \partial \theta_{x_i}^{(k)}]$ 为

$$\mathrm{Cov}\left[\frac{\partial \hat{P}_f}{\partial \theta_{x_i}^{(k)}}\right] = \sqrt{\mathrm{Var}\left[\frac{\partial \hat{P}_f}{\partial \theta_{x_i}^{(k)}}\right]} \bigg/ \left|E\left[\frac{\partial \hat{P}_f}{\partial \theta_{x_i}^{(k)}}\right]\right| \approx \sqrt{\mathrm{Var}\left[\frac{\partial \hat{P}_f}{\partial \theta_{x_i}^{(k)}}\right]} \bigg/ \left|\frac{\partial \hat{P}_f}{\partial \theta_{x_i}^{(k)}}\right| \tag{4.66}$$

4.2.5　可靠性和可靠性灵敏度分析的重要抽样法

直接的 Monte Carlo 可靠性及可靠性灵敏度分析法以其过程简单、对功能函数的形式没

有要求而适用范围广泛。然而,对于工程上常见的小概率事件,采用 Monte Carlo 法要得到收敛性比较好的解,必须抽取大量的样本点,使得计算效率极低,尤其是隐式有限元问题,计算工作量常常难以接受。针对这一问题,研究人员提出了许多改进的数字模拟法,如重要抽样法、方向抽样法、线抽样法等。其中重要抽样法(Importance Sampling,IS)是基于 Monte Carlo 法的一种最常用的改进数字模拟方法,其以抽样效率高且计算方差小而广泛得到应用。

1. 可靠性及可靠性灵敏度分析的重要抽样法

重要抽样法的基本思路为:通过采用重要抽样密度函数来代替原来的抽样密度函数,使得落入失效域的样本点数增加,以此来获得高的抽样效率和快的收敛速度。其中关键的问题是要构造出重要抽样密度函数,一般选择密度中心在设计点的密度函数作为重要抽样密度函数,而对于设计点本节采用迭代法来寻找。二维标准正态空间中重要抽样密度函数如图 4.6 所示。

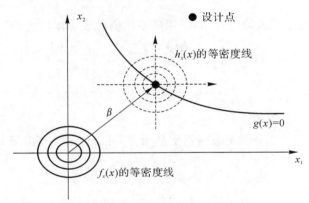

图 4.6　标准正态空间中重要抽样密度函数 $h_X(\boldsymbol{x})$ 与原概率密度 $f_X(\boldsymbol{x})$ 的对照

(1) 重要抽样法估计失效概率。重要抽样法通过引入重要抽样密度函数 $h_X(\boldsymbol{x})$,将失效概率积分变换为

$$P_f = \int \cdots \int_F f_X(\boldsymbol{x})\, \mathrm{d}\boldsymbol{x} = \int \cdots \int_{R^n} I_F(x) f_X(\boldsymbol{x})\, \mathrm{d}\boldsymbol{x} =$$

$$\int \cdots \int_{R^n} I_F(\boldsymbol{x}) \frac{f_X(\boldsymbol{x})}{h_X(\boldsymbol{x})} h_X(\boldsymbol{x})\, \mathrm{d}\boldsymbol{x} = E\left[I_F(\boldsymbol{x}) \frac{f_X(\boldsymbol{x})}{h_X(\boldsymbol{x})} \right] \tag{4.67}$$

其中 $f_X(\boldsymbol{x})$ 为基本随机变量的联合概率密度函数,$h_X(\boldsymbol{x})$ 为重要抽样密度函数。

由重要抽样密度函数 $h_X(\boldsymbol{x})$ 抽取 N 个样本点 $\boldsymbol{x}_i (i=1,2,\cdots,N)$,则式(4.67)数学期望形式表达的失效概率可由样本均值来估计,即

$$\hat{P}_f = \frac{1}{N} \sum_{i=1}^{N} \left\{ I_F(\boldsymbol{x}_i) \frac{f_X(\boldsymbol{x}_i)}{h_X(\boldsymbol{x}_i)} \right\} \tag{4.68}$$

对式(4.68)两边求数学期望,并以样本均值代替总体数学期望,可得

$$E(\hat{P}_f) = E\left\{ \frac{1}{N} \sum_{i=1}^{N} \left[I_F(\boldsymbol{x}_i) \frac{f_X(\boldsymbol{x}_i)}{h_X(\boldsymbol{x}_i)} \right] \right\} \approx E\left[I_F(\boldsymbol{x}) \frac{f_X(\boldsymbol{x})}{h_X(\boldsymbol{x})} \right] = P_f \tag{4.69}$$

对式(4.68)两边求方差,以样本方差代替总体方差,其结果如为

$$\mathrm{Var}(\hat{P}_f) = \mathrm{Var}\left\{ \frac{1}{N} \sum_{i=1}^{N} I_F(\boldsymbol{x}_i) \frac{f_X(\boldsymbol{x}_i)}{h_X(\boldsymbol{x}_i)} \right\} \approx \frac{1}{N-1} \left[\frac{1}{N} \sum_{i=1}^{N} I_F(\boldsymbol{x}_i) \frac{f_X^2(\boldsymbol{x}_i)}{h_X^2(\boldsymbol{x}_i)} - \hat{P}_f^2 \right] \tag{4.70}$$

重要抽样法作为一种改进的 Monte Carlo 法,其不但继承了 Monte Carlo 法的优点,即对于功能函数的形式、维数,变量的维数及其分布形式均无特殊要求,而且通过将抽样中心转移至设计点,使更多的样本落入失效域,提高了抽样效率,但是重要抽样密度函数的确定依赖于设计点的选取。

(2) 基于重要抽样密度函数的可靠性灵敏度分析。重要抽样法对可靠性灵敏度公式引入重要抽样密度函数 $h_X(\boldsymbol{x})$,并将其以数学期望的形式表达,结果为

$$\frac{\partial P_f}{\partial \theta_{x_i}^{(k)}} = \int \cdots \int_{R^n} I_F(\boldsymbol{x}) \frac{\partial f_X(\boldsymbol{x})}{\partial \theta_{x_i}^{(k)}} \frac{1}{h_X(\boldsymbol{x})} h_X(\boldsymbol{x}) \mathrm{d}\boldsymbol{x} = E\left[\frac{I_F(\boldsymbol{x})}{h_X(\boldsymbol{x})} \frac{\partial f_X(\boldsymbol{x})}{\partial \theta_{x_i}^{(k)}}\right] \tag{4.71}$$

由 $h_X(\boldsymbol{x})$ 抽取 N 个样本点 $\boldsymbol{x}_j (j=1,2,\cdots,N)$,以样本均值代替总体数学期望可求得可靠性灵敏度估计值 $\partial \hat{P}_f / \partial \theta_{x_i}^{(k)}$ 为

$$\frac{\partial \hat{P}_f}{\partial \theta_{x_i}^{(k)}} = \frac{1}{N} \sum_{j=1}^{N} \frac{I_F(\boldsymbol{x}_j)}{h_X(\boldsymbol{x}_j)} \cdot \frac{\partial f_X(\boldsymbol{x})}{\partial \theta_{x_i}^{(k)}} \bigg|_{\boldsymbol{x}=\boldsymbol{x}_j} \tag{4.72}$$

特别地,当 n 维随机变量 $\boldsymbol{x}=\{x_1,x_2,\cdots,x_n\}$ 相互独立且服从正态分布,即 $x_i \sim N(\mu_{x_i}, \sigma_{x_i})$ 时,可靠性灵敏度估计值 $\partial \hat{P}_f / \partial \mu_{x_i}^{(k)}$ 和 $\partial \hat{P}_f / \partial \sigma_{x_i}^{(k)}$ 可以分别简化为

$$\frac{\partial \hat{P}_f}{\partial \mu_{x_i}} = \frac{1}{N} \sum_{j=1}^{N} \frac{I_F(\boldsymbol{x}_j) f_X(\boldsymbol{x}_j)(x_{ji}-\mu_{x_i})}{h_X(\boldsymbol{x}_j)\sigma_{x_i}^2} \tag{4.73}$$

$$\frac{\partial \hat{P}_f}{\partial \sigma_{x_i}} = \frac{1}{N} \sum_{j=1}^{N} \frac{I_F(\boldsymbol{x}_j) f_X(\boldsymbol{x}_j)}{\sigma_{x_i} h_X(\boldsymbol{x}_j)} \left[\frac{(x_{ji}-\mu_{x_i})^2}{\sigma_{x_i}^2} - 1\right] \tag{4.74}$$

其中 $\boldsymbol{x}_j = \{x_{j1}, x_{j2}, \cdots, x_{jn}\}$ 为按 $h_X(\boldsymbol{x})$ 抽取的 N 个样本中的第 j 个样本点,x_{ji} 为第 j 个样本的第 i 个分量。

对式(4.72)两边求数学期望,以样本均值代替总体期望,可得

$$E\left(\frac{\partial \hat{P}_f}{\partial \theta_{x_i}^{(k)}}\right) = E\left[\frac{1}{N}\sum_{j=1}^{N}\frac{I_F(\boldsymbol{x}_j)}{h_X(\boldsymbol{x}_j)} \cdot \frac{\partial f_X(\boldsymbol{x}_j)}{\partial \theta_{x_i}^{(k)}}\right] \approx E\left[\frac{I_F(\boldsymbol{x})}{h_X(\boldsymbol{x})}\frac{\partial f_X(\boldsymbol{x})}{\partial \theta_{x_i}^{(k)}}\right] = \frac{\partial P_f}{\partial \theta_{x_i}^{(k)}} \tag{4.75}$$

对式(4.72)两边求方差,以样本方差代替总体方差,估计值方差为

$$\mathrm{Var}\left(\frac{\partial \hat{P}_f}{\partial \theta_{x_i}^{(k)}}\right) = \mathrm{Var}\left[\frac{1}{N}\sum_{j=1}^{N}\frac{I_F(\boldsymbol{x}_j)}{h_X(\boldsymbol{x}_j)} \cdot \frac{\partial f_X(\boldsymbol{x}_j)}{\partial \theta_{x_i}^{(k)}}\right] \approx$$

$$\frac{1}{(N-1)}\left\{\frac{1}{N}\sum_{j=1}^{N}\left[\frac{I_F(\boldsymbol{x}_j)}{h_X(\boldsymbol{x}_j)}\frac{\partial f_X(\boldsymbol{x}_j)}{\partial \theta_{x_i}^{(k)}}\right]^2 - \left(\frac{\partial \hat{P}_f}{\partial \theta_{x_i}^{(k)}}\right)^2\right\} \tag{4.76}$$

2. 截断抽样和截断重要抽样可靠性分析方法

截断抽样法和截断重要抽样法进行可靠性和可靠性灵敏度分析的基本思想是:利用标准正态空间中,以原点为球心,可靠度指标为半径的超球内的样本点一定位于安全域的性质,通过减少超球内安全域样本点功能函数的计算,从而达到在保证计算精度的同时提高可靠性及可靠性灵敏度计算效率的目的。

设 $\boldsymbol{x}=\{x_1,x_2,\cdots,x_n\}$ 为 n 维标准正态变量空间中的随机变量,即 $x_i \sim N(0,1)$,其相应的功能函数 $Z=g(x_1,x_2,\cdots,x_n)$,根据可靠度指标 β 的几何意义,有

$$\beta^2 = R = \min\left(\sum_{i=1}^{n} x_i^2\right) = \|\boldsymbol{x}\|^2 = \sum_{i=1}^{n} x_i^2 \sim \chi^2(n)$$

$$\text{s.t.} \quad g(x_1,x_2,\cdots,x_n)=0 \tag{4.77}$$

β 球将空间 R^n 划分为 $\|\boldsymbol{x}\| \leqslant \beta$ 和 $\|\boldsymbol{x}\| > \beta$ 两部分,如图 4.7 所示。由于 β 为坐标原点到极限状态方程 $g(x_1,x_2,\cdots,x_n)=0$ 的最短距离,所以 $\|\boldsymbol{x}\| \leqslant \beta$ 确定的区域必在安全域

$g(x_1,x_2,\cdots,x_n)>0$ 内。

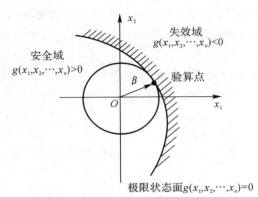

图 4.7 二维情况下 β 球示意图

（1）失效概率估计的截断抽样法。首先将样本空间划分为 $\|x\|\leqslant\beta$ 和 $\|x\|>\beta$，则由全概率公式可知，结构机构功能函数 $Z=g(x_1,x_2,\cdots,x_n)\leqslant 0$ 的失效概率 P_f 可以表达为

$$P_f=P\{Z\leqslant 0\,|\,\boldsymbol{x}\in R^n\}=P\{Z\leqslant 0\,|\,\|x\|^2\leqslant\beta^2\}P\{\|x\|^2\leqslant\beta^2\}+$$
$$P\{Z\leqslant 0\,|\,\|x\|^2>\beta^2\}P\{\|x\|^2>\beta^2\} \tag{4.78}$$

由于位于 β 球内的样本点一定处于安全域中，根据 $\chi^2(n)$ 的分布特性，则有

$$P_f=(1-\chi_n^2(\beta^2))P\{Z\leqslant 0\,|\,\|x\|^2>\beta^2\} \tag{4.79}$$

引入 β 球截去后剩余变量空间，也即 $\|x\|^2>\beta^2$ 的截断分布密度函数 $f_{tr}(\boldsymbol{x})$，将 P_f 改写为数学期望形式为

$$P_f=[1-\chi_n^2(\beta^2)]\int\cdots\int_{Z=g(x_1,\cdots x_n)\leqslant 0}f_{tr}(\boldsymbol{x})\mathrm{d}\boldsymbol{x}=[1-\chi_n^2(\beta^2)]E_{tr}[I_F(\boldsymbol{x})] \tag{4.80}$$

其中 $E_{tr}[I_F(\boldsymbol{x})]$ 表示概率密度函数为截断分布密度 $f_{tr}(\boldsymbol{x})$ 时失效域 $F=\{\boldsymbol{x}:Z=g(x_1,x_2,\cdots,x_n)\leqslant 0\}$ 的指示函数 $I_F[\boldsymbol{x}]$ 的期望值。

故从 $f_{tr}(\boldsymbol{x})$ 中抽取 M 个样本点 $\boldsymbol{x}_i(i=1,2,\cdots,M)$，则可以得到失效概率 P_f 的估计 $\hat{P}_f$ 为

$$\hat{P}_f=[1-\chi_n^2(\beta^2)]\frac{1}{M}\sum_{i=1}^{M}I_F(\boldsymbol{x}_i) \tag{4.81}$$

对式（4.81）两边求数学期望，以样本均值代替总体期望可得 $E(\hat{P}_f)$ 为

$$E(\hat{P}_f)=[1-\chi_n^2(\beta^2)]E\left\{\frac{1}{M}\sum_{i=1}^{M}I_F(\boldsymbol{x}_i)\right\}\approx P_f \tag{4.82}$$

对式（4.81）两边求方差，得到失效概率估计值 $\hat{P}_f$ 的方差 $\mathrm{Var}(\hat{P}_f)$ 为

$$\mathrm{Var}(\hat{P}_f)\approx\frac{[1-\chi_n^2(\beta^2)]\hat{P}_f}{M-1}-\frac{\hat{P}_f^2}{M-1} \tag{4.83}$$

（2）失效概率估计的截断重要抽样法。截断抽样法是通过对标准正态空间的密度函数 $f_X(\boldsymbol{x})$ 依据 β 球进行截断后而形成的一种抽样方法，而截断重要抽样法则是对标准正态空间的重要抽样密度函数 $h_X(\boldsymbol{x})$ 依据 β 球进行截断后而形成的一种抽样方法。它是通过建立 β 球，并构造样本点落在球外的截断重要抽样函数，就可在传统重要抽样法的基础上进一步减少在结构机构安全域的抽样，提高抽样效率。

在 n 维标准正态空间中，样本点是否落入 β 超球外区域可以简单地由 β 超球区域内的指示

函数 $I_\beta(\boldsymbol{x})$ 来判别,则

$$I_\beta(\boldsymbol{x}) = \begin{cases} 0, & \|\boldsymbol{x}\|^2 \leqslant \beta^2 \\ 1, & \|\boldsymbol{x}\|^2 > \beta^2 \end{cases} \tag{4.84}$$

由于失效域 $g(\boldsymbol{x}) \leqslant 0$ 包含于 β 球外区域 $\|\boldsymbol{x}\|^2 > \beta^2$,在传统重要抽样失效概率表达式 (4.67) 中引入 β 超球区域的指示函数 $I_\beta(\boldsymbol{x})$,失效概率的计算公式变为

$$P_f = \int \cdots \int_{R^n} I_F(\boldsymbol{x}) f_X(\boldsymbol{x}) \, \mathrm{d}\boldsymbol{x} = \int \cdots \int_{R^n} I_F(\boldsymbol{x}) I_\beta(\boldsymbol{x}) \frac{f_X(\boldsymbol{x})}{h_X(\boldsymbol{x})} h_X(\boldsymbol{x}) \, \mathrm{d}\boldsymbol{x} =$$

$$E\left[I_F(\boldsymbol{x}) I_\beta(\boldsymbol{x}) \frac{f_X(\boldsymbol{x})}{h_X(\boldsymbol{x})} \right] \tag{4.85}$$

按重要抽样密度函数 $h_X(\boldsymbol{x})$ 产生了 N 个样本 $\boldsymbol{x}_i (i = 1, 2, \cdots, N)$,以样本均值替代总体数学期望,可得到 P_f 的估计值 $\hat{P}_f$ 为

$$\hat{P}_f = \frac{1}{N} \sum_{i=1}^{N} \frac{I_F(\boldsymbol{x}_i) I_\beta(\boldsymbol{x}_i) f_X(\boldsymbol{x}_i)}{h_X(\boldsymbol{x}_i)} \tag{4.86}$$

上述求解失效概率的截断重要抽样法,只需计算落入 β 球外区域的重要抽样函数样本的极限状态函数值,因此比传统重要抽样方法具有更高的计算效率。

对式(4.86)两边求数学期望,以样本均值代替总体期望,可得 $E(\hat{P}_f)$ 为

$$E(\hat{P}_f) = E\left\{ \frac{1}{N} \sum_{i=1}^{N} \frac{I_F(\boldsymbol{x}_i) I_\beta(\boldsymbol{x}_i) f_X(\boldsymbol{x}_i)}{h_X(\boldsymbol{x}_i)} \right\} \approx E\left[I_F(\boldsymbol{x}) I_\beta(\boldsymbol{x}) \frac{f_X(\boldsymbol{x})}{h_X(\boldsymbol{x})} \right] = P_f \tag{4.87}$$

对式(4.86)两边求方差,以样本方差代替总体方差,可得 $\mathrm{Var}(\hat{P}_f)$ 为

$$\mathrm{Var}(\hat{P}_f) \approx \frac{1}{N-1} \left[\frac{1}{N} \sum_{i=1}^{N} I_F(\boldsymbol{x}_i) I_\beta(\boldsymbol{x}_i) \frac{f_X^2(\boldsymbol{x}_i)}{h_X^2(\boldsymbol{x}_i)} - \hat{P}_f^2 \right] \tag{4.88}$$

由式(4.88)可求得估计值的方差。

(3) 截断抽样和截断重要抽样可靠性灵敏度分析方法。

1) 截断抽样法可靠性灵敏度分析。与计算失效概率的截断抽样法公式类似,截断抽样法的可靠性灵敏度计算式可写为

$$\frac{\partial P_f}{\partial \theta_{x_i}^{(k)}} = [1 - \chi_n^2(\beta^2)] \int \cdots \int_{\|\boldsymbol{x}\|^2 > \beta^2} I_F(\boldsymbol{x}) \frac{1}{f_X(\boldsymbol{x})} \frac{\partial f_X(\boldsymbol{x})}{\partial \theta_{x_i}^{(k)}} f_{tr}(\boldsymbol{x}) \, \mathrm{d}\boldsymbol{x} =$$

$$[1 - \chi_n^2(\beta^2)] E_{tr}\left[I_F(\boldsymbol{x}) \frac{1}{f_X(\boldsymbol{x})} \frac{\partial f_X(\boldsymbol{x})}{\partial \theta_{x_i}^{(k)}} \right] \tag{4.89}$$

按 $f_{tr}(\boldsymbol{x})$ 抽取 M 个样本点 $x_j (j = 1, 2, \cdots, M)$,则可靠性灵敏度可以用样本函数均值的形式来估计,即

$$\frac{\partial \hat{P}_f}{\partial \theta_{x_i}^{(k)}} = [1 - \chi_n^2(\beta^2)] \frac{1}{M} \sum_{j=1}^{M} I_F(\boldsymbol{x}_j) \frac{1}{f_X(\boldsymbol{x})} \frac{\partial f_X(\boldsymbol{x})}{\partial \theta_{x_i}^{(k)}} \Bigg|_{x = x_j} \tag{4.90}$$

对式(4.90)两边求数学期望,得可靠性灵敏度估计值 $\partial \hat{P}_f / \partial \theta_{x_i}^{(k)}$ 的期望为

$$E\left[\frac{\partial \hat{P}_f}{\partial \theta_{x_i}^{(k)}} \right] = [1 - \chi_n^2(\beta^2)] E\left[\frac{1}{M} \sum_{j=1}^{M} I_F(\boldsymbol{x}_j) \frac{1}{f_X(\boldsymbol{x}_j)} \frac{\partial f_X(\boldsymbol{x}_j)}{\partial \theta_{x_i}^{(k)}} \right] \approx \frac{\partial P_f}{\partial \theta_{x_i}^{(k)}} \tag{4.91}$$

对式(4.90)两边求方差,可得可靠性灵敏度估计值 $\partial \hat{P}_f / \partial \theta_{x_i}^{(k)}$ 的方差为

$$\mathrm{Var}\left(\frac{\partial \hat{P}_f}{\partial \theta_{x_i}^{(k)}} \right) \approx \frac{1}{M-1} \left\{ \frac{[1 - \chi_n^2(\beta^2)]^2}{M} \sum_{j=1}^{M} \left[\frac{I_F(\boldsymbol{x}_j)}{f_X(\boldsymbol{x}_j)} \frac{\partial f_X(\boldsymbol{x}_j)}{\partial \theta_{x_i}^{(k)}} \right]^2 - \left(\frac{\partial \hat{P}_f}{\partial \theta_{x_i}^{(k)}} \right)^2 \right\} \tag{4.92}$$

2) 截断重要抽样法可靠性灵敏度分析。在传统重要抽样法的可靠性灵敏度公式中引入 β

球外区域的指示函数 $I_\beta(\boldsymbol{x})$,可靠性灵敏度公式改写为

$$\frac{\partial P_f}{\partial \theta_{x_i}^{(k)}} = \int \cdots \int_{R^n} I_F(\boldsymbol{x}) \frac{\partial f_X(\boldsymbol{x})}{\partial \theta_{x_i}^{(k)}} \frac{1}{h_X(\boldsymbol{x})} h_X(x) \mathrm{d}x = \int \cdots \int_{R^n} \frac{I_F(\boldsymbol{x}) I_\beta(\boldsymbol{x})}{h_X(\boldsymbol{x})} \frac{\partial f_X(\boldsymbol{x})}{\partial \theta_{x_i}^{(k)}} h_X(\boldsymbol{x}) \mathrm{d}x =$$
$$E\left[\frac{I_F(\boldsymbol{x}) I_\beta(\boldsymbol{x})}{h_X(\boldsymbol{x})} \frac{\partial f_X(\boldsymbol{x})}{\partial \theta_{x_i}^{(k)}} \right] \tag{4.93}$$

按重要抽样密度函数 $h_X(\boldsymbol{x})$ 产生了 N 个样本 $\boldsymbol{x}_j (j=1,2,\cdots,N)$,以样本均值代替总体数学期望,可得到 $\partial P_f / \partial \theta_{x_i}^{(k)}$ 在截断下的估计 $\partial \hat{P}_f / \partial \theta_{x_i}^{(k)}$ 为

$$\frac{\partial \hat{P}_f}{\partial \theta_{x_i}^{(k)}} = \frac{1}{N} \sum_{j=1}^N \frac{I_F(\boldsymbol{x}_j) I_\beta(\boldsymbol{x}_j)}{h_X(\boldsymbol{x}_j)} \frac{\partial f_X(\boldsymbol{x})}{\partial \theta_{x_i}^{(k)}} \bigg|_{x=x_j} \tag{4.94}$$

对式(4.94)两边求数学期望,得可靠性灵敏度估计值 $\partial \hat{P}_f / \partial \theta_{x_i}$ 的期望为

$$E\left[\frac{\partial \hat{P}_f}{\partial \theta_{x_i}} \right] = E\left[\frac{1}{N} \sum_{j=1}^N \frac{I_F(\boldsymbol{x}_j) I_\beta(\boldsymbol{x}_j)}{h_X(\boldsymbol{x}_j)} \frac{\partial f_X(\boldsymbol{x}_j)}{\partial \theta_{x_i}^{(k)}} \right] \approx \frac{\partial P_f}{\partial \theta_{x_i}} \tag{4.95}$$

$$\mathrm{Var}\left(\frac{\partial \hat{P}_f}{\partial \theta_{x_i}} \right) \approx \frac{1}{N-1} \left\{ \frac{1}{N} \sum_{j=1}^N \left[\frac{I_F(\boldsymbol{x}_j) I_\beta(\boldsymbol{x}_j)}{h_X(\boldsymbol{x}_j)} \frac{\partial f_X(\boldsymbol{x}_j)}{\partial \theta_{x_i}^{(k)}} \right]^2 - \left(\frac{\partial \hat{P}_f}{\partial \theta_{x_i}^{(k)}} \right)^2 \right\} \tag{4.96}$$

从以上重要抽样、截断抽样及截断重要抽样可靠性和可靠性灵敏度分析方法的原理可以看出,与直接 Monte Carlo 数字模拟方法相比,重要抽样法抽样效率有了很大提高且计算方差小。截断抽样法通过建立 β 球,在与 Monte Carlo 法相同的抽样次数下减少了安全域功能函数的计算次数,从而在很大程度上提高了计算效率。在传统抽样法基础上的截断重要抽样法,兼有重要抽样和截断抽样的优点,进一步提高了计算效率。但重要抽样法和截断重要抽样法对设计点的搜索方法有较强的依赖性,而且对于高维的小失效概率问题,其计算效率还有待提高。

4.2.6 可靠性和可靠性灵敏度分析的线抽样法

Monte Carlo 可靠性及可靠性灵敏度分析的通用数字模拟法虽然在计算结果上具有稳健性和无偏性,但其显著缺点是抽样效率低,尤其是对于小失效概率隐式极限状态方程的计算,其工作量之大在工程上很难被接受。作为一种改进的 Monte Carlo 方法,重要抽样法计算效率有较大提高,但对于高维的工程结构机构,构造重要抽样密度比较困难。线抽样方法是目前讨论得较多的一种解决高维小失效概率可靠性问题的有效方法。

1. 线抽样可靠性分析方法的基本原理及计算公式

线抽样可靠性分析方法对单个失效模式和多个失效模式的处理是有差异的,本节先对单模式线抽样可靠性分析方法的原理及实现过程进行讨论介绍,然后在单模式的基础上再讨论介绍多模式系统线抽样可靠性分析的线抽样方法。

(1)单个失效模式情况下线抽样方法的重要方向。对于 n 维随机变量情况下的可靠性分析,线抽样法是通过重要方向上的插值和$(n-1)$维上的随机抽样来高效地实现失效概率计算的。对于设计点和重要方向可以通过 4.2.3 节给出的迭代一次二阶矩优化法来寻找。

线抽样方法的整个过程是在独立的标准正态空间中完成的,因此在利用线抽样法进行可靠性分析之前,必须将基本变量标准正态化,并得到标准正态空间中的极限状态函数 $\overline{g}(\boldsymbol{u})$。在标准正态空间内,由坐标原点到设计点构成的矢量方向为最优重要方向 $\boldsymbol{\alpha}$。将重要方向 $\boldsymbol{\alpha}$ 正则化,可得到单位最优重要方向 $\boldsymbol{e}_\alpha$ 为

$$e_\alpha = \alpha / \| \alpha \| \tag{4.97}$$

（2）单个失效模式情况下线抽样方法的失效概率估计。在标准正态空间中,线抽样法在重要方向e_α上的插值和$(n-1)$维上的随机抽样过程示意见图4.8。由基本变量的联合概率密度函数 $f_U(u)$ 产生 N 个标准正态的样本点$u_j(j=1,2,\cdots,N)$,则与u_j对应的垂直于单位重要方向e_α的向量$u_j^\perp$为

$$u_j^\perp = u_j - \langle e_\alpha , u_j \rangle \, e_\alpha \tag{4.98}$$

其中$\langle e_\alpha , u_j \rangle$表示$e_\alpha$与$u_j$的点乘积。

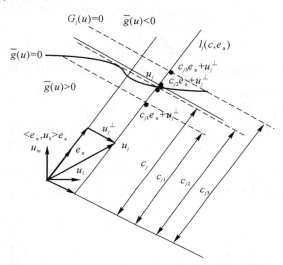

图 4.8　标准正态空间中线抽样法的示意图

求得每个样本点u_j的相应向量$u_j^\perp$后,即可由给定 3 个系数 c_{j1},c_{j2} 和 c_{j3},得到过u_j且与e_α平行的直线 $l_j(c,e_\alpha)$ 上的 3 个向量 $c_{ji} e_\alpha + u_j^\perp (i=1,2,3)$。对这三个点$(c_{j1},\bar{g}(c_{j1} e_\alpha + u_j^\perp))$,$(c_{j2},\bar{g}(c_{j2} e_\alpha + u_j^\perp))$ 和 $(c_{j3},\bar{g}(c_{j3} e_\alpha + u_j^\perp))$ 进行三点二次插值可近似得出点$(c_j,\bar{g}(c_j e_\alpha + u_j^\perp)=0)$,即直线 $l_j(c,e_\alpha)$ 与极限状态方程$\bar{g}(u)=0$的交点$\tilde{u}_j$所对应的系数c_j。

$$\tilde{u}_j = c_j e_\alpha + u_j^\perp \tag{4.99}$$

其中c_j可理解为样本点$\tilde{u}_j$对应的可靠度指标。由$\tilde{u}_j$对应的可靠度指标c_j,即可由式(4.99)得到对应的失效概率 $P_{fj}(j=1,2,\cdots,N)$ 为

$$P_{fj} = \Phi(-c_j) \tag{4.100}$$

求得每个样本点对应的 P_{fj} 后,可用 P_{fj} 的算术平均值来估算失效概率$\hat{P}_f$,即

$$\hat{P}_f = \frac{1}{N} \sum_{j=1}^{N} P_{fj} = \frac{1}{N} \sum_{j=1}^{N} \Phi(-c_j) \tag{4.101}$$

失效概率估计值的方差为

$$\mathrm{Var}(\hat{P}_f) = \frac{1}{N(N-1)} \sum_{j=1}^{N} (P_{fj} - \hat{P}_f)^2 = \frac{1}{N(N-1)} \Big(\sum_{j=1}^{N} P_{fj}^2 - N\hat{P}_f^2 \Big) \tag{4.102}$$

线抽样方法是一种高效的适用于高维小失效概率可靠性问题的分析方法。其设计点和重要方向的选择只会影响线抽样法的计算效率,不会影响其计算精度,当线抽样法的重要方向与最优重要方向一致时,计算效率达到最佳,随着线抽样的重要方向与最优重要方向偏离程度增

大,线抽样的效率逐渐下降,但理论上其最差情况也能达到 Monte Carlo 模拟法的计算效率。

2.多模式系统可靠性分析的线抽样方法

对于结构机构系统含有 l 个失效模式的可靠性分析问题,可分两种情况来讨论其失效概率的计算,一种是多个模式的失效域互不重叠的情况,另一种是多个失效模式的失效域互相重叠的情况。设每个失效模式对应的极限状态函数和单位重要方向分别为 $\overline{g}_j(\boldsymbol{u})$ 和 $e_\alpha^{(j)}$ ($j=1,2,\cdots,l$),相应的失效域为 F_j,以下将就这两种情况分别来讨论。

(1)多个失效模式的失效域互不重叠时的可靠性分析。当 l 个失效模式的失效域互不重叠时,系统的失效概率 $P_f^{(s)}$ 为每个失效模式对应的失效概率 $P_f^{(j)}$ ($j=1,2,\cdots,l$)之和,即

$$P_f^{(s)} = \sum_{j=1}^{l} P_f^{(j)} \tag{4.103}$$

即当失效模式的失效域互不重叠时,只要针对每个失效模式采用单模式情况下的线抽样可靠性分析方法,即可求得多模式系统的失效概率。

(2)多个失效模式的失效域互相重叠时的可靠性分析。

1)互相重叠失效域向互不重叠失效域的转换。为叙述方便起见,以两个失效模式失效域互相重叠的情况为例进行说明。设两失效域 $F_j = \{\boldsymbol{u}:\overline{g}_j(\boldsymbol{u}) \leqslant 0\}$ 与 $F_k = \{\boldsymbol{u}:\overline{g}_k(\boldsymbol{u}) \leqslant 0\}$ 具有重叠的区域,如图 4.9(a)所示,此时可用两失效模式的重要方向 $e_\alpha^{(j)}$ 和 $e_\alpha^{(k)}$ 的角平分线将 F_j 和 F_k 组成的失效域划分为互不重叠的 $\overline{F}_j$ 和 $\overline{F}_k$,如图 4.9(b)所示。

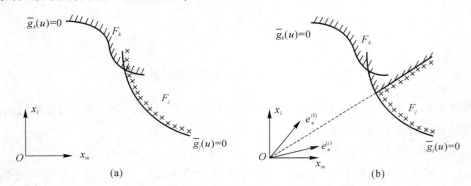

图 4.9　互相重叠失效域向互不重叠失效域的转换

(a)互相重叠的失效域 F_j 和 F_k;　(b)互不重叠的失效域 $\overline{F}_j$ 和 $\overline{F}_k$

2)不重叠失效域 $\overline{F}_k$ 上的失效概率 $\hat{P}_f^{(k)}$ 的估计。采用线抽样方法求解失效域 $\overline{F}_k$ 上的失效概率 $\hat{P}_f^{(k)}$ 与求解单模式失效概率的线抽样方法稍有区别。$\overline{F}_k$ 的边界是由分段连续的函数组成的,因此在求解 $\hat{P}_f^{(k)}$ 的线抽样方法中应考虑 $\overline{F}_k$ 区域边界极限状态方程的分段连续特性。

由标准正态随机变量的联合概率密度函数产生 N 个样本点 $\boldsymbol{u}_i$ ($i=1,\cdots,N$),可以按照与单模式线抽样类似的方法,沿 F_k 的重要方向 $e_\alpha^{(k)}$,求得与每个样本 $\boldsymbol{u}_i$ 对应的极限状态方程上的样本点 $\tilde{\boldsymbol{u}}_i^{(k)}$ 及相应的可靠度指标 $c_i^{(k)}$。若 $\tilde{\boldsymbol{u}}_i^{(k)} \in \overline{F}_k$ ($i=1,\cdots,N$),则 $\hat{P}_{fi}^{(k)}$ 为

$$\hat{P}_{fi}^{(k)} = \Phi(-c_i^{(k)}) \tag{4.104}$$

若 $\tilde{\boldsymbol{u}}_i^{(k)} \notin \overline{F}_k$,则该点对应的可靠度指标需在 $c_i^{(k)}$ 的基础上加以修正,以 $\overline{c}_i^{(k)}$ 表示修正的可靠度指标,则 $\overline{c}_i^{(k)}$ 为(见图 4.10)

$$\overline{c}_i^{(k)} = c_i^{(k)} + \text{sign}(c_i^{(k)}) \frac{r^{(k)}(\tilde{\boldsymbol{u}}_i^{(k)}) - r^{(j)}(\tilde{\boldsymbol{u}}_i^{(k)})}{\sqrt{1 - (e_\alpha^{(k)}, e_\alpha^{(j)})^2}} \tag{4.105}$$

其中 $r^{(k)}(\tilde{\boldsymbol{u}}_i^{(k)})$ 和 $r^{(j)}(\tilde{\boldsymbol{u}}_i^{(k)})$ 分别表示极限状态方程上的样本点 $\tilde{\boldsymbol{u}}_i^{(k)}$ 到重要方向 $\boldsymbol{e}_\alpha^{(k)}$ 和 $\boldsymbol{e}_\alpha^{(j)}$ 的垂直距离。当以 $\boldsymbol{u}$ 表示极限状态方程上的样本点时，$r^{(k)}(\boldsymbol{u})$ 为

$$r^{(k)}(\boldsymbol{u}) = \| \boldsymbol{u} - \langle \boldsymbol{e}_\alpha^{(k)}, \boldsymbol{u} \rangle \boldsymbol{e}_\alpha^{(k)} \| \qquad (4.106)$$

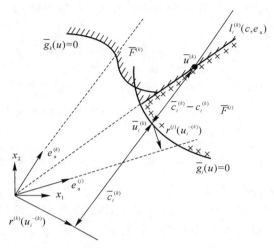

图 4.10　系统可靠性分析的线抽样方法

由于是以 $\boldsymbol{e}_\alpha^{(k)}$ 和 $\boldsymbol{e}_\alpha^{(j)}$ 的角平分线来划分不重叠区域的 $\overline{F}_k$ 和 $\overline{F}_j$ 的，因此，$\boldsymbol{u} \in \overline{F}_k$ 与 $\boldsymbol{u}$ 到 $\boldsymbol{e}_\alpha^{(k)}$ 的垂直距离 $r^{(k)}(\boldsymbol{u})$ 最短是相互等价的，即

$$\boldsymbol{u} \in \overline{F}_k \Leftrightarrow r^{(k)}(\boldsymbol{u}) \leqslant r^{(j)}(\boldsymbol{u}) \quad (\forall j = 1, \cdots, l) \qquad (4.107)$$

利用修正后的可靠度指标 $\bar{\imath}^{(k)}$，可以求得 $\overline{F}_k$ 区域的修正样本点 $\bar{\boldsymbol{u}}_i^{(k)}$。为表达统一起见，将 $\tilde{\boldsymbol{u}}_i^{(k)} \in \overline{F}_k$ 的可靠度指标和极限状态方程上的样本点也记为 $\hat{\imath}_i^{(k)}$ 和 $\bar{\boldsymbol{u}}_i^{(k)}$，则样本 $\bar{\boldsymbol{u}}_i^{(k)}$ 对应的失效概率 $\hat{P}_{fi}^{(k)}$ 和 $\overline{F}_k$ 区域的失效概率 $\hat{P}_f^{(k)}$ 分别为

$$\hat{P}_{fi}^{(k)} = \Phi(-\bar{c}_i^{(k)}) \qquad (4.108)$$

$$\hat{P}_f^{(k)} = \frac{1}{N} \sum_{i=1}^{N} \hat{P}_{fi}^{(k)} = \frac{1}{N} \sum_{i=1}^{N} \Phi(-\bar{c}_i^{(k)}) \qquad (4.109)$$

而系统的失效概率 $P_f^{(s)}$ 的估计值为

$$\hat{P}_f^{(s)} = \frac{1}{N} \sum_{k=1}^{l} \sum_{i=1}^{N} \hat{P}_{fi}^{(k)} = \frac{1}{N} \sum_{k=1}^{l} \sum_{i=1}^{N} \Phi(-\bar{c}_i^{(k)}) \qquad (4.110)$$

系统失效概率估计值 $\hat{P}_f^{(s)}$ 的方差 $\mathrm{Var}(\hat{P}_f^{(s)})$ 为

$$\mathrm{Var}(\hat{P}_f^{(s)}) = \frac{1}{\hat{P}_f^{(s)}} \sum_{k=1}^{l} \mathrm{Var}(\hat{P}_f^{(k)}) \hat{P}_f^{(k)} \qquad (4.111)$$

线抽样可靠性分析方法不仅适用于单模式可靠性问题，还适用于多模式的结构机构系统可靠性问题。只要在标准正态空间确定了各失效模式的重要方向，通过 $l \times N$ 次随机抽样就可以高效地估计系统失效概率了。

3. 单个失效模式可靠性灵敏度分析的线抽样方法

（1）单模式可靠性灵敏度分析的原理。线抽样可靠性灵敏度分析方法的基本思路是：根据可靠性灵敏度可表示为失效概率对基本变量分布参数的偏导数形式，利用线抽样方法中失效概率 P_f 可以表达为标准正态空间内每个抽样样本 $\boldsymbol{u}_j$ 对应的失效概率 P_{fj} 的算术平均值，将

求解 P_f 对 $\boldsymbol{u}$ 空间基本变量分布参数的灵敏度转化为求 P_{fj} 对 $\boldsymbol{u}$ 空间基本变量分布参数的灵敏度,然后根据 P_{fj} 与 $\boldsymbol{u}$ 空间基本变量分布参数的近似解析关系,最终求得结构机构的可靠性灵敏度。

式(4.101)两边分别对随机变量 u_i 的分布参数 θ_{u_i}(包括均值 μ_{u_i} 和标准差 σ_{u_i})求偏导数,可得到可靠性灵敏度 $\partial \hat{P}_f / \partial\theta_{u_i}$ 为

$$\frac{\partial \hat{P}_f}{\partial \theta_{u_i}} = \frac{1}{N} \sum_{j=1}^{N} \frac{\partial P_{fj}}{\partial \theta_{u_i}} = \frac{1}{N} \sum_{j=1}^{N} \frac{\partial P_{fj}}{\partial c_j} \frac{\partial c_j}{\partial \theta_{u_i}} \tag{4.112}$$

$\partial P_{fj} / \partial c_j$ 可根据式(4.100)求得,为了求解偏导数 $\partial c_j / \partial \theta_{u_i}$,需要建立 c_j 与随机变量的分布参数 θ_{u_i} 的关系。如图 4.8 所示,以 $G_j(\boldsymbol{u})$ 表示标准正态空间中过样本点 $\tilde{\boldsymbol{u}}_j$ 且垂直于重要方向的超平面,则 $G_j(\boldsymbol{u}) = 0$ 可由下式确定,即

$$G_j(\boldsymbol{u}) = \boldsymbol{e}_a \cdot (-)(\boldsymbol{u} - \tilde{\boldsymbol{u}}_j) = -\sum_{i=0}^{N} e_{ai}(u_i - \tilde{u}_{j,i}) = 0 \tag{4.113}$$

其中 e_{ai} 和 $\tilde{u}_{j,i}$ 分别表示 $\boldsymbol{e}_a$ 和 $\tilde{\boldsymbol{u}}_j$ 的第 i 个分量。

由式(4.101)可知,P_{fj} 等价于 $P\{G_j(\boldsymbol{u}) \leqslant 0\}$,因此根据式(4.113)及一次二阶矩法可知 c_j 与 $u_i (i = 1, 2, \cdots, n)$ 分布参数之间的解析关系为

$$c_j = \frac{\mu_{G_j}}{\sigma_{G_j}} = \frac{-\sum\limits_{i=1}^{n} e_{ai}(\mu_{u_i} - \tilde{u}_{j,i})}{\left[\sum\limits_{i=1}^{n}(e_{ai}\sigma_{u_i})^2\right]^{1/2}} \tag{4.114}$$

依据式(4.114)可以解析得到偏导数 $\partial c_j / \partial \mu_{u_i}$ 和 $\partial c_j / \partial \sigma_{u_i}$,代入式(4.112),进而求得线抽样可靠性灵敏度估计值 $\partial \hat{P}_f / \partial \mu_{u_i}$ 和 $\partial \hat{P}_f / \partial \sigma_{u_i} (i = 1, 2, \cdots, n)$ 分别为

$$\frac{\partial \hat{P}_f}{\partial \mu_{u_i}} = \frac{1}{N\sqrt{2\pi}} \sum_{j=1}^{N} \exp(-c_j^2/2) \cdot e_{ai} \tag{4.115}$$

$$\frac{\partial \hat{P}_f}{\partial \sigma_{u_i}} = \frac{1}{N\sqrt{2\pi}} \sum_{j=1}^{N} \exp(-c_j^2/2) \cdot e_{ai}^2 \cdot c_j \tag{4.116}$$

(2)单模式可靠性灵敏度结果的方差分析。对式(4.115)两边求数学期望和方差,依据独立同分布样本的均值和方差依概率收敛于其母体的期望和方差,从而得出

$$E\left(\frac{\partial \hat{P}_f}{\partial \mu_{u_i}}\right) = \frac{1}{N\sqrt{2\pi}} \sum_{j=1}^{N} E[e_{ai}\exp(-c_j^2/2)] \approx \frac{1}{N\sqrt{2\pi}} \sum_{j=1}^{N} e_{ai}\exp(-c_j^2/2) = \frac{\partial \hat{P}_f}{\partial \mu_{u_i}} \tag{4.117}$$

$$\mathrm{var}\left(\frac{\partial \hat{P}_f}{\partial \mu_{u_i}}\right) = \frac{1}{2\pi N^2} \sum_{j=1}^{N} \mathrm{var}[e_{ai}\exp(-c_j^2/2)] \approx$$

$$\frac{1}{2\pi N}\left\{\frac{1}{N-1}\left[\sum_{j=1}^{N}\left[e_{ai}\exp(-c_j^2/2)\right]^2 - N\left(\frac{1}{N}\sum_{j=1}^{N}e_{ai}\exp(-c_j^2/2)\right)^2\right]\right\} =$$

$$\frac{1}{(N-1)}\left\{\frac{1}{2\pi}\frac{1}{N}\sum_{j=1}^{N}\left[e_{ai}\exp(-c_j^2/2)\right]^2 - \left(\frac{\partial \hat{P}_f}{\partial \mu_{u_i}}\right)^2\right\} \tag{4.118}$$

同理可得失效概率对第 i 个基本变量标准差 σ_{u_i} 的灵敏度估计值 $\partial \hat{P}_f / \partial \sigma_{u_i}$ 的数学期望和方差分别为

$$E(\partial \hat{P}_f / \partial \sigma_{u_i}) \doteq \partial \hat{P}_f / \partial \sigma_{u_i} \tag{4.119}$$

$$\mathrm{var}\left(\frac{\partial \hat{P}_f}{\partial \sigma_{u_i}}\right) \doteq \frac{1}{(N-1)}\left\{\frac{1}{2\pi}\frac{1}{N}\sum_{j=1}^{N}\left[e_{ai}^2 c_j \exp(-c_j^2/2)\right]^2 - \left(\frac{\partial \hat{P}_f}{\partial \sigma_{u_i}}\right)^2\right\} \tag{4.120}$$

可靠性灵敏度估计值 $\partial \hat{P}_f/\partial \theta_{u_i}$ 的变异系数 $\mathrm{cov}(\partial \hat{P}_f/\partial \theta_{u_i})$ 为

$$\mathrm{cov}(\partial \hat{P}_f/\partial \theta_{u_i}) = \sqrt{\mathrm{var}\left(\frac{\partial \hat{P}_f}{\partial \theta}\right)} \Big/ |\partial \hat{P}_f/\partial \theta_{u_i}| \tag{4.121}$$

其中 θ_{u_i} 表示基本变量 $u_i(i=1,2,\cdots,n)$ 的分布参数,即 μ_{u_i} 和 σ_{u_i}。

4. 多个失效模式系统可靠性灵敏度分析的线抽样方法

(1) 多模式可靠性灵敏度分析的基本公式。与单模式可靠性灵敏度分析类似,利用多模式情况下线抽样方法中结构机构系统的失效概率 P_f 可以表达为标准正态空间内所有失效模式的随机抽样样本对应的失效概率 $P_{fj}^{(k)}$ 算术平均值的和的形式,将求解 P_f 对基本变量分布参数的灵敏度转化为求 $P_{fj}^{(k)}$ 对基本变量分布参数的灵敏度,然后根据 $P_{fj}^{(k)}$ 与基本变量分布参数的近似解析关系,最终求得结构机构的可靠性灵敏度。

式(4.110) 两边分别对随机变量 $u_i(i=1,2,\cdots,n)$ 的分布参数 θ_{u_i}(包括均值 μ_{u_i} 和标准差 σ_{u_i})求偏导数,可得到可靠性灵敏度估计值 $\partial \hat{P}_f^{(s)}/\partial \theta_{u_i}$ 为

$$\frac{\partial \hat{P}_f^{(s)}}{\partial \theta_{u_i}} = \frac{1}{N}\sum_{k=1}^{l}\frac{\partial \hat{P}_f^{(k)}}{\partial \theta_{u_i}} = \frac{1}{N}\sum_{k=1}^{l}\sum_{j=1}^{N}\frac{\partial \hat{P}_{fj}^{(k)}}{\partial \theta_{u_i}} = \frac{1}{N}\sum_{k=1}^{l}\sum_{j=1}^{N}\frac{\partial \hat{P}_{fj}^{(k)}}{\partial \bar{c}_j^{(k)}}\frac{\partial \bar{c}_j^{(k)}}{\partial \theta_{u_i}} \tag{4.122}$$

由式(4.108) 容易求得 $\partial P_{fj}^{(k)}/\partial \bar{c}_j^{(k)}$,为求 $\partial \bar{c}_j^{(k)}/\partial \theta_{u_i}$,需要建立 $\bar{c}_j^{(k)}$ 与随机变量的分布参数 θ_{u_i} 的关系,以 $G_j^{(k)}(\boldsymbol{u})=0$ 表示过交点 $\bar{\boldsymbol{u}}_j^{(k)}$ 且垂直于重要方向 $\boldsymbol{e}_\alpha^{(k)}$ 的超平面,有

$$G_j^{(k)}(\boldsymbol{u}) = \boldsymbol{e}_\alpha^{(k)} \cdot (\bar{\boldsymbol{u}}_j^{(k)} - \boldsymbol{u})^{\mathrm{T}} = \sum_{i=1}^{n} e_{\alpha,i}^{(k)}(\bar{u}_{j,i}^{(k)} - u_i) = 0 \tag{4.123}$$

其中 $e_{\alpha,i}^{(k)}$ 和 $\bar{u}_{j,i}^{(k)}$ 分别表示 $\boldsymbol{e}_\alpha^{(k)}$ 和 $\bar{\boldsymbol{u}}_j^{(k)}$ 的第 i 个分量。

则 $\bar{c}_j^{(k)}$ 等价于线性极限状态方程 $G_j^{(k)}(\boldsymbol{u})=0$ 的可靠度指标,因此 $\bar{c}_j^{(k)}$ 与变量 $u_i(i=1,2,\cdots,n)$ 的分布参数之间的解析关系为

$$\bar{c}_j^{(k)} = \frac{\mu_{G_j^{(k)}}}{\sigma_{G_j^{(k)}}} = -\frac{\sum_{i=1}^{n}e_{\alpha,i}^{(k)}(\mu_{u_i} - \bar{u}_{j,i}^{(k)})}{\left(\sum_{i=1}^{n}e_{\alpha,i}^{(k)2}\sigma_{u_i}^2\right)^{1/2}} \tag{4.124}$$

依据式(4.124) 可以解析得到偏导数 $\partial \bar{c}_j^{(k)}/\partial \mu_{u_i}$ 和 $\partial \bar{c}_j^{(k)}/\partial \sigma_{u_i}$,带入式(4.129)得出线抽样可靠性灵敏度估计值 $\partial \hat{P}_f^{(s)}/\partial \mu_{u_i}$ 和 $\partial \hat{P}_f^{(s)}/\partial \sigma_{u_i}(i=1,2,\cdots,n)$ 分别为

$$\frac{\partial \hat{P}_f^{(s)}}{\partial \mu_{u_i}} = \frac{1}{N\sqrt{2\pi}}\sum_{k=1}^{l}\sum_{j=1}^{N}\exp[-(\bar{c}_j^{(k)})^2/2] \cdot e_{\alpha,i}^{(k)} \tag{4.125}$$

$$\frac{\partial \hat{P}_f^{(s)}}{\partial \sigma_{u_i}} = \frac{1}{N\sqrt{2\pi}}\sum_{k=1}^{l}\sum_{j=1}^{N}\exp[-(\bar{c}_j^{(k)})^2/2](e_{\alpha,i}^{(k)})^2\bar{c}_j^{(k)} \tag{4.126}$$

(2) 多模式系统可靠性灵敏度估计值的方差分析。对式(4.125)的两边分别求数学期望和方差,依据独立同分布样本的均值和方差依概率收敛于其母体的期望和方差,从而可得

$$E\left(\frac{\partial \hat{P}_f^{(s)}}{\partial \mu_{u_i}}\right) = \frac{1}{N\sqrt{2\pi}}E\left\{\sum_{k=1}^{l}\sum_{j=1}^{N}\exp[-(\bar{c}_j^{(k)})^2/2] \cdot e_{\alpha,i}^{(k)}\right\} \approx$$

$$\frac{1}{N\sqrt{2\pi}}\sum_{k=1}^{l}\sum_{j=1}^{N}\exp[-(\bar{c}_j^{(k)})^2/2] \cdot e_{\alpha,i}^{(k)} = \frac{\partial \hat{P}_f^{(s)}}{\partial \mu_{u_i}} \tag{4.127}$$

$$\text{Var}\left(\frac{\partial \hat{P}_f^{(s)}}{\partial \mu_{u_i}}\right) = \text{Var}\left\{\frac{1}{N\sqrt{2\pi}}\sum_{k=1}^{l}\sum_{j=1}^{N}\exp\left[-(\bar{c}_j^{(k)})^2/2\right] \cdot e_{a,i}^{(k)} = \frac{(e_{a,i}^{(k)})^2}{2\pi N}\sum_{k=1}^{l}\text{Var}\left\{\exp\left[-(\bar{c}^{(k)})^2/2\right]\right\} \approx$$

$$\frac{1}{(N-1)}\left\{\frac{1}{N}\sum_{k=1}^{l}\left\{\sum_{j=1}^{N}\left\{\frac{\exp\left[-(\bar{c}_j^{(k)})^2/2\right] \cdot e_{a,i}^{(k)}}{\sqrt{2\pi}}\right\}^2 - \left(\frac{\partial \hat{P}_f^{(k)}}{\partial \mu_{u_i}}\right)^2\right\}\right\} \tag{4.128}$$

同理得到式(4.126)的数学期望和方差分别为

$$E\left(\frac{\partial \hat{P}_f^{(s)}}{\partial \sigma_{u_i}}\right) = \frac{\partial \hat{P}_f^{(s)}}{\partial \sigma_{u_i}} \tag{4.129}$$

$$\text{Var}\left(\frac{\partial \hat{P}_f^{(s)}}{\partial \sigma_{u_i}}\right) = \frac{1}{(N-1)}\left\{\frac{1}{N}\sum_{k=1}^{l}\left\{\sum_{j=1}^{N}\left\{\frac{\exp\left[-(\bar{c}_j^{(k)})^2/2\right](e_{a,i}^{(k)})^2\bar{c}_j^{(k)}}{\sqrt{2\pi}}\right\}^2 - \left(\frac{\partial \hat{P}_f^{(k)}}{\partial \sigma_{u_i}}\right)^2\right\}\right\} \tag{4.130}$$

线抽样方法通过$(n-1)$维(n为基本变量的维数)空间的随机抽样和一维插值,将非线性功能函数的失效概率转化为一系列线性功能函数失效概率的平均值,实现了高维和小失效概率情况下失效概率的高效估计。它不依赖于极限状态函数的显式表达式,尤其是当极限状态函数为线性时,仅通过一次抽样便可得到与解析解一致的结果。

4.2.7　可靠性分析的响应面法

面对已有可靠性分析方法对大型复杂结构机构隐式极限状态方程问题进行分析时遇到的难以克服的困难,研究人员希望发展一种可以通过少量运算,便能得到在概率上代替真实隐式极限状态函数的显式函数,这种想法导致了多项式响应面法的产生。多项式响应面法的基本思想就是:通过一系列确定性实验,用多项式函数来近似隐式极限状态函数,通过合理选取实验点和迭代策略,来保证多项式函数能够在概率上收敛于真实的隐式极限状态函数。

由于响应面可靠性分析方法具有很强的操作性,它可以直接与有限元结合起来对复杂的结构机构进行可靠性分析,并且这类方法在工程中也有一定的适用性。响应面多项式逼近的方法有很多,这里主要介绍线性加权响应面、改进的线性加权响应面和不包含交叉项的二次加权响应面方法。

1. 线性加权响应面法

响应面法的基本思想就是先选定近似隐式极限状态函数的多项式形式,然后再通过选定实验点来确定近似函数中的待定参数,最后通过迭代来实现响应面函数的失效概率高精度近似隐式函数的失效概率。

从响应面法的基本原理中可以看到,响应面法的实现过程中应该解决以下几方面的问题:① 响应面函数形式的选取;② 实验样本点的抽取方式;③ 响应面函数拟合的方法。目前运用最广的一种响应面法是由 Bucher 和 Bourgund 提出的,经 Rajashekhar 和 Ellingwood 推广后的自适应迭代响应面法,称之为经典响应面方法,将经典响应面法中实验点的抽样方式称为经典抽样或 Bucher 设计。

(1)响应面法的一些关键问题。响应面函数形式的选取是响应面法研究的一个核心,但要从数学上对各种形式和阶数都未知的隐式极限状态函数,给出一种完美的、具有广泛适应性的响应面函数形式是不现实的。目前运用得较多的响应面形式是线性多项式和完全／不完全二次多项式。

采用二次响应面的研究者认为,这种响应面形式包含了二次项,可以一定程度上反映隐式极限状态方程的非线性。如果真实极限状态方程的阶数不是很高,这种二次响应面确实可以得到比较满意的结果。但如果隐式极限状态方程的阶数远高于二次,仅用二次项来反映真实失效面的高度非线性,其精度是很低的,有时甚至可能会给出错误结果。

显然线性响应面不能够反映隐式极限状态方程的非线性,但它也有其独特的优点:其一,线性响应面中的待定系数少,因而拟合响应面所需的样本就少,从而可以减少工作量,提高响应面法的效率;其二,对于真实极限状态方程的非线性程度不大,或是非线性程度较大但基本随机变量的变异性很小的情况(工程中是较为多见的),其设计点就可决定失效概率时,线性响应面就可以得到精确度较高的结果,本节中主要介绍线性响应面形式。

用来拟合响应面的实验样本点的选取是响应面法研究的另一核心。目前已有的取点方式主要有 Bucher 设计、两水平因子设计、中心复合设计、随机抽样和梯度投影法等。其中 Bucher 设计、两水平因子设计和中心复合设计选取的实验点满足一定的对称性和均匀性要求(见图 4.11)。

Bucher 设计是目前运用最广的一种抽样方式。它围绕抽样中心,并沿坐标轴正、负方向分别偏离一定距离来选取样本点,偏离距离一般取为 f 倍基本变量 x_i 的标准差 σ_{x_i},f 称为插值系数,一般取为 $1 \sim 3$ 之间的常数。两水平因子设计和中心复合设计也是两种有效的抽样方式,但由于这两种抽样方式抽取的样本点个数随着基本变量个数的增加呈指数级增长,因此在对多变量复杂结构机构的可靠性分析中用得较少。随机抽样也是一种较早提出的抽样方式,人们现已经证实了这种抽样的效率极低,因此也较少运用。梯度投影法的提出,引发了人们对抽样方式的思考,突破了人们以前总是从统计实验角度出发选取样本的局限;但是这种抽样方式选取的样本点,在拟合响应面时,常常会造成回归矩阵的奇异。虽然有人提出了通过波动抽样点来解决矩阵奇异的方法,但是效果并不好,并且波动后抽样点可能会偏离真实失效面较远,这样就会影响线性响应面对极限状态函数的拟合精度。

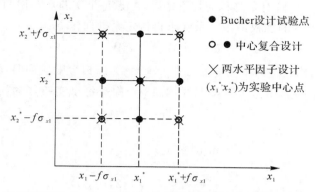

图 4.11　二维情况下,Bucher 设计、两水平因子设计和中心复合设计抽样示意图

目前确定响应面最常用的方法有最小二乘法、加权最小二乘法以及改进的加权最小二乘法。由于改进的加权最小二乘法能够克服加权最小二乘法中存在的问题,即加权最小二乘法中给出的实验点权数形式不太合理,对于有些问题极易造成回归矩阵的病态和响应面函数过分依赖少数实验点的情况,会使得响应面法的拟合精度变差甚至不收敛。因此,这里主要介绍改进的加权最小二乘法。

(2) 加权回归方法在极限状态方程近似中的运用。

1) 加权回归分析的基本原理。设所研究的隐式极限状态方程为 $g(\boldsymbol{x}) = 0$，其中 $\boldsymbol{x} = \{x_1, x_2, \cdots, x_n\}$ 为 n 维基本变量，为了求得该隐式极限状态方程的失效概率，可以采用如下的线性响应面 $\bar{g}(\boldsymbol{x}) = 0$ 来近似 $g(\boldsymbol{x}) = 0$，有

$$\bar{g}(\boldsymbol{x}) = b_0 + \sum_{i=1}^{n} b_i x_i = 0 \tag{4.131}$$

对于线性响应面函数式(4.131)中的 $n+1$ 个待定系数 $\boldsymbol{b} = \{b_0, b_1, \cdots, b_n\}^{\mathrm{T}}$，可以通过抽取 $m(m \geqslant n+1)$ 个样本点 $\boldsymbol{x}_i = \{x_{i1}, x_{i2}, \cdots, x_{in}\}(i = 1, 2, \cdots, m)$，运用最小二乘法求解待定系数 $\boldsymbol{b}$，有

$$\boldsymbol{b} = (\boldsymbol{a}^{\mathrm{T}} \boldsymbol{a})^{-1} \boldsymbol{a}^{\mathrm{T}} \boldsymbol{y} \tag{4.132}$$

其中 $\boldsymbol{y} = \{g(\boldsymbol{x}_1), g(\boldsymbol{x}_2), \cdots, g(\boldsymbol{x}_m)\}^{\mathrm{T}}$ 为实验点对应的响应量列阵，$\boldsymbol{a} = \begin{bmatrix} 1 & x_{11} & \cdots & x_{1n} \\ 1 & x_{21} & \cdots & x_{2n} \\ \vdots & \vdots & & \vdots \\ 1 & x_{m1} & \cdots & x_{mn} \end{bmatrix}$ 为

由 m 个实验点构成的 $m \times (n+1)$ 阶回归系数矩阵。

由于响应面可靠性分析方法中最关键的目标是用 $\bar{g}(\boldsymbol{x}) = 0$ 来近似 $g(\boldsymbol{x}) = 0$，因此可以采用加权回归的统计思想来求解向量 $\boldsymbol{b}$。通过赋给 $|g(\boldsymbol{x}_i)|$ 较小的实验样本点 $\boldsymbol{x}_i$ 在回归分析中较大的权数 w_i，可使 $|g(\boldsymbol{x}_i)|$ 较小的点在确定 $\bar{g}(\boldsymbol{x})$ 时起更重要的作用，从而使得 $\bar{g}(\boldsymbol{x}) = 0$ 能更好地近似 $g(\boldsymbol{x}) = 0$。

若以 $w_i(i = 1, \cdots, m)$ 表示每个实验抽样点的权数，则 $\boldsymbol{W} = \begin{bmatrix} w_1 & & \\ & \ddots & \\ & & w_m \end{bmatrix}$ 表示的 m 个实验点的权数构成的 $m \times m$ 阶对角阵称为权重矩阵，考虑每个实验点在回归分析中的权数后，就可以采用式(4.133)所示的加权最小二乘法求得待定系数向量 $\boldsymbol{b}$，有

$$\boldsymbol{b} = (\boldsymbol{a}^{\mathrm{T}} \boldsymbol{W} \boldsymbol{a})^{-1} \boldsymbol{a}^{\mathrm{T}} \boldsymbol{W} \boldsymbol{y} \tag{4.133}$$

2) 权重矩阵 $\boldsymbol{W}$ 的构造。为了更好地近似 $g(\boldsymbol{x}) = 0$，在拟合响应面时，希望 $|g(\boldsymbol{x}_i)|$ 越小的实验点 $\boldsymbol{x}_i$ 起越重要的作用，于是可以按照式(4.134)构造每个实验点的权数以及相应的权重矩阵，则

$$\left. \begin{aligned} g_{\text{best}} &= \min_{i=1}^{m} |g(\boldsymbol{x}_i)| \\ w_i &= \frac{g_{\text{best}}}{|g(\boldsymbol{x}_i)|} \quad (i = 1, 2, \cdots, m) \\ \boldsymbol{W} &= \text{diag}(w_i) \end{aligned} \right\} \tag{4.134}$$

其中 $\text{diag}(\cdot)$ 表示对角矩阵。与原始的加权最小二乘法中给出的指数型权数相比，式(4.134)给出的权数很少造成回归矩阵的病态。

3) 加权线性响应面法的基本步骤。在以上分析的基础上，对于正态分布的基本变量可给出基于加权线性响应面的可靠性分析的具体步骤如下。当基本变量不服从正态分布时，则需先将其转化为正态的，然后再用下述方法进行分析。

a）选用线性的响应面函数 $\overline{g}(\boldsymbol{x})=b_0+\sum\limits_{i=1}^{n}b_i x_i$ 来近似真实的极限状态函数 $g(\boldsymbol{x})$。

b）用 Bucher 设计选取实验点，即围绕抽样中心 $\boldsymbol{x}_1^{*(k)}=\{x_{11}^{*(k)},x_{12}^{*(k)},\cdots,x_{1n}^{*(k)}\}$，如下选取实验点：

第一次迭代，将抽样中心点选为均值点，即 $\boldsymbol{x}_1^{*(1)}=\boldsymbol{\mu}_x=\{\mu_{x_1},\mu_{x_2},\cdots,\mu_{x_n}\}$，其他 $2n$ 个点如下：

$\boldsymbol{x}_i^{*(k)}=\{x_{11}^{*(k)},\cdots,x_{1(i-1)}^{*(k)}+f\sigma_{x_{i-1}},\cdots,x_{1n}^{*(k)}\}(i=2,3,\cdots,n+1)$；

$\boldsymbol{x}_j^{*(k)}=\{x_{11}^{*(k)},\cdots,x_{1(j-n-1)}^{*(k)}-f\sigma_{x_{j-n-1}},\cdots,x_{1n}^{*(k)}\}(j=n+2,n+3,\cdots,2n+1)$。

其中 μ_{x_i} 和 σ_{x_i} 分别为第 i 个基本变量 x_i 的均值和标准差，$\boldsymbol{\mu}_x=\{\mu_{x_1},\mu_{x_2},\cdots,\mu_{x_n}\}$ 为均值向量，f 为插值系数，上标 (k) 表示响应面法的第 k 次迭代。

c）若 $k=1$，可以执行此步，即比较 $|g(\boldsymbol{x}_i^{*(1)})|$ 与 $|g(\boldsymbol{x}_j^{*(1)})|$ 的大小，其中 $i=2,3,\cdots,n+1$，$j=n+2,n+3,\cdots,2n+1$。舍弃其中绝对值大的实验点，保留绝对值小的点，可以得到 $n+1$ 个样本点。

d）根据式（4.134）构造实验点的权重矩阵 $\boldsymbol{W}$。

e）由选定的实验点 $\boldsymbol{x}_i^{*(k)}$，运用式所示的加权回归方法，求得第 k 次迭代的待定系数矩阵和响应面函数 $\overline{g}^{(k)}(\boldsymbol{x})$。

f）由 AFOSM 法求得 $\overline{g}^{(k)}(\boldsymbol{x})$ 的设计点 $\boldsymbol{x}_D^{(k)}=\{x_{D1}^{(k)},x_{D2}^{(k)},\cdots,x_{Dn}^{(k)}\}$ 和可靠度指标 $\beta^{(k)}$。

g）用样本点 $(\boldsymbol{\mu}_x,g(\boldsymbol{\mu}_x))$ 及 $(\boldsymbol{x}_D^{(k)},g(\boldsymbol{x}_D^{(k)}))$ 进行线性插值，求得使 $g(\boldsymbol{x}_1^{*(k+1)})\approx 0$ 的下一次迭代的抽样中心 $\boldsymbol{x}_1^{*(k+1)}$，$\boldsymbol{x}_1^{*(k+1)}$ 点的第 i 个坐标 $x_{1i}^{*(k+1)}$ 为

$$x_{1i}^{*(k+1)}=\mu_{x_i}+(x_{Di}^{(k)}-\mu_{x_i})\frac{g(\boldsymbol{\mu}_x)}{g(\boldsymbol{\mu}_x)-g(\boldsymbol{x}_D^{(k)})} \tag{4.135}$$

h）反复执行 e）～ g）步，直到前后两次算得的可靠度指标 $|\beta^{(k)}-\beta^{(k-1)}|<\xi$，$\xi$ 是预先给定的精度标准。

如果完全执行上述 a）～ h）步，则称这种响应面法为改进的线性加权响应面法（Advanced Weighted Response Surface Method，AWRSM）；如果不执行第 c）步，则称为线性加权响应面法（Weighted Response Surface Method，WRSM）。若在线性加权响应面法中，使权矩阵恒为单位阵，则称该方法为传统线性响应面方法（Traditional Linear Response Surface Method，TLRSM）。

AWRSM 的依据是：由于第一次拟合的响应面的精度对以后迭代有很大影响，第一次拟合越精确，之后的迭代步数就越少，否则会越多，甚至会导致不收敛。因此可以通过第 c）步的筛选样本，来提高第一次响应面 $\overline{g}^{(1)}(\boldsymbol{x})$ 的拟合精度，从而达到提高响应面法计算效率的目的。

2.加权非线性响应面法

上小节讨论的加权线性响应面法有很多优点，但它不能反映非线性对可靠性的影响，本节则将加权回归与非线性响应面函数相结合，探讨加权非线性响应面方法。加权非线性响应面法与加权线性响应面法的基本思想是一致的，只是在响应面函数的选取上有所不同，本小节主要介绍加权非线性响应面法的函数形式、实验点的选择策略、加权非线性响应面的实现步骤及算例验证。

（1）非线性响应面函数的选取。由于 Bucher 提出的不含交叉项的二次多项式较好地折衷

了计算工作量与计算精度,因此本小节亦选取如下的不含交叉项的二次多项式作为非线性响应面函数的形式,有

$$\overline{g}(\boldsymbol{x}) = b_0 + \sum_{i=1}^{n} b_i x_i + \sum_{i=n+1}^{2n} b_i x_{i-n}^2 \tag{4.136}$$

其中 $\boldsymbol{b} = \{b_0, \cdots, b_{2n}\}^{\mathrm{T}}$ 为 $2n+1$ 个需要由实验点确定的待定系数。

(2)实验点的选取策略。传统的响应面法,在每次迭代中都选取新的实验点,而前面迭代中产生的点在后续计算中都被抛弃。虽然这样做是希望在后续拟合响应面时不引入劣值实验点,但实际上却浪费了大量的关于极限状态函数的有用信息,特别是在响应面即将收敛的后几次迭代中,产生的实验点已经非常接近真实失效面。在本小节将考虑重复利用实验点,并通过加权最小二乘法来确定响应面中的待定系数,这样既不会浪费已有实验点中的有用信息,又不至于引入劣值实验点使响应面的拟合精度变差。此外通过重复利用前面迭代中的实验点,可以考虑在响应面法即将收敛的后几次迭代中通过减少新增实验点个数来降低计算量,这将会提高可靠性分析响应面法的计算效率。

(3)实验点权数的构造。实验点的权数决定了其在回归分析中所起的作用,越重要的点应赋以越大的权。由于可靠性分析精度的提高依赖于响应面对真实极限状态方程在设计点区域的拟合精度,而真实极限状态方程的设计点可通过迭代来逐渐逼近,因此可以如加权线性响应面法权数的构造一样,用实验点距极限状态方程 $g(\boldsymbol{x})=0$ 的远近程度来构造权数。最简单的方法是通过各实验点 $\boldsymbol{x}_i (i=1,\cdots,m)$ 处的真实功能函数值的绝对值 $|g(\boldsymbol{x}_i)|$ 大小来赋权,$|g(\boldsymbol{x}_i)|$ 越小即 $\boldsymbol{x}_i$ 越接近 $g(\boldsymbol{x})=0$,给 $\boldsymbol{x}_i$ 赋的权就越大,反之则越小。下面根据可靠性分析的特点给出了几种可以采用的权数形式。

1)功能函数分式型权数:

$$\left.\begin{array}{l} g_{\text{best}} = \min_{i=1}^{m} |g(\boldsymbol{x}_i)| \\ w_i = \dfrac{g_{\text{best}}}{|g(\boldsymbol{x}_i)|} \end{array}\right\} (i=1,\cdots,m) \tag{4.137}$$

2)指数型权数:

$$\left.\begin{array}{l} g_{\text{best}} = \min_{i=1}^{m} |g(\boldsymbol{x}_i)| \\ w_i = \exp\left(-\dfrac{g(\boldsymbol{x}_i) - {'}g_{\text{best}}}{g_{\text{best}}}\right) \end{array}\right\} (i=1,\cdots,m) \tag{4.138}$$

3)功能函数与密度函数比值型权数:

$$\left.\begin{array}{l} h_i = |g(\boldsymbol{x}_i)/f(\boldsymbol{x}_i)| \\ h_{\text{best}} = \min_{i=1}^{m} h_i \\ w_i = h_{\text{best}}/h_i \end{array}\right\} (i=1,\cdots,m) \tag{4.139}$$

其中 $f(\boldsymbol{x}_i)$ 是各实验点 $\boldsymbol{x}_i$ 处的联合概率密度函数值。

从上述 3 种权数的构造可知,第 1)和第 2)种情况只考虑了实验点与 $g(\boldsymbol{x})=0$ 的贴近程度,第 2)种情况还加大了接近 $g(\boldsymbol{x})=0$ 实验点权数与远离 $g(\boldsymbol{x})=0$ 实验点权数的区别;而第 3)种情况则同时考虑了实验点对 $g(\boldsymbol{x})=0$ 的接近程度与该实验点本身的概率密度函数值。显然,实验点越接近 $g(\boldsymbol{x})=0$ 并且具有越大的概率密度值,该点就越重要,因而也应赋以越大的

权。3）中的权重充分体现了提高响应面法可靠性分析精度的要求。

（4）可靠性分析加权非线性响应面法的步骤。

a）第一步迭代时采用经典响应面法确定 $\overline{g}^{(1)}(x)$ 和设计点 $x_D^{(1)} = \{x_{D1}^{(1)}, x_{D2}^{(1)}, \cdots, x_{Dn}^{(1)}\}$。

b）第 $k(k \geqslant 2)$ 次迭代时，以第 $k-1$ 次的设计点 $(x_D^{(k-1)}, g(x_D^{(k-1)}))$ 与均值点 $(\boldsymbol{\mu}_x, g(\boldsymbol{\mu}_x))$ 线性插值得到的 $g(x_1^{*(k)}) \approx 0$ 的点 $x_1^{*(k)}$ 为抽样中心点，并围绕 $x_1^{*(k)}$ 选取新增实验点 $(x_{11}^{*(k)}, x_{12}^{*(k)}, \cdots, x_{1i}^{*(k)} \pm f^{(k)}\sigma_{x_i}, \cdots, x_{1n}^{*(k)})$（$f^{(k)}$ 为第 k 次迭代的插值系数，随着迭代过程的收敛，$f^{(k)}$ 可取越来越小的数值）$(i=1, \cdots, n)$ 共 $2n$ 个，加上 $x_1^{*(k)}$ 共 $2n+1$ 个新增实验点，再加上前面 $(k-1)$ 次迭代中的 $(k-1)\times(2n+1)$ 个实验点，共同构成第 k 次加权最小二乘回归分析的实验点。

c）采用上述构造实验点权数的方法，计算第 k 次迭代的 $k\times(2n+1)$ 个实验点的权数。

d）以 $x_i = \{x_{i1}, x_{i2}, \cdots, x_{in}\}(i=1,2,\cdots,l)$ 记 $l=k\times(2n+1)$ 个实验点，由 l 个实验点构成回归矩阵记为 a，由实验点处的真实功能函数值构成列向量 y，并由每个实验点的权数为对角线元素构成权重矩阵 W 后，就可采用加权最小二乘法确定二次不含交叉项的多项式第 k 次迭代的待定系数向量 b，即 $b = (a^{\mathrm{T}}Wa)^{-1} a^{\mathrm{T}}Wy$；其中 $b = \{b_0, \cdots, b_{2n}\}^{\mathrm{T}}$，

$$a = \begin{bmatrix} 1 & x_{11} & \cdots & x_{1n} & x_{11}^2 & \cdots & x_{1n}^2 \\ 1 & x_{21} & \cdots & x_{2n} & x_{21}^2 & \cdots & x_{2n}^2 \\ \vdots & \vdots & & \vdots & \vdots & & \vdots \\ 1 & x_{l1} & \cdots & x_{ln} & x_{l1}^2 & \cdots & x_{ln}^2 \end{bmatrix}, W = \begin{bmatrix} w_1 & & & \\ & w_2 & & \\ & & \ddots & \\ & & & w_l \end{bmatrix}, y = \{g(x_1), g(x_2), \cdots, g(x_l)\}^{\mathrm{T}}$$

e）运用显式极限状态函数的可靠性分析方法求得第 k 次迭代的响应面方程 $\overline{g}^{(k)}(x)=0$ 的设计点 $x_D^{(k)}$ 和可靠度指标 $\beta^{(k)}$。

f）判断前后两次迭代计算的可靠度指标的相对误差是否满足要求。即如果 $\left|\dfrac{\beta^{(k)} - \beta^{(k-1)}}{\beta^{(k-1)}}\right| < \xi$（$\xi$ 为预先给定的误差要求）成立，则转入第 g）步；否则，令 $k=k+1$，$f^{(k)} = (f^{(k)})^{0.5}$，返回第 b）步。

g）输出响应面法算得的失效概率。由于响应面法已使隐式极限状态方程显式化了，因此可以采用任何一种可靠性分析方法来计算失效概率，包括 Monte Carlo 法。鉴于 Monte Carlo 法的稳健性，本小节的算例均在响应面法收敛后采用 Monte Carlo 法来计算失效概率。

在加权非线性响应面可靠性分析的过程中，随着迭代过程的逐渐收敛，可以减少新增的实验点，以达到提高计算效率的目的。具体实现方法是在第 f）步中，给定一个稍大于 ξ 的收敛判别值 ξ_0，当 $\left|\dfrac{\beta^{(k)} - \beta^{(k-1)}}{\beta^{(k-1)}}\right| < \xi_0$ 时，就认为响应面法即将收敛，之后在下面的迭代中可只增加一个样本点，即前一步迭代中的设计点，以此方法来减少新增实验点。

作为一种函数逼近方法，响应面法在结构机构隐式极限状态方程的可靠性分析中已得到了广泛的应用。从响应面可靠性分析方法的发展历程可以看出，它经历了从低阶到高阶，从非加权拟合向加权拟合的逐步完善的过程，实验点的选取也经历了从符合均匀对称等统计性原则到服务于目标原则的转变。应当看到的是：响应面法简单。

4.3　可靠性优化方法

　　结构机构优化设计的目的就是在保证机体结构机构安全的情况下,尽量减少结构机构的成本或者使结构机构达到某种最优的性能。前提通常是在给定载荷条件下,再加上一组设计要求,如应力、位移、稳定性等。然而,实际的许多工程结构机构通常受到的是各种随机载荷的作用,而且设计中结构机构的物理参数和几何尺寸等取值也往往具有随机性,因此人们发展了可靠性优化。结构机构可靠性优化设计是在常规优化基础上发展起来的一种全新的结构机构优化设计方法,它将结构机构可靠性理论与数学规划方法有机地结合起来,将结构机构的可靠性要求或者作为追求的目标或者作为约束条件,运用最优化方法寻求结构机构在概率意义下的最佳设计。

　　在常规结构机构优化问题中,所涉及的量均作为非统计量。在结构机构可靠性优化问题中,作用载荷和结构机构抗力(强度)一般均作为随机变量来处理,而设计变量既可以是确定性向量,也可以是随机向量或者是两者的结合。目标和约束函数主要有造价 C、重量 W、质量 M 和可靠度 R 或失效概率 $P_f = 1 - R$。与常规结构机构优化不同,基于可靠性的不同优化设计模型的结果可能在含义上大不相同,如有的优化模型所得出结果仅仅是在结构机构单元(局部)层次上的最优解,而有的模型所得到的却是结构机构体系(整体)层次上的最优解。目前的可靠性优化设计模型从目标函数的形式来划分,基本上可分为结构机构重量最小、结构机构总费用最小或结构机构性能最优等三大类。

　　1.结构机构重量最小的可靠性优化模型

　　目标函数为结构机构重量的可靠性优化模型一般可以表示为

$$\left. \begin{aligned} &\text{Find} \quad X \\ &\text{Min} \quad W = W(X) \\ &\text{S. T.} \quad P_{fs} \leqslant P_{fd} \\ &\qquad\quad \beta_i \geqslant [\beta_i], \qquad i = 1, \cdots, n \\ &\qquad\quad g_j(X) \leqslant 0, \quad j = 1, \cdots m \end{aligned} \right\} \tag{4.140}$$

其中 W 代表结构机构重量,X 为设计变量,P_{fs} 表示结构机构体系的失效概率,P_{fd} 表示结构机构体系的最大允许失效概率。β_i 和 $[\beta_i]$,$i = 1, \cdots, n$,分别表示结构机构单元的可靠度指标和预先指定的最小可靠度指标,为结构机构单元数。$g_j(X)$,$j = 1, \cdots m$ 表示其他确定性的约束要求,如结构机构元件的尺寸约束,结构机构的位移约束等。m 为确定性约束总数。

　　在模型中,如果不考虑结构机构体系失效概率 P_{fd} 这一约束,得到的结果仅仅是结构机构单元(局部)层次上的最优解。考虑结构机构体系失效概率 P_{fd} 时,由于计算结构机构体系的可靠度只能采用近似计算方法,一般得不到结构机构体系可靠度与结构机构设计变量之间的解析表达式,可以采取将结构机构体系可靠度按照一定的准则分配给各主要失效模式的办法进行简化或做其他近似处理。

　　2.结构机构总费用最小的可靠性优化模型

　　目标函数为结构机构总费用的可靠性优化模型一般可以表示为

$$
\left.
\begin{array}{ll}
\text{Find} & X \\
\text{Min} & C = C_0 + C_f P_{fs} \\
\text{S. T.} & P_{fs} \leqslant P_{fsl} \\
& \beta_i \geqslant [\beta_i], \qquad i = 1, \cdots, n \\
& g_j(X) \leqslant 0, \quad j = 1, \cdots m
\end{array}
\right\}
\tag{4.141}
$$

其中 C 代表结构机构的总费用，C_0 为结构机构的初始成本，C_f 为结构机构失效的损失，$C_f P_{fs}$ 称为结构机构失效的损失期望值。

3. 结构机构性能最优的可靠性优化模型

目标函数为结构机构性能最优的可靠性优化模型形式可以表示为

$$
\left.
\begin{array}{ll}
\text{Find} & X \\
\text{Min} & P_f \\
\text{S. T.} & g_i(X) \leqslant 0, \quad i = 1, \cdots, n
\end{array}
\right\}
\tag{4.142}
$$

其中 P_f 代表结构机构的失效概率，$g_i(X)$，$i = 1, \cdots n$ 表示其他确定性的约束要求，如结构机构元件的尺寸约束，结构机构的位移约束等。n 为确定性约束总数。

在结构机构可靠度性优化设计中，结构机构的可靠度（或失效概率）计算作为优化的子问题，其精度和效率决定了优化的准确性和优化效率的高低。关于结构机构的可靠性分析方法在 4.1 节已经做了详细的介绍，在工程中可以根据实际情况，选择适中的可靠性分析方法。本节简单介绍可靠性优化中常用的优化方法。

优化方法有很多种，各种方法都有其特点和一定的适应范围，目前还没有一种能求解各种类型优化问题的万能方法。对解决问题较为理想的方法应当从可靠性和有效性两方面来比较。可靠性好是指方法程序简单，解题的成功率高，能适应较多变量和各种函数的数学模型。有效性好是指所用机时少（收敛快），辅助工作量少以及通用性较强等。如有可能，应力求采用现有的，经过算题考验的程序，或仅对现有程序进行适当修改和组合，以节省时间和保证程序的可靠性。常用的优化方法主要有以下几种。

4.3.1　外点罚函数法

最早的罚函数法（penalty function）法是由 Courant 在 1943 年提出来的，其基本思想是：对不满足约束条件的点进行惩罚，通过求解多个罚函数的极小得到约束问题的最优解。

对于不等式约束问题

$$
\left.
\begin{array}{ll}
\text{Find} & \boldsymbol{x} \\
\text{Min} & f(\boldsymbol{x}) \\
\text{S. T.} & c(x) \leqslant 0
\end{array}
\right\}
\tag{4.143}
$$

其罚函数定义为

$$
P(\boldsymbol{x}, \sigma) =
\left\{
\begin{array}{ll}
f(\boldsymbol{x}), & c(\boldsymbol{x}) \leqslant 0 \\
f(\boldsymbol{x}) + \dfrac{\sigma}{2} [c(\boldsymbol{x})]^2, & c(\boldsymbol{x}) > 0
\end{array}
\right\}
= f(\boldsymbol{x}) + \dfrac{\sigma}{2} (\max\{0, c(\boldsymbol{x})\})^2
\tag{4.144}
$$

其中 σ 为惩罚因子。

对于等式约束问题

$$
\left.\begin{array}{ll}
\text{Find} & \boldsymbol{x} \\
\text{Min} & f(\boldsymbol{x}) \\
\text{S. T.} & c(\boldsymbol{x})=0
\end{array}\right\}
\tag{4.145}
$$

其罚函数定义为

$$
P(\boldsymbol{x},\sigma)=f(\boldsymbol{x})+\frac{\sigma}{2}\left[c(\boldsymbol{x})\right]^2
\tag{4.146}
$$

即不满足等式方程就加以惩罚。

采用任何无约束优化方法就可求解上述转换后的优化问题了。

4.3.2　广义简约梯度法

梯度投影法和简约梯度法是解线性约束优化问题的两种主要方法,前者是 Rosen 于 1960 年提出的,但它的收敛性直到近几年才被给出。简约梯度法是 Wolfe 于 1962 年提出的。它是一种降维算法,由于该方法沿用了线性规划单纯形的一些思想,在实用方面有较好的效果。

4.3.3　可行方向法

为了方便讨论,现讨论线性约束问题,也可以推广到非线性约束问题。线性约束的优化问题为

$$
\left.\begin{array}{ll}
\text{Find} & \boldsymbol{x} \\
\text{Min} & f(\boldsymbol{x}), \quad \boldsymbol{x} \in R^n \\
\text{S. T.} & a_i^\mathrm{T} x - b_i = 0, i \in E = \{1,2,\cdots,l\} \\
& a_i^\mathrm{T} x - b_i \leqslant 0, i \in I = \{l+1,l+2,\cdots,l+m\}
\end{array}\right\}
\tag{4.147}
$$

设 $\boldsymbol{x}$ 是上述约束问题的可行点,D 是约束问题的可行域,即

$$
D=\{x \mid a_i^\mathrm{T} x - b_i = 0, i \in E, a_i^\mathrm{T} x - b_i \leqslant 0, i \in I\}
$$

若 $\boldsymbol{d} \neq 0, \boldsymbol{d} \in R^n$,存在 $\delta > 0$,使当 $a \in (0,\delta)$ 时,有 $x+a\boldsymbol{d} \in D$,则称 $\boldsymbol{d}$ 为 $\bar{x}$ 处的一个可行方向。

设 $\bar{x}$ 是约束问题的可行点,若 $\boldsymbol{d}$ 又为 $\bar{x}$ 处可行方向,又是 $\bar{x}$ 处的下降方向,则称 $\boldsymbol{d}$ 是 $\bar{x}$ 处的可行下降方向。

4.3.4　混合整型优化法

在机械优化设计中,大量存在着混合离散变量(含连续变量、规则和非规则离散变量)。解决该类问题通常采用以下两种方法:① 将所有离散变量视为连续变量,在连续域内搜索,得到最优点后再圆整,即连续变量优化加圆整处理;② 依不同变量分别在连续域和离散域内轮换搜索,取得最优解,即混合变量优化。采用方法 ① 不仅会造成设计上的不可行解或得不到真正最优解,而且在有些情况下将失去优化解的实用价值(违背技术标准和技术规范);采用方法 ②,由于必须轮换在连续、离散域内搜索,使得搜索困难、转换次数繁多、算法和程序复杂。

4.3.5　序列二次规划法

对于规划问题

$$
\left.
\begin{array}{l}
\text{Find}\quad \boldsymbol{x} \\
\text{Min}\quad f(\boldsymbol{x}) \\
\text{S. T.}\quad G_i(X)=0 \quad i=1,\cdots,m_e \\
\qquad\ \ G_i(X)\leqslant 0 \quad i=m_e+1,\cdots,m \\
\qquad\ \ \boldsymbol{x}_l\leqslant \boldsymbol{x}\leqslant \boldsymbol{x}_u
\end{array}
\right\} \tag{4.148}
$$

式中，$\boldsymbol{x}$ 是设计参数向量，$f(\boldsymbol{x})$ 为目标函数，$G_i(X)$ 为约束，它的 K - T 方程可表示为

$$
\begin{array}{l}
f(x^*)+\displaystyle\sum_{i=1}^{m}\lambda_i^*\cdot\nabla G_i(x^*)=0 \\
\nabla G_i(x^*)=0 \quad i=1,\cdots,m \\
\lambda_i^*\geqslant 0 \quad i=m_e+1,\cdots,m
\end{array} \tag{4.149}
$$

对于给定的规划问题，序列二次规划的主要思路是形成基于拉格朗日函数二次近似的二次规划子问题，即

$$
L(x,\lambda)=f(\boldsymbol{x})+\sum_{i=1}^{m}\lambda_i g_i(x) \tag{4.150}
$$

这里，通过假设约束条件为不等式约束来使式得到简化，通过非线性有约束问题线性化来获得二次规划子问题。

二次规划子问题可表达为

$$
\left.
\begin{array}{l}
\min \dfrac{1}{2}d^{\mathrm{T}}H_c d+\nabla f(^x_k)^{\mathrm{T}}d \\
\nabla g_i(^x_k)^{\mathrm{T}}d+g_i(x_k)=0 \quad i=1,\cdots,m_e \\
\nabla g_i(^x_k)^{\mathrm{T}}d+g_i(x_k)\leqslant 0 \quad i=m_e+1,\cdots,m
\end{array}
\right\} \tag{4.151}
$$

该子问题可以用任意一种二次规划算法求解，求得的解可以用来形成新的迭代公式

$$
x_{k+1}=x_k+a_k d_k \tag{4.152}
$$

序列二次规划法分 3 步：

（1）Hessian 矩阵的更新。在每一次主要迭代过程中，都用 BFGS 法计算拉格朗日函数的 Hessian 矩阵的拟牛顿近似矩阵。更新公式为

$$
H_{k+1}=H_k+\frac{q_k q_k^{\mathrm{T}}}{q_k^{\mathrm{T}}S_k}-\frac{H_k^{\mathrm{T}}H_k}{S_k^{\mathrm{T}}H_k S_k} \tag{4.153}
$$

式中，$S_k=x_{k+1}-x_k$。

（2）二次规划求解。序列二次规划法的每一次迭代过程中都要求一次二次规划问题，形式为

$$
\left.
\begin{array}{l}
\min q(d)=\dfrac{1}{2}d^{\mathrm{T}}Hd+c^{\mathrm{T}}d \\
A_i d=b_i \\
A_i d\leqslant b_i
\end{array}
\right\} \tag{4.154}
$$

求解过程分两步，第一步涉及可行点（若存在）的计算，第二步为可行点至解的迭代序列。

（3）一维搜索和目标函数的计算。二次规划子问题的解生成一个向量 $\boldsymbol{d}_k$，它形成一个新的迭代公式为

$$X_{k+1} = X_k + \alpha d_k \tag{4.155}$$

式中，α 为步长。

目标函数的形式为

$$\psi(x) = f(x) + \sum_{i=1}^{m_e} \gamma_i \cdot g_i(x) + \sum_{i=1}^{m_e} \gamma_i \cdot \max\{0, g_i(x)\} \tag{4.156}$$

4.3.6 自适应遗传算法

遗传算法是模拟生物在自然环境中的遗传和进化过程而形成的一种自适应全局优化随机搜索算法。由于它对搜索空间不作任何假设，它既不要求搜索空间是光滑的，也不要求它是处处可微的，因而它能解决很大一类问题。遗传算法的应用要处理好约束问题，要将约束反映到遗传算法的适应度函数中，一般采用动态罚函数法，则适应度函数可表示为

$$f(X) = -\sigma_1 \left[(v(t_f) - v_f)^2 + (\omega(t_f) r(t_f) - \omega_f r_f)^2 \right]^{1/2} - \sigma_2 \mid r(t_f) - r_f \mid + m_0 + J \tag{4.157}$$

其中 X 为种群的个体；$v(t_f)$，$\omega(t_f)$ 和 $r(t_f)$ 为终端时刻的状态值；σ_1, σ_2 为惩罚因子，随着优化的进行它们逐渐变大，使得对约束的限制也逐渐加强。

在遗传操作中，交叉操作是产生新个体的主要方法，它决定着遗传算法的全局搜索能力；而变异操作只是产生新个体的辅助方法，它决定了遗传算法的局部搜索能力。交叉与变异相互配合，共同完成对搜索空间的全局搜索和局部搜索。可以采用如下方式进行交叉操作：

$$A' = (1-a)A + \beta B$$
$$B' = (1-\beta)A + aA \tag{4.158}$$

如果 $A'(B') < L$，那么 $A'(B') = L$；如果 $A'(B') > R$，那么 $A'(B') = R$。

式中，A, B 和 A', B' 分别为父代和子代的个体；α, β 为 $(0, r)$ 区间上的均匀分布随机数，$r \leqslant 1$ 为交叉系数，其大小可以控制交叉操作的变化范围；L, R 分别为寻优参数的左、右边界。如果交叉后的子代超出寻优边界，则重复进行交叉操作，假如重复操作达到最大设定次数 R，子代仍然不能满足边界约束，则利用上式进行子代边界修正。变异操作可采用如下形式：

$$C' = \begin{cases} C + k\gamma(R-C) & U(0,1) = 0 \\ C - k\gamma(C-R) & U(0,1) = 1 \end{cases} \tag{4.159}$$

式中，C 和 C' 分别为父代和子代的个体；γ 为 $(0,1)$ 区间上的均匀分布随机数；$k \in (0,1)$ 为变异系数；$U(0,1)$ 为随机产生的整数 0 或 1。

遗传算法的交叉概率 P_c 与变异概率 P_m 对其性能影响很大。P_c 越大，新个体产生的速度越快。然而，P_c 过大会使得具有高适应度的个体结构机构很快被破坏；P_c 过小会使搜索过程缓慢，以致停滞不前。如果变异概率 P_m 过小，就不易产生新的个体结构机构；P_m 过大，遗传算法就变成了纯粹的随机搜索算法。因此，必须采用自适应的方法，让交叉概率和变异概率随着适应度的变化而改变。因此可采用如下方法对 P_c, P_m, r, k 进行自适应调整：

$$P_c = \begin{cases} P_{c1} - P_{c2}(f_c - f_{avg})/(f_{max} - f_{avg}), & f_c \geqslant f_{avg} \\ P_{c1}, & f_c < f_{avg} \end{cases} \tag{4.160}$$

$$r = \begin{cases} r_1 - r_2(f_{max} - f_c)/(f_{max} - f_{avg}), & f_c \geqslant f_{avg} \\ r_1 + r_2, & f_c < f_{avg} \end{cases} \tag{4.161}$$

$$P_{\mathrm{m}} = \begin{cases} P_{\mathrm{m1}} - P_{\mathrm{m2}}(f_{\mathrm{m}} - f_{\mathrm{avg}})/(f_{\max} - f_{\mathrm{avg}}), & f_{\mathrm{m}} \geqslant f_{\mathrm{avg}} \\ P_{\mathrm{m1}}, & f_{\mathrm{m}} < f_{\mathrm{avg}} \end{cases} \qquad (4.162)$$

$$k = \begin{cases} k_1 - k_2(f_{\max} - f_{\mathrm{m}})/(f_{\max} - f_{\mathrm{avg}}), & f_{\mathrm{m}} \geqslant f_{\mathrm{avg}} \\ k_1 + k_2, & f_{\mathrm{m}} < f_{\mathrm{avg}} \end{cases} \qquad (4.163)$$

式中, $f_{\max}$ 为群体中最大的适应度值; f_{avg} 为群体的平均适应度值; f_{c} 为要交叉的两个个体中较大的适应度值; f_{m} 为要变异个体的适应度值。 $P_{\mathrm{c1}} = 0.9, P_{\mathrm{c2}} = 0.2, r_1 = 0.5 - 0.25T/T_{\max}$ (T 为当前遗传代数, $T_{\max}$ 为最大遗传代数), $r_2 = 0.5, P_{\mathrm{m1}} = 0.01, P_{\mathrm{m2}} = 0.005, k_1 = 0.5 - 0.4T/T_{\max}, k_2 = 0.5$ 。

　　自适应策略使得遗传算法在保持群体多样性的同时,保证了算法的收敛性,也在一定程度上提高了局部搜索能力。

4.3.7　线性逼近法

　　优化模型亦可表示为

$$\left. \begin{array}{ll} \text{Find} & \boldsymbol{x} \\ \text{Min} & f(\boldsymbol{x}) \\ \text{S. T.} & h_i(\boldsymbol{x}) = 0, \quad i = 1, 2, \cdots, M \\ & g_j(\boldsymbol{x}) \leqslant 0, \quad j = 1, 2, \cdots, L \\ & \boldsymbol{x}_l \leqslant \boldsymbol{x} \leqslant \boldsymbol{x}_u \end{array} \right\} \qquad (4.164)$$

式中, $f(\boldsymbol{x})$ 为目标函数一般形式; $h_i(\boldsymbol{x})$ 为等式约束条件; $g_i(\boldsymbol{x})$ 为不等式约束条件; M 为等式约束条件数; L 为不等式约束条件数。

　　线性逼近法求解的基本思想:对于上面的优化问题,先给出某个初始点 x^k ,在该点把优化问题按泰勒级数展开,并保留至一阶项得

$$\left. \begin{array}{ll} \text{Find} & \boldsymbol{x} \\ \text{Min} & f(\boldsymbol{x}) = f(\boldsymbol{x}^k) + \nabla f(\boldsymbol{x}^k)^T(x - \boldsymbol{x}^k) \\ \text{S. T.} & h_i^k(x) = h_i^k(x) + \nabla h_i^k(x)^T(x - \boldsymbol{x}^k) = 0, \quad i = 1, 2, \cdots, M \\ & g_j^k(x) = g_j^k(x) + \nabla g_j^k(x)^T(x - \boldsymbol{x}^k) \leqslant 0, \quad j = 1, 2, \cdots, L \\ & \boldsymbol{x}_l \leqslant \boldsymbol{x} \leqslant \boldsymbol{x}_u \end{array} \right\} \qquad (4.165)$$

　　由于 $f(\boldsymbol{x}^k), \nabla f(\boldsymbol{x}^k), h_i^k(x), \nabla h_i^k(x), g_j^k(x), \nabla g_j^k(x)$ 均为常向量,则上式所表示的是一个线性优化问题。这里采用单纯形法对该问题进行求解。当求解得到线性优化问题的最优解后,将此解作为原来问题的近似解,再将问题式在该点展开成新的线性优化问题,再求解。如此重复下去,直到相邻两次最优解足够接近时为止。

　　单纯形法只需计算目标函数值,不需求其导数,其计算简单,几何概念也比较清晰,它是求解非线性多元函数无约束极小化问题的有效方法之一,在许多技术领域内都取得了有效成果。

参 考 文 献

[1]　吕震宙,宋述芳,李洪双,等. 结构机构可靠性及可靠性灵敏度分析[M]. 北京:科学出版社,2009.

[2] 赵东元,樊虎,任志久. 可靠性工程与应用[M]. 北京:国防工业出版社,2009.

[3] 苟文选. 材料力学[M]. 北京:科学出版社,2005.

[4] 孙靖民. 机械优化设计[M]. 北京:机械工业出版社,2000.

[5] 万耀青,梁庚荣. 最优化计算方法常用程序汇编[M]. 北京:中国工人出版社,1998.

[6] 张建国,苏多,刘英卫. 机械产品可靠性分析与优化[M]. 北京:电子工业出版社,2008.

[7] Helton J C, Johnson J D, Sallaberry C J, et al. Survey of sampling – based methods for uncertainty and sensitivity analysis[J]. Reliability Engineering and System Safety,2006,91:1175 – 1209.

[8] Schueller G I. On the treatment of uncertainties in structural mechanics and analysis [J]. Computers & Structures,2007,85:235 – 243.

[9] Rackwitz R. Reliability analysis – a review and some perspectives[J]. Structural Safety,2001,23:365 – 395.

[10] Wu Y T. Computational methods for efficient structural reliability and reliability sensitivity analysis[J]. AIAA Journal,1994,32:634 – 637.

[11] Lu Z Z, Song S F, Yue Z F, et al. Reliability sensitivity method by line sampling[J]. Structural Safety,2008,30:517 – 532.

[12] Wu Y T, Mohanty S. Variable screening and ranking using sampling – based sensitivity measures[J]. Reliability Engineering and System Safety,2006,91:634 – 647.

[13] Youn B D, Choi K K. Selecting Probabilistic Approaches for Reliability – Based Design Optimization[J]. AIAA Journal,2004,42:124 – 131.

[14] Park G J, Lee T H, Lee K H, et al. Robust design:an overview[J]. AIAA Journal,2006,44:181 – 191.

[15] Du X, Sudjianto A. First order saddlepoint approximation for reliability analysis[J]. AIAA Journal,2004,42:1199 – 1207.

[16] Cardoso J B, Almeida J R, Dias J M, et al. Structural reliability analysis using Monte Carlo simulation and neural networks[J]. Advances in Engineering Software,2008,39:505 – 513.

[17] Rocco C M, Moreno J A. Fast Monte Carlo reliability evaluation using support vector machine[J]. Reliability Engineering and System Safety,2002,76(3):237 – 243.

[18] Bucher C G. Adaptive sampling – an iterative fast Monte Carlo procedure[J]. Structural Safety,1988,5:119 – 126.

[19] Sweeting T J, Finn A F. AMonte Carlo method based on first – and second – order reliability approximations[J]. Structure Safety,1992,11(3 – 4):203 – 212.

[20] Naess A, Leira B J, Batsevych O. System reliability analysis by enhancedMonte Carlo simulation[J]. Structural Safety,2009,31:349 – 355.

[21] Crandall S H. Some first – passage problem on random vibration[J]. Journal of Applied Mechanics,1966,9:532 – 538.

[22] Kleiber M, Hien T D. The Stochastic Finite Element Method [M]. Chichester:

Wiley, 1992.

[23]　Vanmarke E. Random fields and stochastic finite elements[J]. Structure Safety, 1983, (3): 143 - 166.

[24]　Kaminski M. Stochastic finite element method homogenization of heat conduction problem in fiber composites[J]. Structural Engineering and Mechanics, 2001, 11 (4): 373 - 392.

[25]　Spanos P D, Ghanem R G. Stochastic finite element expansion for random media[J]. Journal of Engineering Mechanics Division, ASCE, 1989, 115(5): 1035 - 1053.

[26]　Jensen H, Iwan W D. Response of system with uncertain parameters to stochastic excitation[J]. Journal of Engineering Mechanics Division, ASCE, 1992, 118(5): 1012 - 1025.

[27]　Hurtado J E, Barbat A H. Monte Carlo techniques for stochastic finite elements[J]. Arch. of Comput. Method in Eng. , 1998, 5(1): 3 - 30.

[28]　Kaminski M. Monte - Carlo simulation of effective conductive for fiber composites [J]. Communications in Heat and Mass Transfer, 1999, 26(6): 801 - 810.

[29]　Johnson K L. The effect of a tangential contact force upon the rolling motion of an elastic sphere on a plane[J]. Journal of Applied Mechanics, 1958, 31: 339 - 346.

[30]　Kalker J J. On the Rolling Contact of Two Elastic Bodies in the Presence of Dry Friction [D]. The NetherLand: Delft University, 1967.

[31]　黄家贤, 黄寿荣. 机构精确度[M]. 西安: 西安电子科技大学出版社, 1994.

[32]　Dhande S G, Chakraborty J. Mechanical Error Analysis of Spatial Linkages[J]. Tran. ASME J. Mech. Des. , 1978, 100: 732 - 738.

[33]　Yana K L, Narayanamurthi R G. On the analysis of the effect of tolerances in linkages[J]. Journal of Mechanics, 1971, 6(1): 59 - 67.

[34]　Wilson R, Fawcett J N. Dynamics of the slider - crank mechanism with clearance in the sliding bearing[J]. Mechanism and Machine Theory, 1974, 9: 61 - 80.

[35]　Seneviratne L D, Earles S W E. Chaotic behavior exhibited during contact loss in a clearance joint of a four - bar mechanism[J]. Mechanism and Machine Theory, 1992, 27: 307 - 321.

[36]　Farahanchi F, Shaw S W. Chaotic and periodic dynamics of a slider - crank mechanism with slider clearance[J]. Journal of Sound and Vibration, 1994, 177: 307 - 324.

[37]　Rhyu J H, Kwak B M. Optimal stochastic design of four - bar mechanisms for tolerance and clearance[J]. Transactions of the ASME, 1988, 110(9): 225 - 262.

[38]　Lee S J, Gilmore B J. The determination of the probabilistic properties of velocities and accelerations in kinematic chains with uncertainty[J]. Transactions of the ASME, 1991, 113(3): 84 - 90.

第5章　典型襟缝翼机构可靠性
工程设计与分析

随着电子技术的发展和电子产品可靠性理论的成熟,电气产品的可靠性普遍提高,机械产品的可靠性已成为制约整个民用飞机可靠性水平提高的主要因素。机构可靠性是机械产品可靠性领域的重要研究内容,由于机构不仅要承受和传递载荷,而且还要完成相应的运动功能,因此机构可靠性问题更具有特殊性,研究难度更大,是目前可靠性领域的研究难点和热点。民用飞机安全性能与其襟缝翼机构的可靠性有着密切的关系,因此研究襟缝翼运动机构的可靠性分析、设计和试验验证方法对于保证民用飞机的安全是非常必要的。

襟缝翼运动机构的高可靠性综合设计技术是现代飞机设计的关键技术之一,民用飞机的安全性能和襟缝翼运动机构的可靠性有着密切的关系,因此对襟缝翼运动机构进行可靠性分析显得尤为重要。对于飞机襟缝翼机构,无论从材料、设计、工艺和维修诸方面采取何种措施,要完全避免各种损伤是不可能的,在飞机结构机构中常见的损伤或缺陷主要来自材料、加工和装配工艺。在航线服役中,飞机结构机构要遭受疲劳载荷、各种腐蚀环境和离散源载荷等所造成的损伤,这些损伤都可能导致飞机襟缝翼运动机构的可靠性降低,而其中一些因素具有明显的、不可忽视的随机特性。目前民用飞机襟缝翼运动机构采用的安全寿命设计和耐久性、损伤容限设计中,使用的却是孤立的、确定性的方法,用耐久性保证飞机结构机构的经济性,用损伤容限保证飞机结构机构的安全性。事实上,如何在设计中保证飞机襟缝翼机构在受到诸多随机因素影响的情况下具有较高可靠度,显得非常重要。因此,需要在目前的安全寿命设计和耐久性、损伤容限设计的基础之上发展一种能够综合考虑各种主要影响因素的随机性的先进设计方法——结构机构可靠性设计方法。

5.1　概　　述

机构是由若干个构件通过运动副连接起来并彼此具有确定相对运动的组合体,用于实现预定的运动或传递动力。襟缝翼机构是飞机增升装置最重要的组成部分,是商用飞机市场竞争的一个关键点。本章主要介绍2种典型的后缘襟翼机构可靠性设计和1种典型的前缘缝翼机构可靠性设计。民机的襟缝翼机构设计,就是充分考虑机构的工作环境对机构的影响,实现机构预定的功能和性能,满足机构可靠性特征量的要求。飞机襟缝翼运动机构的主要功能是实现襟缝翼长期在预定轨迹上间歇式运动,并在特定的位置使襟缝翼保持特定的姿态。这类机构的可靠性特征量一般由2种方式组成,一种是性能(功能)参数,一种是寿命。

5.2　襟缝翼机构可靠性工程设计现状

由于航空飞行器的安全性要求,目前襟缝翼机构设计一般都采用裕度设计,即传统的安全系数设计法。此方法以CCAR.25部为基础,形成了一套完整的设计要求和规范。该方法强调许用应力大于工作应力,许用变形大于工作变形。而许用应力由材料力学性能与特定的安全系数的比值来确定。安全系数一般取 1.5,在此基础上根据零件(构件)的重要性、材料性能数据的准确性以及制造工艺特点来再选取一定的安全裕度。特别是襟缝翼机构的典型运动构件,一般都是根据经验确定刚度指标。传统的安全系数设计法将载荷、应力、材料强度、零件(构件)刚度等参数简单地视为常量,没有将安全系数、安全裕度与可靠性指标联系起来,这样的设计很难对可靠性进行量化。所以飞机总体设计要求给出的可靠度指标往往流于形式,而难以落实。同时,在飞机结构(机构)设计中,提出的可靠性指标全部都是基于安全性提出来的,对于机构可靠性设计的要求既少且往往不明确。而且没有一套批准的规范供设计人员使用,其结果是襟缝翼机构的可靠性、经济性、重量特性很大程度上依赖于设计人员的经验。

5.3　典型襟缝翼机构可靠性设计的基本流程

5.3.1　襟缝翼运动机构飞机级可靠性设计流程

襟缝翼运动机构属于飞机增升装置的重要组成部分,一般在飞机总体设计时会给出安全性要求,如某型飞机在《安全性设计规范》一文中给出这样的要求——"在全部飞行阶段,完全丧失增加升力能力的发生概率必须是微小的"。为保证其安全性设计,在飞机级需要遵循以下设计流程,通过这些流程可以明确襟缝翼机构可靠性设计要求。

(1)完成飞机功能危害评估(FHA),识别失效状态。结合飞机整体构成,进行飞机功能危害性分析评估,获得与襟缝翼机构功能要求相关的飞机功能失效状态,为进行详细的故障树分析奠定基础。简要的飞机功能危害性评估见表 5.1。

表 5.1　飞机功能危害性评估

序　号	顶层功能	展开功能	展开功能编号	失效状态	失效状态编号
1	保持和控制飞机升力和高度	使用升/阻装置控制飞机升力	0002	完全丧失减小升力的能力	0002 - 01
2				完全丧失增加升力的能力	0002 - 02
3				非指令性的对称丧失升力	0002 - 03
4				非指令性的对称增加升力	0002 - 04
5				非指令性的非对称丧失升力	0002 - 05
6				非指令性的非对称增加升力	0002 - 06

(2)完成飞机故障树分析(FTA),给出影响等级和安全性目标。针对飞机的功能失效状态,进行故障树分析,确定襟缝翼机构功能失效对飞机整机功能失效状态的关系,如针对飞机完全丧失增加升力的能力的功能失效状态,其影响等级 Ⅲ,相对应的安全性目标(1/FH)1×10^{-5},与该条失效状态相对应最恶劣的失效场景为飞机在进近着陆阶段,需要把襟翼放下至着陆位置,来增大升力,达到合适的升阻比。当完全丧失放下襟翼能力时,飞机无法达到合适的升阻比,使得飞机速度无法降至合适的着陆速度,可能导致飞机大速度着陆,且着陆距离增大,增加了机组的工作负担。可以通过故障树分析,确定襟缝翼卡滞的影响等级和安全性设计目

标，为后面进一步分析奠定基础。

（3）完成飞机整机共因分析（CCA）。主要针对来自于飞机功能危害评估分析得出的Ⅰ类、Ⅱ类整机级功能失效状态进行分析，依据飞机功能危害评估分析确定的失效状态在飞机故障树分析中所对应故障树的最小割集，对阶次在二阶或二阶以上的最小割集进行CCA分析，目的是为了对整机级失效状态所产生的安全性设计要求进行进一步的分析，产生系统级安全性设计需求。

（4）形成飞机级安全性设计需求规范。安全设计目标"在全部飞行阶段，完全丧失增加升力能力的发生概率必须是微小的"。安全设计需求为"保持飞机升力的功能所对应的设计过程应至少满足SAE4754A 5.2节中A级研制目标要求"。

5.3.2　襟缝翼运动机构系统级可靠性设计流程

完成襟缝翼机构飞机级可靠性设计工作之后，需要对襟缝翼机构系统依据总体要求开展相关工作，主要的可靠性设计流程如下：

（1）完成襟缝翼机构系统级功能危害评估（SFHA），识别失效状态。针对襟缝翼机构系统，开展系统级别功能危害性分析，识别不同构成部分的功能失效状态，为进一步可靠性设计分析提供基础。

（2）完成襟缝翼机构系统级故障模式影响分析（FMEA），部分给出构件重要度类别和可靠性指标并进行重要（关键）构件优化设计。FMEA最主要的目的是将研究对象的故障模式、故障原因、故障影响程度（严酷度等级）、预防或控制措施、补救或补偿措施全面而清晰地分析出来，从而达到识别产品可靠性薄弱环节，并对薄弱环节采取有效措施以提高产品可靠性。设计师对FMEA方法的理解和应用水平是产品可靠性设计的关键，因此其进行FMEA分析的质量是产品可靠性的基本保证。

（3）完成襟缝翼机构系统级故障树分析（FTA），给出影响等级和安全性目标。FMEA能够保证零部件的基本可靠性，但是不能保证系统各个部件之间的耦合和关联性导致的机构系统的功能失效，因此，需要以襟缝翼机构系统功能失效为顶事件，开展FTA分析，确定最小割集，并识别薄弱设计环节和关键失效模式。

（4）失效模式和破损安全设计。增升系统的组成元件一般不是主要的操纵面，除了襟缝翼，但是增升系统构件在失效时对飞机的可控性有很严重的后果。四种失效模式是必须要考虑的：高速飞行时的结构失效，低速飞行时的结构失效，高速飞行时的展开失效，低速飞行时的进入高速的失效。

增升系统翼面通常与机翼结构相似，是余度结构，所以翼面失效不常见。增升系统的最弱连接是翼面支撑和操纵机构，因为每一个翼面正常情况下仅仅有两个支撑，每个支撑有两个连接点。收起的增升系统在高速飞行时的结构失效没有听说过，因为几乎所有的机械装置在收起位置都有一个很大的力学优势。在巡航时，载荷力矩的力臂很短，这有助于保持了小的载荷，最大操纵载荷几乎常常发生在低速操纵、增升装置打开时。

在关键的低速操纵模式中，为了排除结构失效，支撑结构必须按照破损安全标准设计；每个严酷的结构元素必须设计成有余度的，像背靠背形成的工字梁、并排的连杆或销子套销子，这些地方在一个结构元素失效后，剩余元素仍能承受极限载荷，这种设计方法肯定增加了成本和重量。这种安全设计的失效顺序大相径庭，要看破坏发生在内襟翼还是外襟翼。不对称载荷发生在外翼,比如在降落时,若仅有一个外襟翼失去,就会产生巨大的滚转力矩,这个力矩是操纵系统不能够补偿的。若仅有一个内襟翼失去,滚转力矩是可以被操作系统补偿的。但是破损安全准则是既应用于内襟翼,又应用于外襟翼的。

当两个零件将要连接在一起来提供破损安全时,必须考虑连接件不至于成为疲劳裂纹的起始点。如果连接位于零件的高载荷区域,连接孔成为通常的裂纹起始点,裂纹不仅是从两个零件中的一个开始扩展,而且这两个零件将在很短的时间都形成裂纹。在这种情况下就放弃破损安全,一个"安全寿命"结构将便宜而且轻。另一个有余度而不能提供真实破损安全的结构例子是销子内销子,除非两个销子都能容易地检查到。

安全设计的另一个重要考虑是通过减少零件和串联连接的数量来减少失效概率。例如前面提到的"移动梁四连杆机构",大约有 10 个连杆,15 处串联连接,并有相同数字的并行连接以提供破损安全。这种机构的失效概率比简单的四连杆机构大约高 5~10 倍。

作动器必须满足破损安全准则。普遍被接受的是:仅在一个方向产生载荷的高升力机构(尤其是收起载荷)使得作动器更加安全,因为增升装置在低速时的缓慢操纵不会导致结构失效,任何混乱只要发现的早都是可以被控制的。大多数后缘襟翼和前缘缝翼机构都满足这个准则。当在收起或攻角发生变化时,仅有克鲁格襟翼会遭遇严重的反向载荷,这种情况发生在打开过程中,在收起时或在攻角改变的过程中。此外,克鲁格襟翼的操纵载荷非常大。

一个要求是作动器失效仅仅允许增升装置慢慢地收起。这种准则可以通过安装缓冲器来满足。更好的是,失效可以完全阻止,通过安装刹车、锁,或者把作动系统通过高的齿轮传动比的旋转作动器和螺旋作动器的自锁系统。这种作动系统通常要求位于中央的 PDU,并装有余度电机,分别操纵增升系统的左右,这种设计阻止了不对称展开。一旦一侧的一个丝杆失效,电子传感系统就会停止电机来排除不对称问题。这种布局广泛地应用于当代商业飞机上的前缘和后缘。

有一些老的飞机使用不同的方法。像前面提到的,B727,B737 用单个线性液压作动器来展开和收起前缘缝翼。作动器用电子传感器来达到两面的程序控制和同步,失效仅影响一个元素,所以它是可以被控制的。这两种飞机的缝翼严重失效记录都保持干净(都没有发生过)。

(5)完成地面功能试验(可能没有)和试飞,给出初步使用意见。完成疲劳试验,给出寿命预估、首翻期和 MTBF,关键构件需进行可靠性增长设计和试验。

5.4　典型襟缝翼运动机构可靠性工程设计的若干要素

本节基于典型襟缝翼运动机构的特点以及使用环境的影响,论述了襟缝翼机构可靠性设计的若干要素,做好这些要素的相关设计工作,实质上就抓住了襟缝翼机构可靠性设计的关键。襟缝翼机构可分为两大部分,一个是驱动机构,一个是执行机构。驱动机构目前有 3 种典型构型:连杆式螺旋丝杠、曲柄式旋转作动器和齿轮齿条驱动。前两种常用于襟翼驱动,后一种常用于缝翼驱动。执行机构目前有 2 种典型构型:下沉式铰链机构和滑轨滑轮架机构。这两种均常用于襟翼机构,后一种还常用于缝翼机构,而且用于缝翼的滑轨构型简单,基本为圆弧滑轨。

5.4.1 下沉式铰链机构可靠性设计的若干要素

铰链式襟翼是定轴转动式襟翼中常见的一种,其襟翼旋转向下或者在向下同时向后运动取决于铰链位置。襟翼旋转运动经常通过位于机翼表面内或翼面以下的简单铰链来实现。根据铰链位置的不同分为简单铰链式襟翼和下沉铰链式襟翼。

简单铰链式襟翼只不过是一个铰接的后缘构件。这里的铰链线安装在机翼表面内接近机翼后梁的位置(类似于一个副翼)。但如能将间隙密封好不漏气就能达到最佳效能。如果襟翼的偏转超过 10°~ 15°,气流会在关节后分离,升力效能会逐渐下降,阻力增加。一般不能提供运输机所需的升力和阻力的增加,但其设计、制造简单,因此仍常用于战斗机上和小型公务机上。

下沉铰链式襟翼的铰链线位置相当大地低于机翼下表面。襟翼向下偏转的同时少许向后移动,与机翼之间形成一条缝隙(见图 5.1)。这样不但机翼弯度增加,并使机翼下翼面压力高的气流通过缝隙以大的速度吹到襟翼的上翼面,使上翼面附面层内的气流加速,延缓气流分离。这种概念需要远离翼盒的一个转轴和固定铰链接头(支臂)。铰链连接的襟翼圆弧运动产生的富勒运动与襟翼展开角成比例。由于这种原因,有时其有效偏角可达 40°。设计时对翼缝的形状有严格的要求。这种机构有以下 4 个缺点。

(1)为了达到所需的气动力要求,具有相当大后移运动的下沉式铰链襟翼需要有一个深的整流罩,以便容纳装得很低的铰链转轴,这就带来重量上的劣势;

(2)为了达到所需的气动力要求,铰链转轴就需要离翼盒较远,长而且窄的铰链装置对于传递襟翼侧向载荷不利。

(3)由于襟翼的简单移动,襟翼中间位置不能像富勒襟翼一样接近最优。

(4)对于有后掠的后缘外襟翼,铰链襟翼不容易形成顺气流运动。后掠的铰链轴线把后铰链整流罩旋转到一个歪斜角度,脱离了前整流罩的尾流,造成了气流对后整流罩的拖拽。同样外襟翼的内端面在襟翼打开时不会位于顺气流方向,因此在襟翼打开时,其倾斜的外端肋暴露在全部的速压中,这会产生更大的阻力(见图 5.2)。同样的特点使得密封一个后掠的外襟翼和一个没有后掠的内襟翼变得很困难。这些因素在机构打样设计时期要仔细论证。

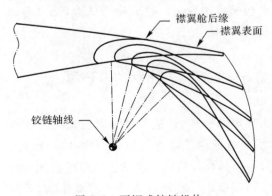

图 5.1　下沉式铰链机构

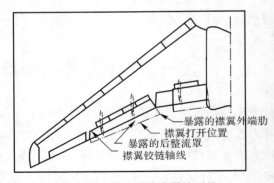

图 5.2　简单铰链襟翼的不足

但是,由于该机构构型简单、可靠性高、维护方便,所以应用非常广泛,一般小型运输机、公务机(如道尼尔系列等)、支线客机(如 MD,ARJ,ERJ,MRJ,等系列),甚至有些大型运输机和干线客机(如 C - 17，A400M，Boeing 787)也采用这种襟翼机构。这种机构的典型构件有支臂、摇臂、关节轴承、连接销，如图 5.3 所示。

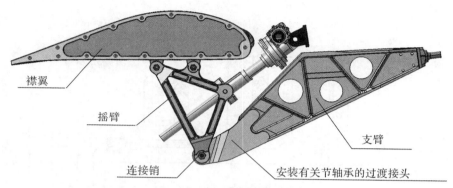

图 5.3　铰链结构组成示意图

这种下沉铰链机构由于应用广泛、长久，因而技术比较成熟。由于外场(实际)使用经验丰富，因此在实际机构设计时，需要抓住下沉铰链机构可靠性设计是关键，具体包括做好以下相关设计工作。

1. 在方案设计阶段考虑机构的冗余设计

每个襟翼至少需要两套铰链系统。一般这两套铰链系统位于展向距两侧大约 25% 展长位置，以保证襟翼展开时襟翼舱后缘和襟翼上表面之间所需的间隙。考虑到襟翼展长，为了保证所需间隙，有时会增加一个或几个支撑，最终的数量是综合考虑空气动力学要求以及重量因素确定的。为了满足破损安全设计，每套铰链机构可以设置两个独立的载荷传递通路而成为破损安全的结构，主要传力路线承受其载荷直到失效，在它失效后载荷由第二条路线传递(见图 5.4)。

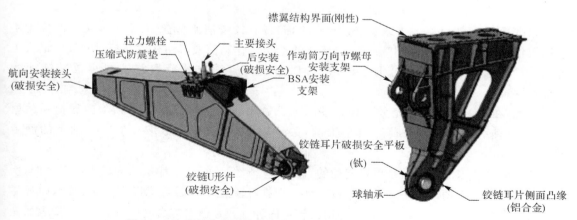

图 5.4　铰链机构典型构件支管和摇臂的破损安全设计示意图

2. 连接安全销的冗余设计

铰链接头的设计是铰链机构设计的重要环节。轴承和和连接销是铰链接头设计的典型构件。为了满足破损安全设计要求，该连接销往往设计为 1 个空心销和一个螺栓的组合体，详细要求及安装情况如图 5.5 所示。

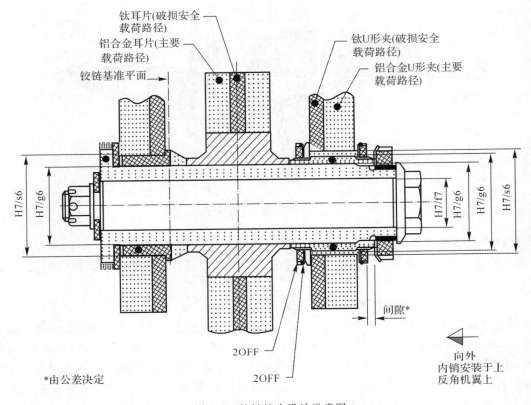

图 5.5　铰链接头设计示意图

3. 轴承设计、润滑设计及二级滑动设计

根据适航 25.671 条款要求："必须保证卡滞（或者铰链锁死）是绝对不可能发生的或者不会防碍继续安全飞行或着陆""应该保证卡滞不会引起作动筒或者结构载荷超过常规的最大工作载荷""如果不能保证满足上述要求,可以通过设置第二载荷通路来减小铰链锁死的可能性"。

因此,在轴承设计时要充分考虑这些适航条款要求。根据经验滚动轴承的载荷系数取 1.5×2.5（轴承的静限制载荷）,滑动轴承（关节轴承）的载荷系数取 1.5×4（轴承的静限制载荷）。

滚动轴承的卡滞被认为是可以避免的,而关节（滑动）轴承的卡滞被认为是不可避免的,所以关节轴承和空心销之间必须设计二级滑动。根据经验在设计时考虑以下方案:轴承内环尽可能选铜合金（铝青铜或铍青铜）,空心销与轴承内环选择合适的配合间隙,同时空心销表面做可靠的防摩擦设计。

摩擦因数和相关的摩擦扭矩可能会在铰链或固定装置上产生一个交变扭矩载荷,这取决于载荷的大小,可能会影响接头和锁紧装置的疲劳性能。相关的摩擦扭矩也会影响螺母要求的拧紧扭矩并需要防止旋转的装置。所有轴承在工作中都会磨损。轴承的磨损会导致铰链和作动筒的游隙,这可能会引起表面和固定装置的动力载荷,进而加快磨损的速率。

　　由于润滑不良或环境污染等因素,摩擦副之间会发生磨损,导致机构运动副的摩擦阻力增加、磨损加剧、运动不稳定,甚至导致机构运动功能丧失。为了降低机构因摩擦引起的故障发生的概率,机构运动副的表面润滑是必不可少的。从某种意义上讲,机构能否在预期的服役期限内正常工作在很大程度上取决于机构运动副表面的润滑状态。

　　根据使用经验表明,滑动轴承的寿命和润滑是否充分的关系特别大。经验表明,在轴承设计使用维护中应注意以下要求。

　　(1)在轴承润滑设计中,选择合理的润滑方式、合适的润滑材料,轴承的润滑通路可达性好、可实施性强,确保机构在规定的寿命期内具有良好的润滑状态,可靠地实现规定的功能。

　　(2)定期对轴承进行润滑,只要是飞机在外场,无论是否在使用都必须按期进行润滑。设定润滑周期时可以采取先密集后疏散的原则,既能满足轴承润滑的需求,同时又降低维护费用。

　　4.材料和工艺的合理选用

　　原材料和工艺是影响机构可靠性的重要因素。机构设计的原材料必须是经过相关部门批准的。由于设计师选材不当或选用了航空标准禁用的工艺而导致的故障占一定比例,以下问题应该引起足够重视。

　　(1)机构连接件设计需要特别警惕高强度钢的氢脆、镉脆和脆性断裂问题,选择表面处理方法时要特别慎重,高强度钢连接销要采用无发纹钢制造等要求。

　　(2)在构件设计中要注意钛合金的镉脆问题,一定注意不能和镀镉的零件相接触。

　　5.裕度设计

　　安全裕度设计是航空器在机构设计中必用的一种可靠性设计方法。裕度设计的大小由材料、构件的重要性、制造方法、使用环境、可检查性、可达性等因素决定。由于机构的复杂性和使用环境的复杂性,许多设计参数很难做到精确计算,很多设计要求很难做到量化设计,存在着很大的不确定性,这些参数实际上是一种随机变量,而这种随机变量难以计量,所以在设计时往往采用裕度设计。航空结构件设计一般采用1.5倍的安全系数,驱动机构一般采用2倍的安全系数,执行机构有的按刚度设计,大部分取1.5×1.2的安全系数。CCAR25中对结构设计和工艺选用的安全系数规定得比较详细。

　　6.耐力学环境和自然环境设计

　　高升力系统的使用环境比较复杂,经常在振动、噪声、冲击、加速度等力学环境以及砂尘、腐蚀等自然环境下工作,这些环境对高升力系统的可靠性具有很大影响。例如,振动会使构件产生机械应力和疲劳损坏,使连接件松动和丢失。砂尘环境会使运动副之间的摩擦加剧,使运动副提前损坏。腐蚀会降低材料的力学性能,使构件不能满足机构的寿命使用要求。

　　7.电搭接设计

　　由于运动副之间存在间隙和润滑脂,所以往往无法实现电导通,这样容易在运动副表面产生放电现象,使运动副表面存在电腐蚀现象,使运动副之间的摩擦加剧,甚至产生卡滞,使运动副提前损坏。

5.4.2　滑轨滑轮架机构可靠性设计的若干要素

　　为了获取最佳的翼缝形状需要使用导轨和襟翼托架装置(襟翼滑轮架)来保证,这就是我们所熟悉的滑轨滑轮架式襟翼,这种襟翼运动机构可能会带来成本和重量的增加。富勒襟翼是这种运动机构的典型代表(见图 5.6)。它是一种开缝襟翼,把襟翼厚度变薄,变薄的长度是机翼后缘向后延伸的长度。当襟翼下偏到最大角度时,其前缘和机翼后缘之间形成一个适当宽度的缝隙,可以取得和开缝襟翼相同的效果。在一般情况下,富勒襟翼的运动机构使富勒襟翼先往后退,当襟翼本体前缘靠近机翼后缘时再往下偏,最终处于像开缝襟翼那样的位置。襟翼在导轨上向后滑动相当长的距离直至偏转到最大角度,在富勒襟翼上方的机翼蒙皮可延伸至机翼弦长的 90%～95%处。因为襟翼向后滑动的同时又向下偏转,所以富勒襟翼的优点是能够增大机翼有效面积及弯度、提高升力而阻力增加很小。根据不同升力要求,其构型可分为一条、两条甚至三条翼缝等。这种襟翼结构复杂、重量大,而且在设计时对翼缝的形状和大小须经过精心的选择才能得到良好的性能。

富勒襟翼不只是向下旋转来增加翼剖面的弯度,而且由于相当大地向后移动而增加了机翼的有效面积。线性和旋转运动的特定组合可以用来达到特定的空气动力学的要求(见图 5.6)。

通常,富勒襟翼的每一个襟翼铰链必须安装在一个滑轮架上,这与支撑梁的结构成为一体。与铰链襟翼相比,富勒襟翼需要一个更复杂的机械装置。它只需要一个浅的(z轴)整流罩,但是这个整流罩可能更宽(y轴)和更长(x轴)。潜在的空气动力学性能的增加,特别是在中间位置的襟翼,应该与重量的增长和与铰链襟翼相比的复杂性相平衡。

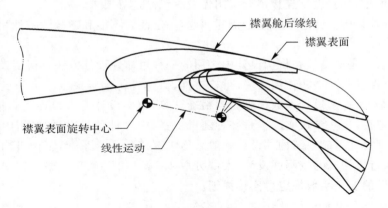

图 5.6 富勒襟翼运动

这种机构的应用也非常广泛,如著名的 A320 系列飞机襟翼机构、Boeing 737/747/757 系列飞机襟翼机构等。目前我国正在研制的 C919 干线机也采用这种襟翼机构形式。这种构型的机构,其典型构件是滑轨和滑轮架。由于缝道要求的复杂性,所以滑轨的轨道形式也具有多样性,如以 A320 和 C919 为代表的直线滑轨(基本运动构型是典型的"偏置曲柄滑块机构"),以 Boeing 737/747 为代表的折线滑轨,以 Boeing 767 为代表的平面复杂曲线滑轨,以 Y7,MD82,Q400 等为代表的圆弧滑轨以及以 H6 为代表的空间螺旋滑轨。

钩形滑轨的最大缺点是对气动载荷的反作用力,气动载荷往往在滑轮架后面,在滑轮架的前、后滑轮之间形成一对力偶,在实际情况下,力偶的力臂不可能很长后滚轮上的载荷就很大。除了用于波音飞机外,也被英宇航 BAe146,RJ70/100/120,A310 飞机采用。

这种机构的典型构件有滑轨、滑轮架(含滚动轴承和关节轴承)和连杆(曲柄),如图 5.7所示。

图 5.7　典型直线型滑轨-滑轮架结构

这种滑轨-滑轮架机构由于应用相对比较成熟,对其进行可靠性设计就需要抓住关键部件滑轨-滑轮架的设计,主要应注意以下要素。

(1)防系统断裂故障多余度设计。A380,ATR72 等飞机襟翼采用了防系统断裂故障多余度设计。A380 的防断裂设计主要体现在防止与旋转作动器摇臂相连的操纵拉杆的断裂设计,一旦操纵拉杆断裂,襟翼上的两个操纵就变成了一个,为了保持襟翼的功能完整,不影响飞机的可靠性安全性,A380 在每两块襟翼之间设计了 ICS(Interconnection Strut),用以替代操纵拉杆失效下的功能,如图 5.8 示,整个设计思路比较清晰,设计措施很有效,能够显著提升可靠性。ATR72 飞机襟翼的防系统断裂设计与 A380 类似。

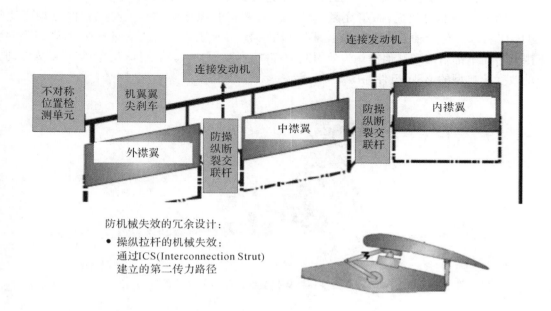

图 5.8　A380 防系统断裂 ICS 设计

(2)在方案设计阶段尽量考虑简化机构方案。尽量不选用空间螺旋滑轨,慎重选用复杂曲线滑轨和折线滑轨,尽可能首选直线滑轨,其次是圆弧滑轨。由于成本和重量限制无法考虑机构的冗余设计,所以滑轨-滑轮架要考虑破损安全设计。

(3)与襟翼的连接安全销的冗余设计。该项设计要求与支臂摇臂机构连接销设计要求相同。

(4)关节轴承设计、润滑设计及二级滑动设计。该项设计要求与支臂摇臂机构连接销设计要求相同。

(5)滚动轴承设计、滚动轴承失效后主传载构件的冗余设计。滚动轴承的卡滞被认为是可避免的,所以不必设计二级滑动装置。为了提高使用可靠度,降低因安装造成的应力集中,滚动轴承的外圆母线设计为半径较大的圆弧线。为了提高滚动轴承的寿命,滑轨的表面硬度不小于 HRC65。精细选择安装螺栓和轴承内环的配合公差,合理选择载荷分配不均匀系数。设计时考虑轴承失效后滑轮架的冗余传载设计。

(6)材料和工艺的合理选用。该项设计要求与支臂摇臂机构设计要求相同。

(7)裕度设计。滑轨目前基本按刚度设计,因而强度设计裕度较大。滑轮架目前按强度要求设计,安全裕度一般不小于 1.5×1.25(此处的安全裕度是指限制载荷下的安全裕度)。如果是铸件,根据 CCAR 25 部要求会选择更大的安全系数。

(8)耐力学环境和自然环境设计。该项设计要求与支臂摇臂机构设计要求相同。

(9)电搭接设计。该项设计要求与支臂摇臂机构设计要求相同。

5.4.3 连杆式螺旋丝杠驱动机构可靠性设计的若干要素

这类驱动系统由能量控制单元(PCU)、扭矩传动轴系和连杆式螺旋丝杠驱动机构(BSA)组成。为了保证可靠性,一般一个翼面有 2 个连杆式螺旋丝杠驱动机构(BSA)。

BSA 由以下构件组成:一组往复运动的滚珠螺杆和螺母、万向悬挂架组件、驱动变速箱(DHGB)将来自传动轴系的力矩传送到作动筒头部,并提供襟翼系统下部的驱动、转矩限制装置限制转矩下部卡滞和其他操作失效引起的襟翼过载。角变速箱(可能没有)实现襟翼传动方向的改变。典型的 BSA 组件如图 5.9 所示。

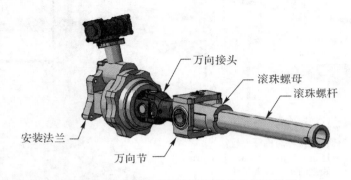

图 5.9 典型连杆式螺旋丝杆驱动机构示意图

大型运输机襟翼 BSA 的几何学和动力学设计应该符合下列规范,如图 5.10 所示。

(1)滚珠螺杆总角运动应该使得万向接头角度和作动筒弯矩最小。

（2）作动筒的中心线,应该将滚珠螺杆的的高、低位置分为对称的两部分（$A＝B$）,以减小万向接头角和作动筒弯矩。

（3）万向节/球形螺母件和铰链点之间距离的选择应该可以提供不同襟翼位置所要求的杠杆有效长度（R）。

（4）球形螺母和和杠杆之间的角度（α）的选择应该产生最大的驱动效力,尽可能接近铰链力矩的最大值（通常是在襟翼完全展开时）。

（5）除了丝杆的同步性质外,齿轮箱的大减速比使得这个系统成为本质上的自锁。驱动轴通常被设计成能够抵抗卡滞失效。因此附加的刹车、对称传感器就是余度安全特征。换句话说,这种作动系统是抵挡不对称失效和被动失效的最安全系统。驱动单元的两个电机保障了功能可靠性。

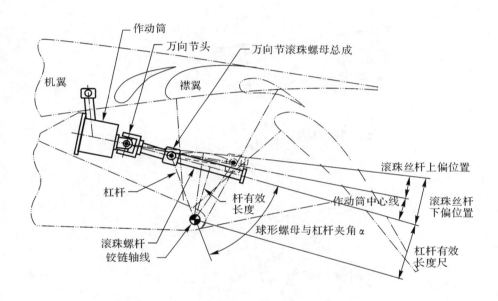

图 5-10　滚珠螺旋致动器（BSA）几何要素

备注：

1）α 是球形螺母中心线与杠杆之间的角度。

2）R 是杠杆有效长度。

3）当 $\alpha＝90°$时为最大效力（铰链移动）。

4）由于安装和空气动力学性能的约束（襟翼支撑梁的深度,铰链线位置相对于襟翼表面）,襟翼位置符合最大驱动效力（$\alpha＝90°$）时,可能不是最大铰链力矩（通常是襟翼完全展开时）。由于这些约束,最大驱动效力可能发生在装载（巡航）位置和襟翼中间位置。

因此,目的应该是在全部传输过程中,有效的杠杆臂最大。

图 5.11 所示为不同襟翼位置驱动效力最优时不同的几何要素的例子。

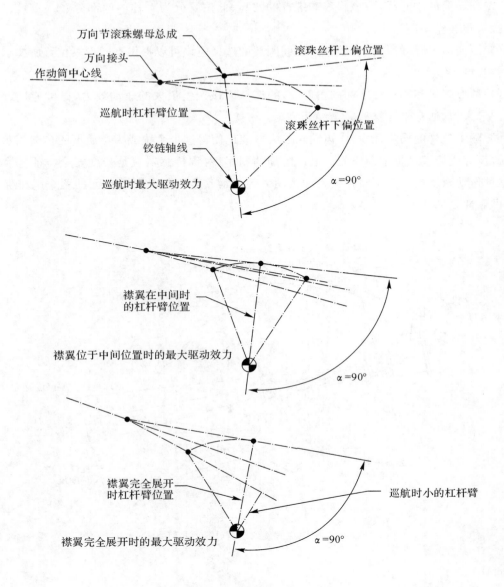

图 5.11　不同襟翼位置驱动效力

5.4.4　齿轮齿条驱动机构可靠性设计的若干要素

近年来,齿条齿轮驱动缝翼成为最流行的驱动系统。最开始用在 Boeing 757 上,后来被 A320/A321/ A330/ A340/A400M 和 Boeing 767/777/787 所模仿。这种驱动系统包括能量控制单元(PCU)、扭矩传动轴系和齿轮驱动齿条。齿条是一个圆弧滑轨的结构零件,动力来自中央 PDU,能够在飞机的左、右两边同步。它与连杆式螺旋丝杆驱动机构的区别是仅仅将 2 个螺旋丝杆作动器换为齿轮齿条驱动器,其余构件不变。

这种驱动装置的可靠性设计主要是考虑齿轮齿条的磨损失效。

5.4.5　曲柄式齿轮旋转作动器驱动机构可靠性设计的若干要素

曲柄式齿轮旋转作动器一般由固定箱座、输入轴、行星齿轮系统和输出曲柄组成。它采用行星齿轮传动原理,体积小、重量轻可在有限的空间内实现高扭矩输出。同时由于它的密封性好、运动平稳、自锁性高等优点,近年来备受设计师的青睐,被广泛用于飞机的高升力驱动系统以及舱门驱动系统,目前已成为飞机高升力驱动系统的首选方案。如空客系列(A320/A330/A340/A380/A400M)和波音系列(747SP/767/787)的后缘襟翼操纵系统均采用曲柄式齿轮旋转作动器。我国正在研制的 C919 大型客机的后缘襟翼也采用这种操纵系统。

这种作动器的可靠性主要来自于行星齿轮系的可靠性,如何防止齿轮因过度磨损和安装精度过低造成的机械卡死故障以及如何简化行星齿轮系统,减少构件的数量是该机构可靠性设计的要点。

5.5　典型民机襟缝翼机构可靠性分析应用案例

在第 3 章中讨论了襟缝翼运动机构的主要失效模式,诸如定位失效、卡阻失效、磨损失效、强度失效、精度失效等。本节将基于第 4 章所介绍的基本理论与方法,选取襟缝翼运动机构的典型失效模式进行可靠性及可靠性灵敏度分析,以期为设计人员提供参考信息以提高运动机构的可靠性。

5.5.1　某缝翼机构磨损可靠性分析案例

1. 缝翼机构的磨损问题描述

缝翼机构中存在磨损的主要部位有齿轮齿条的磨损、滚轮与滑轨的磨损。其中齿轮齿条的磨损主要表现为齿轮侧隙的增加,而滚轮与滑轨的磨损主要表现为接触面摩擦因数不断增加,甚至出现接触疲劳,同时,滚轮和滑轨的磨损也会引起运动间隙的增加。

磨损导致的滚轮与滑轨间隙和齿轮侧隙增加,会引起缝翼在收放过程中运动精度的不断下降;而磨损导致的摩擦因数增大会导致收放缝翼时滑轨与滚轮之间摩擦阻力增加,进而使得缝翼收放所需的驱动力矩增加,当增大到一定程度,系统所能提供的驱动力矩不足以克服阻力矩时,缝翼机构会发生卡滞失效。因此,磨损将导致缝翼运动精度不足失效和机构运动卡滞失效两方面的可靠性问题。

2. 磨损引起的缝翼机构收放精度可靠性分析

(1)磨损引起的缝翼运动精度可靠性分析建模。缝翼滑轨通过滚轮限位,由齿轮带动齿条实现收放,在某一位置下,其角度误差由滚轮与滑轨之间的间隙和齿轮齿条的侧隙决定。缝翼的极限误差出现在滚轮 2,3 与滑轨接触时刻,或者滚轮 1,4 与滑轨接触时刻。因此,在 LMS Virtual.Lab 中建立的缝翼运动精度模型如图 5.12 所示。

在滚轮 2,3 与滑轨之间分别建立约束,齿轮与齿条啮合处建立约束,滑轨和滚轮之间的磨损量利用滚轮半径参数的变化来模拟,齿轮齿条的侧隙靠改变齿轮的厚度来模拟。将滚轮半径与齿厚变化量参数化,得到缝翼运动精度可靠性分析模型。

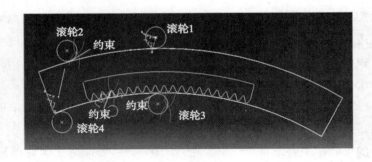

图 5.12　缝翼运动精度可靠性分析模型

(2)磨损引起的缝翼运动精度可靠性分析。分别计算磨损量 $\Delta=0$mm,$\Delta=0.25$mm,$\Delta=0.375$mm,$\Delta=0.5$mm 时的缝翼收放精度,标准差均取 0.1mm,得到不同磨损量下各变量的分布参数(见表 5.1)。

表 5.1　不同磨损量下各变量的分布参数

磨损量	变　量	均值 u/mm	标准差 σ/mm
$\Delta=0$mm	r	15.5	0.1
	d	1	0.1
$\Delta=0.25$mm	r	15.25	0.1
	d	1.25	0.1
$\Delta=0.375$mm	r	15.125	0.1
	d	1.125	0.1
$\Delta=0.5$mm	r	15	0.1
	d	1.5	0.1

采用 Monte Carlo 法进行计算,得到不同磨损量下缝翼角度的偏差计算结果,如图 5.13 所示。

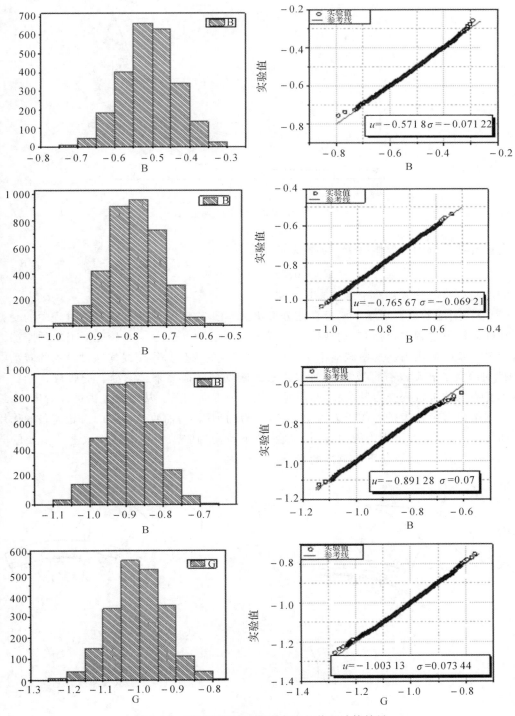

图 5.13　不同磨损量下缝翼角度的偏差计算结果

根据缝翼收放角度误差为±1°的要求得到磨损量对应的失效概率变化,如图 5.14 所示。

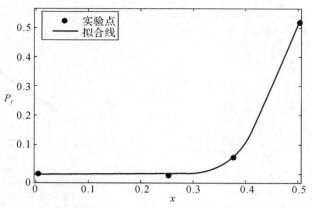

图 5.14　磨损量对应的失效概率

由拟合结果得到失效概率 P_f 与磨损量 x 的关系为

$$P_f = 0.584\,5 \mathrm{e}^{-\left(\frac{x-0.537\,9}{0.108\,1}\right)^2}$$

（5.1）

3. 磨损引起的缝翼机构卡滞可靠性分析

（1）磨损引起的缝翼运动卡滞可靠性分析建模。图 5.15 所示为缝翼收放过程中的受力情况。在缝翼放下过程中,受到气动载荷、4 个滚轮对滑轨的支反力、4 个滚轮对滑轨的摩擦力以及齿轮对齿条的作用力。这些载荷中 4 个滚轮对滑轨的支反力作用线均通过缝翼的转动中心 O,因此对缝翼的转动没有直接影响,而是通过影响切向摩擦力来影响缝翼的收放。缝翼的收上过程受力与放下过程受力基本相同,只是摩擦力的方向相反。从受力分析可以看出,在缝翼放下过程中只有齿轮齿条的作用力为动力,其余力均为阻力;而收上过程中齿轮齿条的作用力和气动力均为动力,摩擦力为阻力。因此缝翼放下所需的驱动力矩应高于收上所需要的驱动力矩,只分析磨损对缝翼放下可靠性的影响。

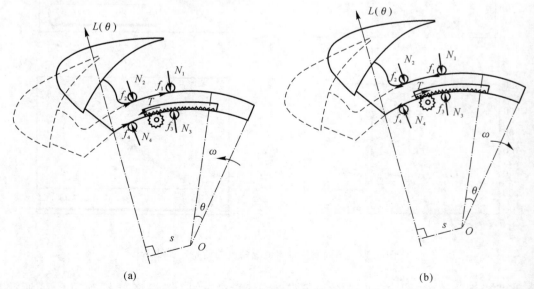

图 5.15　缝翼收放过程中的受力情况

(a)缝翼放下过程；　(b)缝翼收上过程

$$T_n = (f_1 + f_2)R + (f_3 + f_4)r + L(\theta)s \tag{5.2}$$

$$P_f = P\{T_n > T_c\} \tag{5.3}$$

在 LMS Virtual. Lab 中建立缝翼机构的刚柔耦合模型（翼面为柔性体,其余均为刚体）,将模型中滚轮与滑轨接触力的摩擦因数参数化,得到可靠性分析模型。

（2）磨损引起的缝翼运动精度可靠性分析。分别计算摩擦因数 $f = 0.02, f = 0.05, f = 0.08, f = 0.11, f = 0.14, f = 0.17, f = 0.02$,对驱动力的最大值与摩擦因数的关系进行拟合（见图 5.16）得到

$$T = 2\ 126f + 36.56 \tag{5.4}$$

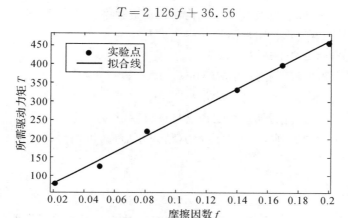

图 5.16　驱动力的最大值与摩擦因数的拟合关系图

如果已知系统能提供的最大驱动力矩为 $400\mathrm{N \cdot m}$,将以上各摩擦因数作为均值,标准差均取 0.01,得到其对应的失效概率（见图 5.17）。

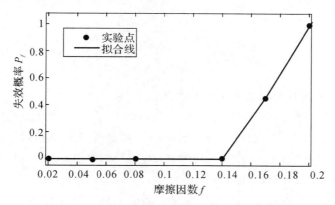

图 5.17　不同摩擦因数对应的失效概率

由计算结果可以看出,分散系数取 0.01,当摩擦因数小于 0.14 时,系统的失效概率很低,当摩擦因数超过 0.14 时,失效概率开始增加,当摩擦因数达到 0.2 时,系统出现卡滞的概率接近 1。

5.5.2　某襟翼结构变形卡阻可靠性分析案例

1. 问题描述

适航条款 CCAR25.671（c）（3）规定"在起飞、爬升、巡航、正常转弯、下降和着陆过程中

正常使用的操纵位置上的任何卡阻,除非这种卡阻被表明是概率极小的或是能够缓解的。若飞行操纵器件滑移到不利位置和随后发生卡阻不是概率极小的,则必须考虑这种滑移和卡阻",对襟翼及其操纵系统来讲,该条款要求襟翼操纵系统发生卡阻的概率是极小的,即应小于 10^{-9} / 飞行小时。另外,根据适航符合性验证方法的分类和用途,对于发生概率要求是极小的故障模式则必须通过安全性分析手段进行验证,即需针对该故障模式进行概率分析或可靠性分析。

某型飞机后缘襟翼收放过程中在气动力作用下发生过大变形,可能会使襟翼结构与机翼襟翼舱发生接触,从而造成襟翼及其操纵机构在运动过程中发生卡阻,进而导致襟翼不能正常收放,即该后缘襟翼发生变形卡阻故障。

2. 襟翼结构变形卡阻安全边界方程

襟翼结构变形卡阻的安全裕度用 M(Margin) 表示,则有

$$M_{ij} = \Delta_{ij} - \delta_{ij} \tag{5.5}$$

式中,Δ_{ij} 为襟翼在不同偏转位置时,其上各点与机翼后段对应点的间距,该值可通过测量三维立体襟翼结构实际运动图得到;δ_{ij} 为对应襟翼结构变形量,可通过襟翼的有限元分析模型得到;M_{ij} 即为卡阻的边界。

当

$$\min M_{ij} = \min(\Delta_{ij} - \delta_{ij}) = 0 \tag{5.6}$$

时,Δ_{ij} 与 δ_{ij} 均为随机变量,方程式(5.5)可视作襟翼结构变形卡阻可靠性的安全边界方程。方程中随机变量均可视作正态分布,而该方程又为线性方程,故可采取二阶矩理论进行可靠性计算,计算公式为

$$\mu_X = \sum_{i=1}^{n} \frac{x_i}{n} \tag{5.7}$$

$$\sigma_X^2 = \sum_{i=1}^{n} \frac{(x_i - \mu_X)^2}{n} \tag{5.8}$$

$$C_V = \frac{\sigma_X}{\mu_X} \tag{5.9}$$

当 $n < 30$ 时,式(5.8)分母常用 $n-1$ 代替 n。

式(5.9)中 C_V 为变异系数,表示变量 X 的分散性程度。各种典型随机变量,如强度、载荷、弹性模量等的分散性参数可由可靠性手册及相关文献及试验值获得。此处根据工程经验可取变形量 δ_{ij} 的变异系数 $C_{V\delta} = 0.067$,间距 Δ_{ij} 的变异系数取 $C_{V\Delta} = 0.01$。

3. 襟翼结构与机翼之间的设计间距测量

某型飞机内襟翼主翼共有 23 个翼肋,在每个翼肋上选取 3 个测量点,分别为每个翼肋与长桁相交处、长桁与前梁之间中点处及翼肋与前梁相交处的点。为便于说明,记为 NP_{ij},其中下标 i 表示翼肋号,从靠近机身的翼肋开始沿展向分别标为 $1,2,\cdots,23$;下标 j 表示点号,从襟翼长桁向前梁分别计为 a,b,c。例如襟翼偏角为 0° 时 NP_{1a} 为内襟翼主翼 1 号翼肋与长桁相交处的点,NP_{1b} 为 1 号翼肋长桁与前梁之间中点处,NP_{1c} 为 1 号翼肋与前梁相交处的点。其他翼肋位置处的取点以及命名规则以此类推。

内襟翼子翼共有 12 个翼肋,在每个翼肋位置处根据有限元模型的节点从子翼后缘点到子翼前缘点选取 5 个测量点。为便于说明,记为 np_{ij},其中下标 i 表示翼肋号,从靠近机身的翼肋

开始沿展向分别标为 $1,2,\cdots,12$；下标 j 表示点号，从襟翼子翼后缘点向子翼前缘点分别取为 a,b,c,d,e。例如 np_{1a} 为子翼 1 号翼肋后缘点，np_{1e} 为子翼 1 号翼肋前缘点。其他翼肋位置处的取点以及命名规则以此类推。

图 5.18 所示为襟翼偏角为 $0°$ 时内襟翼 1 号翼肋设计间距测量取点示意图。

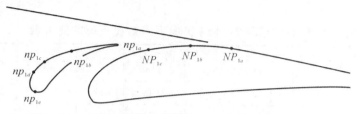

图 5.18　$0°$ 时内襟翼 1 号翼肋设计间距测量取点示意图

另外，由于所研究的对象飞机机翼襟翼舱是不封闭的，考虑到襟翼舱机翼骨架位置对应的襟翼上表面处与骨架间设计间距较小，机翼 4 个骨架位置处对应的襟翼上表面与骨架间的设计间距也需考虑，骨架位置如图 5.19 所示。

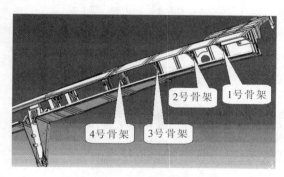

图 5.19　机翼襟翼舱骨架位置图

每个骨架位置在襟翼主翼相应弦平面内取 3 个点，取点的方法与翼肋平面处的方法一样。为便于说明，记为 NJ_{ij}，其中下标 i 表示骨架位置，从靠近机身的翼肋开始沿展向分别标为 $1,2,3,4$；下标 j 表示点号，从主翼长桁向子翼前缘点分别为 $1,2,\cdots,8$。例如襟翼偏角为 $0°$ 时第三个骨架位置处 NJ_{11} 为襟翼主翼与长桁相交处的点，NJ_{12} 为长桁与前梁之间中点处，NJ_{13} 为前梁相交处的点，NJ_{14} 为子翼后缘点，NJ_{18} 为子翼前缘点，其他骨架位置的取点以及命名规则以此类推。

图 5.20 所示为襟翼偏角为 $0°$ 时机翼襟翼舱 3 号骨架位置设计间距测量取点示意图。襟翼其他角度偏角时的取点与 $0°$ 时类似。

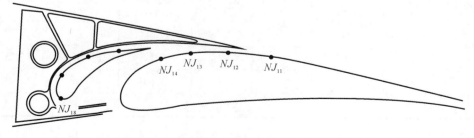

图 5.20　襟翼偏角 $0°$ 时襟翼舱 3 号骨架位置设计间距测量取点示意图

4. 襟翼结构变形情况

以襟翼偏转25°时内襟翼子翼的变形来说明,可以通过襟翼结构不同载荷工况时的有限元模型计算获取,表5.2给出了襟翼偏转25°时受载最严重的载荷工况(711154)下内襟翼子翼测点的变形量。襟翼其余测点不同载荷工况在不同偏角时的变形量均可通过相关有限元模型获得。

表5.2　25°时711154工况下内襟翼子翼的变形量

点　号	变形量 mm	点　号	变形量 mm	点　号	变形量 mm	点　号	变形量 mm	点　号	变形量 mm
np_{1a}	4.67	np_{1b}	3.93	np_{1c}	3.48	np_{1d}	3.28	np_{1e}	3.21
np_{2a}	5.96	np_{2b}	5.21	np_{2c}	4.79	np_{2d}	4.60	np_{2e}	4.51
np_{3a}	9.70	np_{3b}	8.97	np_{3c}	8.56	np_{3d}	8.37	np_{3e}	8.27
np_{4a}	11.66	np_{4b}	11.04	np_{4c}	10.68	np_{4d}	10.51	np_{4e}	10.42
np_{5a}	11.15	np_{5b}	10.78	np_{5c}	10.62	np_{5d}	10.54	np_{5e}	10.48
np_{6a}	11.09	np_{6b}	10.73	np_{6c}	10.52	np_{6d}	10.43	np_{6e}	10.36
np_{7a}	10.79	np_{7b}	10.43	np_{7c}	10.32	np_{7d}	10.20	np_{7e}	10.10
np_{8a}	9.41	np_{8b}	9.10	np_{8c}	9.00	np_{8d}	8.91	np_{8e}	8.83
np_{9a}	5.20	np_{9b}	4.90	np_{9c}	4.85	np_{9d}	4.78	np_{9e}	4.71
np_{10a}	0.55	np_{10b}	0.42	np_{10c}	0.41	np_{10d}	0.39	np_{10e}	0.36
np_{11a}	−3.15	np_{11b}	−3.32	np_{11c}	−3.35	np_{11d}	−3.39	np_{11e}	−3.43
np_{12a}	−4.32	np_{12b}	−4.50	np_{12c}	−4.56	np_{12d}	−4.63	np_{12e}	−4.71

5. 襟翼结构变形卡阻可靠性分析

分别将测点的设计间距和对应的变形量及其各自的变异系数代入已建立的变形卡阻安全边界方程,通过分析计算可得襟翼偏角 θ 分别为0°,15°,25°和40°时的襟翼变形卡阻失效概率。其中表5.3给出了襟翼偏角 θ 为15°时受载最严重的载荷工况下对应4个骨架处的内襟翼子翼测点的设计间距和变形以及变形卡阻失效概率 P_f;表5.4分别给出了襟翼偏角 θ 为25°时内襟翼子翼部分沿展向测点在受载最严重的载荷工况下的设计间距、变形和变形卡阻失效概率 P_f。

表5.3　内襟翼子翼偏转 $\theta=15°$ 时部分测点的可靠性分析结果(711157工况)

测　点	设计间距 mm	变形 mm	P_f	测　点	设计间距 mm	变形 mm	P_f
NJ_{15}	19.34	4.93	0	NJ_{16}	11.83	4.75	0
NJ_{25}	16.03	6.77	0	NJ_{26}	9.70	6.52	5.32E−13
NJ_{35}	13.74	7.84	0	NJ_{36}	9.63	6.61	7.83E−11
NJ_{45}	14.46	7.55	0	NJ_{46}	12.47	7.4	0

表5.4　内襟翼子翼偏转 $\theta=25°$ 时部分测点的可靠性分析结果(711154工况)

点　号	设计间距 mm	变形 mm	P_f	点　号	设计间距 mm	变形 mm	P_f
np_{1b}	23.77	3.93	0	np_{1c}	42.75	3.48	0
np_{2b}	19.90	5.21	0	np_{2c}	37.44	4.79	0
NJ_{15}	27.00	6.89	0	NJ_{16}	18.46	6.49	0
np_{3b}	12.88	8.97	1.02E−10	np_{3c}	24.87	8.56	0
NJ_{25}	14.68	9.47	0	NJ_{26}	13.72	9.07	4.20E−14
np_{4b}	14.61	11.04	1.12E−06	np_{4c}	19.24	10.68	0
NJ_{35}	13.19	11.00	0.001 7	NJ_{36}	12.21	10.67	0.017 5
np_{5b}	16.38	10.78	2.01E−14	np_{5c}	20.39	10.62	0
NJ_{45}	15.86	10.76	2.46E−12	NJ_{46}	16.27	10.58	2.66E−15
np_{6b}	17.60	10.73	0	np_{6c}	25.19	10.52	0
np_{7b}	18.51	10.43	0	np_{7c}	23.08	10.32	0
np_{8b}	19.73	9.10	0	np_{8c}	24.23	9.00	0
np_{9b}	24.33	4.90	0	np_{9c}	27.00	4.85	0
np_{10b}	22.92	0.42	0	np_{10c}	26.11	0.41	0
np_{11b}	22.66	−3.32	0	np_{11c}	24.34	−3.35	0
np_{12b}	23.13	−4.50	0	np_{12c}	24.60	−4.56	0

由可靠性分析数据可以得出以下结论：

(1)襟翼偏转 25° 时，内襟翼子翼测点 np_{4b} 变形卡阻失效概率最大达到 $P_f=1.12\times10^{-6}$ (711154工况)。

(2)在襟翼偏转 15° 和 25° 时，内襟翼机翼舱 3 号骨架位置相对应的内襟翼子翼上测点 NJ_{35} 和测点 NJ_{36} 变形卡阻失效概率分别达到了 $P_f=0.001\ 7$ 和 $P_f=0.017\ 5$ (711154工况)。

(3)内襟翼上述 3 个测点不满足 $P_f<1.0\times10^{-9}$ 可靠性要求，需要重点关注上述测点位置的襟翼结构；除了上述测点，其他测点处均满足 $P_f<1.0\times10^{-9}$ 的卡阻可靠性要求。因此，需对上述 3 个测点处的襟翼结构或机翼结构进行改进设计。考虑到襟翼气动外形已经确定，难以进行改进设计，所以只能对机翼襟翼舱结构进行改进设计。

通过以上可靠性分析计算，建议对机翼襟翼舱 3 号骨架结构进行修形，以满足可靠性要求。图 5.21 所示为具体的改进方案，虚线表示改进后的位置。点 a~g 是考虑襟翼偏转 15° 时需要改进的点，点 1~8 是襟翼偏转 25° 时需要改进的点。修改后的方案中襟翼所有测点的最大变形卡阻失效概率为 9.28×10^{-10}，满足适航条款要求。

通过可靠性定量分析可知，最大间距增加量为 3.7 mm。因为所研究的是在襟翼偏转 0°，15°,25° 和 40° 四种状态下开展的，缺少其他角度下的工况以及变形数据，对其他角度下的变形卡阻失效不能开展确切的分析，为了保证在其他角度下襟翼变形卡阻的失效概率满足可靠性要求,可考虑对间距增加量进行适当的放大。

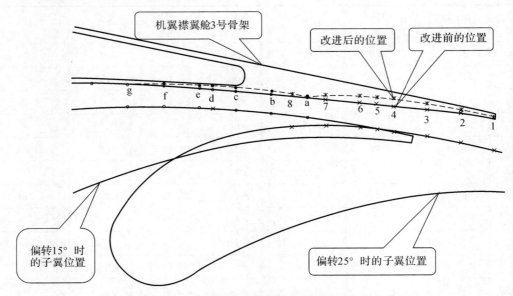

图 5.21　经可靠性分析机翼襟翼舱 3 号骨架结构改进示意图

参 考 文 献

[1]　吕震宙,冯蕴雯. 结构可靠性问题研究的若干进展[J]. 力学进展,2000,30(1):21 -28.

[2]　Schueller G I,Pradlwarter H J,Koutsourelakis P S. A critical appraisal of reliability estimation procedures for high dimensions[J]. Probabilistic Engineering Mechanics,2004,19(4):463 – 474.

[3]　Elishakoff I,Haftka R T,Fang J. Structural design under bounded uncertainty – optimization with antioptimization[J]. Computers & Structures,1994,53(6):1401 –1405.

[4]　Chiralaksanakul A,Mahadevan S. First – order approximation methods in reliability – based design optimization[J]. Journal of Mechanical Design,2005,127(5):851 – 857.

[5]　Du X,Sudjianto A,Chen W. An integrated framework for optimization under uncertainty using inverse reliability strategy[J]. Journal of Mechanical Design,2004,126(4):562 – 570.

[6]　Ramu P,Qu X,Youn B D,et al. Inverse reliability measures and reliability – based design optimization[J]. International Journal of Reliability and Safety,2006,1(1 – 2):187 – 205.

[7]　Rahman S,Wei D. Design sensitivity and reliability – based structural optimization by univariate decomposition[J]. Structural and Multidisciplinary Optimization,2008,35(3):245 – 261.

[8]　Guan X L, Melchers R E. Effect of response surface parameter variation on structural reliability estimates[J]. Structural Safety, 2001, 23(4): 429 – 444.

[9]　Wang L P, Grandhi R V. Improved two – point function approximations for design optimization[J]. AIAA Journal, 1995, 33(9):1720 – 1727.

[10]　Wang L P, Grandhi R V. Safety index calculation using intervening variables for structural reliability analysis [J]. Computers and Structures, 1996, 59 (6): 1139 –1148.

[11]　Vermeulen P J, Johnson K L. Contact of non – spherical bodies transmitting tangential forces[J]. Journal of Applied Mechanics, 1964, 31:338 – 340.

[12]　Kalker J J. Three – dimensional Elastic Bodies in Rolling Contact [M]. The Netherland: Kluwer Academic Publishers, 1990.

[13]　Yijayakar S M, Busby H, Wilcox L. Finite element analysis of three – dimensional conformal contact with friction[J]. Computers & Structures, 1989, 33(1):49 – 61.

[14]　Zava Y E, Okamato N. Development of contact stress analysis program using the hybrid method of FEM and BEM[J]. Computers & Structures, 1996, 58(1): 13 – 20.

[15]　Kong X A. An elasto – plastic contact BEM by particular integrals and mathematical programming[J]. European Journal of Mechanics, A/Solids, 1993, 12(4): 537 –566.

[16]　温诗铸, 黄平. 摩擦学理论[M]. 3 版. 北京：清华大学出版社, 2008.

[17]　Archard J F. Contact and rubbing of flat surfaces[J]. Journal of Applied Physics, 1953, 24: 981 – 988.

[18]　Archard J F. Wear theory and mechanism from wear control handbook [M]. New York: The ASME United Engineering Center, 1980.

[19]　Rabinowicz E, Dunn L A, Russell P G. A study of abrasive wear under three – body conditions[J]. Wear, 1961, 4: 345 – 355.

[20]　Moor M A, King F S. Abrasive wear of brittle solids[J]. Wear, 1980, 60:123 – 139.

[21]　Zum Gagr K H. Modelling of two – body abrasive wear[J]. Wear, 1988, 124: 87 –103.

[22]　Jacobson S, Wallen P, Hogmark S. Fundamental aspects of abrasive wear studied by a new numerical simulation model[J]. Wear, 1988, 123: 207 – 223.

[23]　克拉盖尔斯基 И В, 等. 摩擦磨损计算原理[M]. 汪一麟, 等, 译. 北京：机械工业出版社, 1982.

[24]　温诗铸. 材料磨损研究的进展与思考[J]. 摩擦学学报, 2008, 28(1): 1 – 5.

[25]　Quinn T F J, Rowson D M, Sullivan J L. Application of the oxidational theory of the mild wear to the sliding wear of low alloy steel[J]. Wear, 1980, 65: 1.

[26]　Majumdar A, Tien C L. Fractal characterization and simulation of rough surface[J]. Wear, 1990, 136(2): 313 – 327

[27]　Majumdar A, Bhushan B. Fractal model of elastic – plastic contact between rough surfaces[J]. ASME Journal of Tribology, 1991, 113(1): 1 – 11.

[28]　Srinivasan R S. A form tolerancing theory using fractals and wavelets[J]. Journal of

Mechanics Design，1997，119：185 – 192.

[29] Flodin A，Andersson S. A simplified model for wear prediction in helical gears[J]. Wear 2001，249：285 – 292.

[30] Kim H K，Lee Y H. Wear depth model for thin tubes with supports[J]. Wear，2007，263：532 – 541.

[31] Park D，Kahraman A. A surface wear model for hypoid gear pairs[J]. Wear，2009，267：1595 – 1604.

[32] Hegadekatte V，Hilgertb J，Krafta O，et al. Multi time scale simulations for wear prediction in micro – gears[J]. Wear，2010，268：316 – 324.

[33] Walker J M，Milberger L J. Metal seal with corrosion – resistant alloy overlay[J]. Sealing Technology，2004，7：16.

[34] Dakin T W. Electrical insulation deterioration treated as a chemical rate phenomenon [J]. AIEE Trnasaetions，1948，671：113.

[35] Burdrugeac P. Accelerated thermal aging of Nitrile – Butadiene rubber under air pressure[J]. Polymer Degradation and Stability，1995，47(1)：129 – 132.

[36] Morrell P R，Patel M，Skinner A R. Accelerated thermal ageing Studies on nirtile Rubber O – rings[J]. Polymer Testing，2003，22(6)：651 – 656.

第6章 民机襟缝翼机构可靠性仿真分析

由于受到了时间、经费和技术能力的限制,传统的基于统计概念和试验方法的可靠性保证技术已经不能有效适应飞机产品的快速研制、高可靠性和长寿命设计的需求。仿真试验是通过数学模型进行模拟仿真进行的虚拟试验,可以增加模拟次数,模型参数变化不受局限,且耗费远比物理试验小。而物理试验更加真实,接近实际,同时可以用来调试、修正仿真试验模型,使得其计算结果更符合实际,通过外载荷的施加和环境的变化,触发随机性。因此将物理试验和仿真试验相结合,两者之间可以相互修正、相互补充,物理试验补充仿真模型的计算精确性,仿真模型弥补物理模型的不经济性等特点。当前飞机产品数字化技术的发展,已经促成计算机仿真试验和实物试验相结合的技术成为一个必然趋势。

从国外民用飞机的发展可见仿真试验方法已经开始得到了应用。应用仿真模型进行机构的构型、运动学和动力学等的分析模拟,以模拟样机部分替代实物样机,能大大缩短研制周期,节约研制费用。美国波音飞机公司在 Boeing 777 飞机的研制过程中,通过仿真技术的应用,使得研制成本降低 25%,制造周期缩短 50%。空客公司也进行了大量的将仿真试验和实物试验相结合的技术研究与应用,例如 A380 起落架的落振和摆振试验,就是通过大量仿真试验和少量实物试验相结合指导其可靠性设计的。空客 A320 前缘缝翼运动机构通过仿真方法,基于可靠性进行了缝翼滑轨结构尺寸优化,有效地减轻了重量,提高了疲劳寿命。国外舰载机着舰拦阻机构拦阻试验和 EF2000 起落架滑行试验,也大量地应用了仿真方法。以色列RAFAEL 公司可靠性中心在 49 届 AIAA 结构材料国际会议上也提出应用仿真分析与试验相结合的技术进行结构高可靠性验证。

综上所述,仿真试验在可靠性领域的应用具有广阔的前景,对于可靠性技术的深入发展具有重要作用。将仿真与试验相结合,不仅可用于可靠性的指标论证、方案权衡、分析与设计,还可用于可靠性的试验验证与评价,从而大大提高设计与分析的精度、缩短研制周期和降低寿命周期费用,将成为推动可靠性发展的一项重要技术。本章针对襟缝翼运动机构系统仿真试验方法,系统地描述了仿真试验技术的基本理论及其注意问题,并给出了襟缝翼运动机构系统可靠性仿真试验方法应用案例。

6.1 机构可靠性仿真理论背景及流程

6.1.1 民机襟缝翼可靠性仿真试验理论背景

民机襟缝翼可靠性仿真试验是一种以计算机仿真来部分替代实物的试验,是将仿真计算的结果作为多次模拟试验结果加以分析的方法,其理论核心是以随机抽样和统计试验为依据,以襟缝翼典型失效物理模型为核心的蒙特卡罗方法。

1. 蒙特卡罗方法的基本思想

蒙特卡罗的基本思想是,当所求问题的解是某个时间的概率,或者是某个随机变量的数学期望,或者是与概率、数学期望有关的量时,可以通过某种试验的方法,得出该事件发生的频率,或者是该随机变量若干个具体观察值的算术平均值,以此得到问题的解。

为了得到具有一定精确度的近似解,所需试验的次数是很多的,通过人工方法做大量的试验相当困难,甚至是不可能的。因此通过计算机来模拟随机试验过程,将巨大数目的随机试验交由计算机完成,应用基于蒙特卡罗方法的仿真来代替实物试验。

2. 随机抽样方法

随机数序列是由单位均匀分布的总体中抽取的简单子样,属于一种特殊的有已知分布的随机抽样问题。由任意已知分布中抽取简单子样,是在假设随机数为已知量的前提下进行的。也就是说,有已知分布的随机抽样,是使用严格的数学方法,借助于随机数产生的。只要随机数序列满足均匀性及相互独立的要求,由它产生的任何分布的简单子样就严格满足具有相同的总体分布且相互独立的要求。

6.1.2 机构多体运动学和动力学仿真基本理论

机构是由运动副将若干个构件连接起来,并通过运动副使构件之间产生相对运动的多体系统,可实现运动、传递力与能量。民机襟缝翼运动机构是一类典型机构,进行其可靠性分析需确定襟缝翼机构的失效模式,根据失效模式建立机构失效表征分析模型。机构多体运动学和动力学理论是进行机构失效分析的主要依据之一。

1. 多体系统运动学基本原理

多体运动学是指从几何的观点研究多体系统的运动特性,是对多体系统进行分析研究必不可缺少的一个方面。多体运动学分析的主要内容是如何求解机构主动构件与输出构件之间的运动关系。机构由多个构件组成,各个构件之间通过运动副连接起来,各构件之间按照运动关系进行装配。多体运动学研究主要包括多体系统的位置分析、速度分析和加速度分析。在分析过程中,会碰到两种情况:一是已知主动构件的运动规律,求解未知输出构件的运动规律,称之为机构的运动学正解;二是已知输出构件的运动规律,求解未知主动构件的运动规律,称之为机构的运动学逆解。

传统的机构运动分析方法包含了图解法和解析法。由于计算机技术的发展和数学方法的不断完善,解析法发展很快,其与计算机图形技术的结合使得图形法形象直观的特点不再成为优势。因此解析法正在逐步取代传统的图解法。解析法的关键在于数学方法的选择,采用坐标变换与矩阵运算相结合的方法是运动分析的主要数学工具。

另外,传统的运动学分析是以刚体位置,速度和加速度的微分关系以及矢量合成原理为基础进行分析的,而多体运动学则是以系统中连接物体的运动副为基础,进行基于运动副对应的约束方程的位置、速度、加速度分析。

2. 多体动力学基本理论

多体系统动力学的根本目的是应用计算机技术进行复杂机械系统的动力学分析和仿真。机构在高速运转过程中,由于外力的作用,其运动状态和工作状态会发生很大的变化,诸如弹性变形、运动副的间隙会影响其运转精度,外载荷的变化会影响原动件的运动规律,不平衡质量会引起机械振动和噪声等。

多体动力学分析主要是研究多体系统的运动状态和相互作用力之间的关系,与运动学分析一样,也分为正、逆两类问题。根据机构的外力、位形参数以及运动的初始条件来求解机构的运动,称之为动力学正解;反之,根据机构的运动状态来求解各驱动装置所需要的驱动力(或力矩),称之为动力学逆解。

根据多体系统的种类来划分,多体动力学的研究分为多刚体动力学、多柔体动力学和刚柔耦合多体系统动力学。

(1)多刚体系统动力学。多刚体系统指可以忽略系统中物体的弹性变形而将其当做刚体来处理的系统,该类系统常处于低速运动状态,

(2)多柔体系统动力学。多柔体系统是指系统在运动过程中出现机构大范围运动与构件弹性变形的耦合,必须把构件作为柔性体处理的系统。大型、轻质且高速运动的机械系统通常属于多柔体系统。

(3)刚柔耦合多体系统动力学。将多体系统中的一部分当作刚体来处理,另一部分当作柔性体来处理,这样的多体系统称作刚柔耦合多体系统。这是多体系统运动学和动力学分析中最一般的模型。

6.1.3　民机襟缝翼可靠性仿真试验流程

运动机构可靠性仿真试验流程可以分成失效模式与失效判据确定、影响因素及其随机性确定、仿真模型建立和运动机构可靠性分析 4 个环节。

1.失效模式与失效判据确定

对民机襟缝翼运动机构进行可靠性仿真试验的首要任务是确定其失效模式。对所有失效模式逐一分析工作量和经济消耗巨大,这就要首先通过对民机襟缝翼运动机构做 FMEA,FHA,FTA 分析等,再结合机构的失效机理确定机构的主要失效模式。

失效判据应能定量地衡量机构是否失效。如分析磨损可能性时,可将磨损量作为衡量标准;分析刚度可靠性时可将变形量作为衡量标准;分析卡滞可靠性时可将动力与阻力之差作为衡量标准。

2.影响因素及其随机性确定

对主要失效模式进行分析之前,要找出其主要影响因素,并将其量化。实际中所有参数均具有随机性,则需对其不确定性进行分析,得到其分布类型及分布参数。

随机变量的类型有很多种,主要可以分为以下几种:①载荷的不确定性;②几何尺寸的不确定性;③材料性能参数的不确定性。

3.失效模式仿真分析模型建立

(1)仿真分析模型建立:在对失效模式进行了定性分析之后,需根据分析的目的建立对应的机构动力学仿真分析模型。

(2)模型有效性验证:建立的仿真分析模型计算结果可能与实际相差较大,需要对其进行不断的修订和完善。

4.运动机构可靠性分析

(1)分析类型确定。机构可能是单失效模式,也可能是多失效模式,各个失效模式之间可以是串联、并联或者混联。同时,每个失效模式对应的极限状态方程可能是显式的,也可能是隐式的。所以在进行可靠性分析之前,必须首先对失效模式的类型进行分析。

(2)分析方法选择。确定了分析类型之后,需选择合适的方法对其进行分析。可靠性分析的方法很多,大致可分为近似解析法、数字模拟法和函数代替法三类。对具体对象进行分析

时,可根据实际情况进行选择。

(3)计算分析。根据机构的失效判据、参数分布、失效模式类型选择好分析方法之后,即可进行机构的可靠度及可靠性灵敏度分析。一般的流程为,先根据影响因素的参数分布抽取一定数量的样本;再将所抽取的样本代入仿真分析模型进行计算,得到每组样本对应的响应量;最后对所得仿真结果分析,得到最终的机构可靠度及可靠性灵敏度分析结果。

运动机构可靠性仿真试验流程如图 6.1 所示。

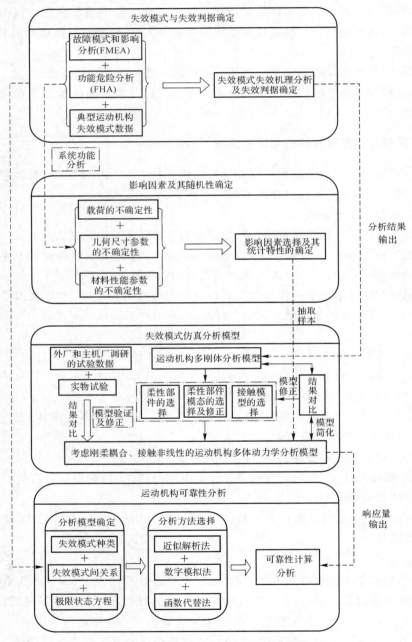

图 6.1 运动机构可靠性仿真试验流程

6.2　襟缝翼机构多体动力学仿真建模及有效性验证方法

6.2.1　多体动力学模型简化原则

1. 模型简化原则

襟缝翼机构中包含的部件众多,机构形式复杂多样。不可能完全按照真实情况进行建模,考虑到建模的工作量和计算机的存储能力,必须从以下几方面对其进行简化。

(1)装配过程最简原则。襟缝翼机构系统由众多零部件组成,包括襟翼翼面组件、缝翼翼面组件、子翼组件等。如果按照真实的约束关系对每一个零部件进行装配,则工作量巨大,模型规模也将不可承受。因此,在不影响分析目的的前提下,将某些构件在建模时不予考虑。一般情况下,建模时去除装配位置处的连接组件,如螺栓螺母、销钉、套筒等。

去除掉不影响实现模型功能的组件之后,模型得到了一定程度的简化,但是仍然具有较多的零部件。就翼面部分而言,包括蒙皮、横梁、肋、长桁等,且数量巨大。但是由于它们在机构的运动过程中是相对静止的,几乎没有相对位移,故建模时,就得到了大幅度的简化。对于其他组件也是如此,只要组件内部部件之间没有相对运动,就可将其看作一个整体。

根据具体的分析目的还可以对模型进行进一步的简化处理。

(2)保证装配关系和边界条件的相似性。在上述简化的基础上,需要对襟缝翼机构系统进行装配,装配的约束关系需与实际一致。如翼面与支臂之间是通过螺栓紧固的,则采用固定副装配。作动器的螺杆与作动筒之间是螺纹连接的,故采用螺旋副;支臂与机身采用旋转副;齿轮和齿条之间采用齿轮副,参数按实际参数设置。

装配完成后,需要定义模型中的各种边界条件,如襟缝翼的运动形式定义、气动力的设置、模型中各种参数的设置等。根据实际中襟缝翼的运动规律,设置动力输入端的参数。

襟缝翼在运动过程中翼面承受随时间变化的均布气动载荷,方向始终与翼面垂直。但是在建模过程中不能施加均布载荷,这就需要对载荷进行简化,将均布的气动载荷简化为分布的集中载荷。

(3)对关键部件进行柔性化处理,保证模型的计算精度。襟缝翼机构中各个部件的刚度、载荷和边界条件都不尽相同,在运动过程中的应力和应变也不同。翼面部分可能存在较大的变形而在支臂上可能存在较大应力区域。部件的变形会影响机构内部作用力的变化。完全刚性的模型不能反映部件变形,而将部件柔性化可以得到更加切近真实的结果和掌握部分部件的变形和应力情况。但是将所有部件柔性化的工作量巨大且不易实现,所以选择性地将某些部件柔性化。内襟翼模型中将翼面和滑轨柔性化,外襟翼中将翼面和支臂柔性化,外缝翼中将翼面和滑轨柔性化。

2. 有限元模型简化原则

建立有限元模型时需要考虑的因素很多,不同分析问题所考虑的侧重点也不一样。但不论什么问题,建模时都应考虑两条基本原则:一是保证计算结果的精度,二是适当控制模型的规模。精度和规模是一对相互矛盾的因素,建模时应根据具体的分析对象、分析要求和分析条件来权衡。

(1)保证精度原则。从有限元分析的整个过程来看,计算结果的误差主要来自两个方面:

一是模型误差,二是计算误差。

这些误差中,一些是程序设计人员在软件开发中需要考虑的,一些是分析人员在建模时应该考虑和能够控制的。在建模过程中通常可以采用以下途径提高精度:①提高单元阶次;②增加单元数量;③划分规则的单元形状;④建立与实际相符的边界条件;⑤避免出现"病态"方程组。

(2)控制规模原则。模型规模是指模型的大小,直观上可用节点数和单元数来衡量。一般来讲,节点和单元数越多,模型规模越大,反之则越小。模型规模主要影响因素:①计算时间;②存储容量;③计算精度;④其他。

在建立有限元模型时,在保证计算精度的前提下,应尽量控制或减小模型规模。降低模型规模的一些主要措施:①对几何模型进行处理;②采用子结构法;③利用分步计算法;④进行带宽优化和波前处理。

3.关键处接触模型简化

襟缝翼机构中包含的部件众多,机构形式复杂多样。在多体建模过程中,如果只是运用纯粹的运动学约束,不能实现其应有的运动规律。部件之间的接触形式复杂多样。接触形式主要有点接触、线接触和面接触,在这些接触过程中,有些只是纯粹的碰撞,有些在接触过程中还存在切向的滑动或滚动。这使得接触模型复杂,求解计算困难,耗时严重。因此,在襟缝翼机构建模中,不能严格地按照真实情况对各部件处的接触进行建模,而要对其进行简化。只考虑主要位置处的接触,忽略次要部位的接触。

6.2.2 模型有效性验证和确认必要性

仿真模型有效性的概念出现在20世纪60年代。1967年,美国兰德公司Fishman和Kiviat明确指出,仿真模型有效性研究包括模型的确认(validation)和验证(verification)。这一观点被国际仿真学界普遍采纳。模型确认是指通过比较在相同输入条件和运行环境下模型与实际系统输出之间的一致性,评价模型的可信度和可用性。而模型验证则是判断模型的计算机实现是否正确。

模型有效性确认包括理论模型有效性确认、数据有效性确认和运行有效性确认。

(1)理论模型有效性确认是证明理论模型所采用的理论依据和假设条件是否正确、理论模型对研究对象的表达是否合理的过程。

(2)数据有效性确认是验证建模、试验、评估、检验所用的数据是否充分和正确,包括确认模型中的关键变量、关键参数及随机变量,以及确认运行有效性确认时使用的参数和初始值等。

(3)运行有效性确认是对模型输出结果的精度进行计算和评估,即根据模型开发的目的和用途,检验其在预期应用范围内的输出行为是否足够准确。其前提是实际系统及仿真系统的数据均可获取。通过比较模型和实际系统在相同初始条件下的输出数据,可对模型有效性进行定量分析。

总之,理论模型有效性确认、数据有效性确认是运行有效性确认的前提,运行有效性确认是模型有效性确认的核心。经运行有效性确认被认为有效的模型即可作为正式模型投入运行,进行实际问题的研究。若模型在进行运行有效性确认时被确认为无效,其原因可能是理论模型不正确,或计算机模型不正确,也可能是所使用的数据无效。若实际系统不存在,则模型与系统的输出数据无法进行比较,这种情况下,一般只能通过模型验证和理论模型确认,定性地分析模型的有效性。

6.2.3　模型误差来源分析

模型是用来描述系统的全部或局部状况的,建立模型的最终目的就是使模型尽可能真实地反映所要研究的系统。但是由于真实系统复杂性和客观因素的影响,模型不可能与真实系统完全相同,这与模型的有效性直接相关。影响模型有效性的因素主要包括以下几方面。

(1)建模的原理和方法不当,或原理和方法是正确的,但建模时的假设条件、参数选取或模型简化的方法不正确。

(2)模型仿真时间和仿真次数不足。某些情况下,如考虑疲劳和耐久性等,仿真模型所描述的是一个复杂而缓慢的变化发展过程,这类模型的仿真试验常需要很长的时间;另一些情况下,如考虑统计样本,涉及概率问题时,仿真模型需要进行多次试验。但是由于仿真时间和仿真次数的限制,会造成一定误差。

(3)建模过程中忽略了部分次要因素。由于对所研究的系统影响较小或研究目标不甚相关,一些因素在建模中被忽略。这种忽略在一定程度上具有潜在的危险。

(4)变量或参数选取不当。仿真模型中一般都含有多个随机变量,随机变量服从一定的概率分布,能否正确确定这些概率分布影响仿真分析的有效性。但由于数据收集存在困难,且不同条件下的数据无法混用,通常无法避免。

(5)对模型初始条件选择不当。某些情况下,仿真模型的初始状态对仿真的输出有直接影响。初始条件或初始数据不准确,可能会造成仿真结果与实际系统不符。模型中使用的数据可以直接从原始数据中提取,也可以经过一定处理后再使用,但它必须与原始数据保持一致,或者至少在分布上保持一致。

(6)仿真输出结果的有效性不足。不能认为只要输出结果与实际系统相符就没问题,因为表面的吻合也许只是一种巧合,不能作为判断模型有效性的唯一标准。

(7)在进行计算机实现、求解和试验过程中,仿真模型的有效性还会受到诸如计算机技术水平、求解器算法等客观因素的影响。

6.2.4　模型的有效性验证方法

襟缝翼可靠性仿真模型分析结果的准确与否,取决于确定性的运动学和动力学模型,而这些模型的正确与否相当一部分取决于其参数设置、边界条件是否合理,是否和真实情况一致。为了保证模型的有效性,可以通过以下两种方法实现:①仿真和试验数据对照修正法;②仿真和经验数据对照修正法。

1.仿真与试验数据对照修正法

在进行仿真模型的验证过程中,为了使仿真结果与滑轨——滑轮架运动机构可靠性试验有较好的可比性,并能有效地验证模型的正确性、精确度,在仿真过程中,以滑轨——滑轮架运动机构实际结构、载荷数据作为仿真分析的输入参数,将仿真结果与实测试验结果进行比对。通过判断仿真分析得到的关键位置的位移曲线与试验曲线的吻合程度来验证模型的正确性及精度。

例如,某飞机缝翼齿轮和齿条机构,通过实物试验测量齿轮不同部位的应力应变,然后与仿真建模分析结果进行比对，结果保持基本一致，因此可以确认该仿真模型的有效性（见图6.2）。

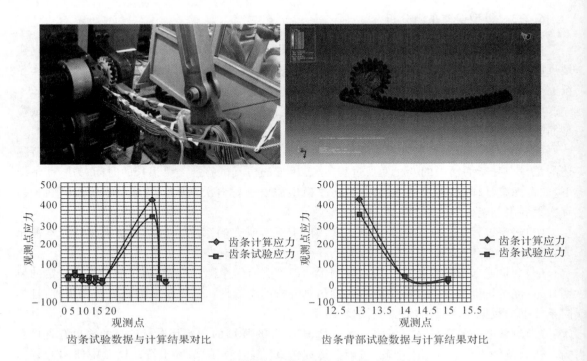

图6.2 某飞机缝翼齿轮和齿条机构仿真模型有效性验证

2. 仿真与经验数据对照修正法

在多数情况下，如果没有具体的试验数据，那么就可以将仿真试验结果与经验数据进行比对判断，如果仿真结果和经验数据基本保持一致，在工程可接受范围内即可。这里的经验数据主要是一些经过验证的工程经验，范围广阔，例如在力学角度上，力学主要的应力集中点处是否一致，关键部位载荷是否合理，一些宏观的性能参数随着某些模型参数的变化规律是否一致，等等。

总之，仿真模型的有效性验证是民机襟缝翼机构可靠性仿真试验非常重要的工作之一，决定了后期工作的有效性问题。

6.3 典型襟缝翼机构多体动力学仿真分析

6.3.1 机构多体动力学仿真分析的基本流程

多体系统仿真分析建模的基本流程包括以下几部分：

（1）根据建模分析目的，导入 CAD 模型，并对 CAD 模型根据需要进行简化，结合机构功能原理，装配多体机构，添加具体的运动副、边界约束条件和载荷等情况，建立多刚体仿真分析模型。

（2）考虑多体系统中机构驱动系统的控制和构成原理，更真实地模拟真实的载荷情况和边界条件，在复杂系统多学科仿真分析平台建立机构系统的驱动系统仿真分析模型。

（3）结合多体三维仿真分析模型求解的机构运动规律，获得驱动点的位移、速度和加速度，传递到一维多学科耦合仿真分析平台，并将机构驱动系统驱动力和力矩返回到多体分析系统，通过交替耦合求解，完成一维和三维联合仿真分析。

（4）考虑典型部件的变形和刚度特性的影响，据此选择进行柔性化处理的部件，进行有限元网格划分和有限元分析，获得关键部件的模态特性，通过模态叠加理论，建立刚柔耦合仿真分析模型。

（5）基于以上模型，可以获得所考虑部件的载荷情况，通过载荷计算结构，结合疲劳损伤理论和磨损计算模型，即可获得相关部件的疲劳和磨损寿命。

多体仿真分析建模过程相对复杂，目前已有成熟的商用软件可以进行相关建模分析，常用较为成熟的软件平台包括西门子 LMS 公司的 Virtual Lab 软件和 MSC 公司的 ADAMS 软件。下面以某飞机内襟翼、外襟翼和缝翼收放机构为对象，分别介绍这两种软件平台下襟缝翼机构运动学和动力学仿真建模案例。

6.3.2　外襟翼收放机构运动学和动力学仿真分析应用案例（Virtual Lab 软件平台）

1. 外襟翼连接关系和边界条件分析

外襟翼运动机构模型简化：襟翼摇臂通过球连接副连接于地（spherical joint），丝杠与作动筒之间螺纹连接（screw joint），作动筒与旋转作动器之间旋转连接（revolute joint），丝杠驱动襟翼绕地面转动。外襟翼整体的模型构成如图 6.3 所示。

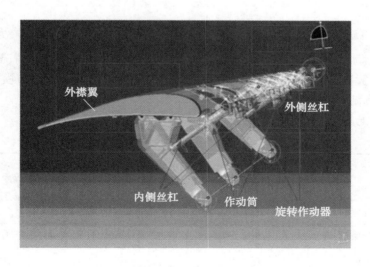

图 6.3　外襟翼运动机构 CATIA 模型构成

飞机外襟翼边界条件的确定包括以下几部分（见表 6.1）：①驱动约束（外襟翼被两个丝杠驱动）；②气动力约束；③摇臂的约束。

表 6.1　外襟翼边界条件的确定

驱动约束	施加速度约束曲线
气动力约束	施加三点力
摇臂的约束	与地通过球轴承连接,约束 x,y,z 3 个方向的移动,可以绕摇臂中心转动

2.基于刚柔耦合的外襟翼运动机构多体运动学和动力学仿真模型

考虑外襟翼为柔性体情况下的刚柔耦合模型,可以最大程度地再现襟翼运动机构各部件在运动过程中刚柔耦合的情况,需要对外襟翼建立有限元模型,进行柔性体设计。本模型采用三点力给出分布式的气动载荷。

驱动设置有多种方式可以选择,如位移驱动、速度驱动、加速度驱动等。本模型应用了速度驱动。速度驱动规律可以设置为:0 时刻在 0.5s 内从 0r/min 加速到 35.81r/min,然后保持匀速运动到 29.5s,然后在 0.5s 内减速到 0r/min,然后停留 1s,然后以同样的运动规律返回。

(1)外襟翼运动机构多体运动学分析。外襟翼运动机构在丝杠驱动作用下,理论上先进行加速运动,然后进行匀速运动,最后进行减速运动到 0,然后以同样的运动规律返回(见图 6.4)。

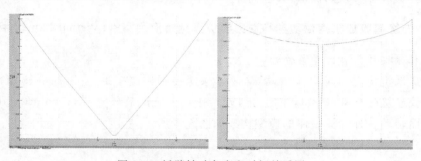

图 6.4　摇臂转动角度和时间关系图

(2)外襟翼运动机构多体动力学分析。考虑外襟翼与滑轨为柔性体的情况下,用外襟翼和滑轨有限元模型替换对应的刚体模型,使用 NASTRAN 计算有限元部件的模态,建立刚柔耦合仿真模型,仿真结果如下:

1)外襟翼前七阶模态(除去六阶刚性模态外)见表 6.2。

表 6.2　外襟翼前七阶模态

模　态	大　小	模　态	大　小
外襟翼第一阶振型	13.302 0Hz	外襟翼第二阶振型	37.346 5Hz
外襟翼第三阶振型	40.863 6Hz	外襟翼第四阶振型	59.417 5Hz
外襟翼第五阶振型	64.855 7Hz	外襟翼第六阶振型	66.795 7Hz
外襟翼第七阶振型	73.833 9Hz		

2)外襟翼变形位移云图与 mises 应力云图见图 6.5。

3)驱动载荷:

内侧丝杠 1 的驱动载荷见图 6.6。

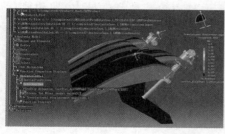

图 6.5　外襟翼的位移云图与 mises 应力云图

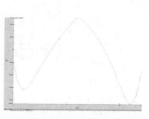

图 6.6　内侧螺纹驱动 X 方向、Y 方向和 Z 方向驱动力

外侧丝杠驱动载荷见图 6.7。

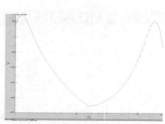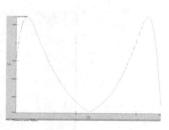

图 6.7　外侧螺纹驱动 X 方向、Y 方向和 Z 方向驱动力

6.3.3　缝翼收放机构运动学和动力学仿真分析应用案例（Virtual Lab 软件平台）

1.缝翼刚柔耦合模型建立

（1）对缝翼部件进行简化后,对各部件按照实际运动关系进行装配;缝翼整体的、具体的模型构成如图 6.8 所示。

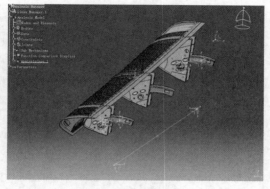

图 6.8　缝翼运动机构 CATIA 模型构成

（2）缝翼在运动过程中，承受两个驱动作用，通过齿轮转动产生推力，推动缝翼运动，缝翼齿轮转速为 3.858r/min。给内侧齿轮施加速度驱动，规律如图 6.9 所示。

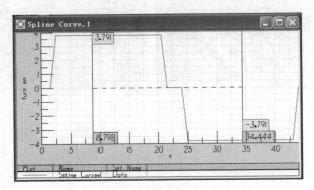

图 6.9　内侧齿轮速度驱动规律

（3）气动载荷定义。缝翼在工作过程中，承受气动载荷作用，气动力的加载方式根据不同的建模需要加载不同形式的气动力形式。为了保证翼面柔性化后气动载荷有效，将分布气动载荷转化为三个集中力，加载到翼面的三个作用点处，设置三个作用力的规律，如图 6.10 所示。

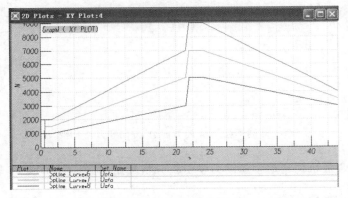

图 6.10　翼面三点受力规律

（4）部件柔性化。对缝翼翼面及两段扭力杆进行有限元网格划分，替换多刚体模型中的对应部件，计算模态，设置模态阶数和阻尼系数，得到刚柔耦合模型，如图 6.11 所示。

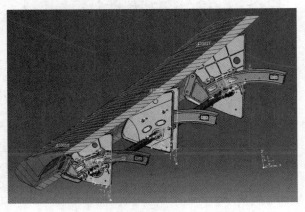

图 6.11　缝翼刚柔耦合模型

2. 缝翼运动机构多体运动学和动力学仿真分析

对缝翼机构在地面及空中放下两种工况进行仿真分析,得到驱动力矩、齿轮力及角度偏差对比结果,如图 6.12～图 6.14 所示。

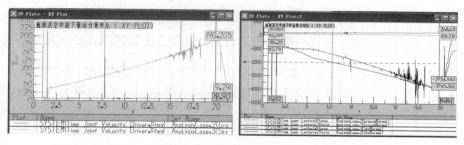

图 6.12　地面及空中放下时驱动力矩及齿轮力对比图

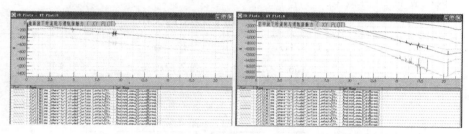

图 6.13　地面及空中放下时滚轮和滑轨接触变化曲线

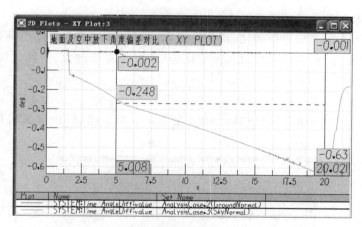

图 6.14　地面及空中放下时齿轮内、外侧角度偏差

由仿真结果可以看出,飞机在地面放下之前,由于重力的作用,缝翼有自动放下的趋势,因此,停放时两侧齿轮起阻碍作用(作用力为正值表示其阻碍作用);在放下过程中,重力力矩逐渐增加,为了保证缝翼不过快放下,两侧齿轮的阻力也相应增加。

空中放下之前,由于气动载荷远大于缝翼自重,缝翼有收上趋势;放下过程中两侧齿轮作用力均为动力(作用力为负值表示其推动作用),随着放下角度增加,气动载荷增加。因此,驱动力矩和齿轮作用力也随之增加。

由滚轮和滑轨的接触力对比可以看出,地面放下时,滚轮与滑轨接触力只需克服缝翼的重力,所以载荷很少;而空中放下时,由于机翼上翘,滚轮与滑轨接触载荷和气动载荷不仅需克服缝翼重力,还需要使缝翼产生向上弯曲的强制变形,因此接触载荷大幅度增加。

由角度偏差对比可以看出,地面收放时,齿轮内、外侧同步性很好,而空中收放时,齿轮内、外侧角度偏差大约为 0.6°。

6.3.4 某飞机内襟翼收放机构运动学及动力学仿真分析案例(ADAMS 软件平台)

本节采用 ADAMS 软件建立内襟翼机构运动仿真模型,针对内襟翼机构仿真模型,研究其放下过程和启动过程,分析其运动性能,包括丝杆所需驱动力、滑轮滑轨之间压力、襟翼机构的运动位移、速度及加速度等问题。

1. 内襟翼柔性体的模态

内襟翼的模态中性文件中共含有 10 阶模态,其中包括 6 个刚性模态,4 个柔性模态。表 6.3 给出了内襟翼的 10 阶振型。

表 6.3　内襟翼 10 阶模态的大小

模　态	大小/Hz	模　态	大小/Hz
第一阶模态	$2.147\ 186\ 156\ 2×10^{-5}$	第六阶模态	$1.964\ 495\ 257\ 5×10^{-4}$
第二阶模态	$3.281\ 896\ 781\ 4×10^{-5}$	第七阶模态	$0.233\ 759\ 419\ 4$
第三阶模态	$5.275\ 868\ 053\ 3×10^{-5}$	第八阶模态	$0.235\ 923\ 302$
第四阶模态	$6.505\ 645\ 495\ 7×10^{-5}$	第九阶模态	$0.273\ 900\ 247\ 9$
第五阶模态	$1.034\ 343\ 714\ 6×10^{-4}$	第十阶模态	$0.276\ 228\ 801\ 1$

2. 内襟翼翼面气动载荷的简化

本节通过采用插值方法进行简化,得到内襟翼翼面收放过程中气动载荷随时间变化的关系。共 51 个等效节点力,其中主襟翼翼面简化为 24 个等效节点力,子襟翼翼面简化为 27 个等效节点力。

3. 内襟翼机构的仿真过程

丝杆以 9.5mm/s 带动襟翼机构转动时,在 30s 中放下襟翼,内襟翼机构仿真模型如图 6.15 所示。

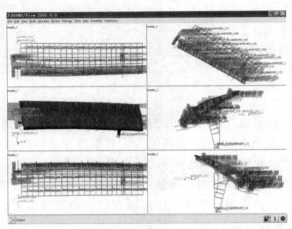

图 6.15　内襟翼运动机构仿真模型图示

4.内襟翼机构动力学特性分析

（1）内襟翼机构放下过程特性分析。丝杆以 9.5mm/s 带动襟翼机构转动时,在 30s 中放下襟翼,此时丝杆对襟翼驱动力随时间变化如图 6.16 所示。

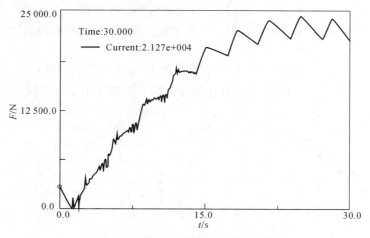

图 6.16　丝杆上驱动力随时间变化图

由于采用赫兹碰撞理论来分析滑轮滑轨的接触问题,当二者接触时,之间的相互作用力很大,故内襟翼所需要的驱动力较大;当二者分离时,之间相互作用力较小,内襟翼需要的驱动力较小。滑轮滑轨的接触与分离,导致所需驱动力出现振动,并最终趋于平稳。

仿真结果表示,在襟翼机构收放过程中,由于气动力的作用,滑轨下面的四个滑轮对滑轨没有作用力;滑轮 1 和 2 对滑轨作用力很大,压力可达 3.0×10^4 N,作用力持续整个收放过程;滑轮 3 和 4 对滑轨开始有作用力,相比滑轮 1 和 2,作用力相对小很多,而且作用力持续时间较短。

（2）内襟翼机构启动时刻运动特性分析。襟翼机构常出现无法启动,因此讨论襟翼机构收放过程中启动时刻所需驱动力很有必要。在临界状态下,驱动力等于阻力,要保证襟翼机构能够实现收放功能,则必须要求驱动力大于阻力,使得整个系统做正加速运动。本节给出一个很小的正加速度 $\alpha = 0.001$ mm/s^2,保证其运动 0.5s,来讨论丝杆所需提供的驱动。

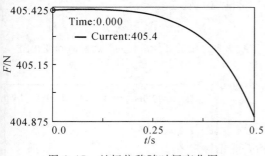

图 6.17　丝杆位移随时间变化图

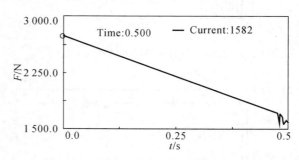

图 6.18　丝杆上驱动力大小随时间变化图

从图 6.17 和图 6.18 可以看出,在 $t=0$ 时刻,驱动力 $F=2\,737$N,即可保证襟翼机构系统初始加速度为正,即机构可以安全启动。

（3）考虑间隙情况下内襟翼机构放下过程运动特性分析。运动机构由于存在刚体的运动,机构元件之间存在较大的磨损,磨损导致机构元件尺寸发生变化,使得机构元器件间存在间隙。因此,有必要讨论间隙对机构的影响。

对于内襟翼收放机构,讨论滑轮滑轨间隙对机构运动的影响。由于下滑轮与滑轨压力为零,二者不存在磨损,或者二者磨损很小,所以本节只需讨论上滑轮与滑轨的压力情况。上滑轮初始半径 $r_0=25.4$mm,设运行一段时间后,上滑轮半径磨损消耗 0.5mm,即 $r_t=24.9$mm,滑轨与上滑轮存在间隙 $\delta=0.5$mm。下面讨论考虑间隙情况,襟翼机构放下过程和启动过程中的运动特性。

假定丝杆以 9.5mm/s 带动内襟翼机构转动时,在 30s 中放下内襟翼,此时丝杆对内襟翼驱动力随时间变化如图 6.19 所示。驱动力作用点的位移随时间变化图如图 6.20 所示。

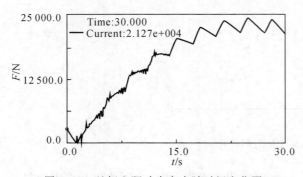

图 6.19　丝杆上驱动力大小随时间变化图

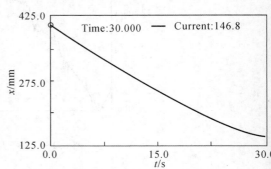

图 6.20　丝杆驱动力作用点位移随时间变化图

4 个滑轮与滑轨之间正压力,其随时间变化如图 6.21～图 6.24 所示。

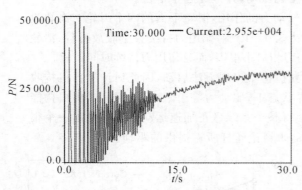

图 6.21　滑轮 1 与滑轨间压力随时间变化图

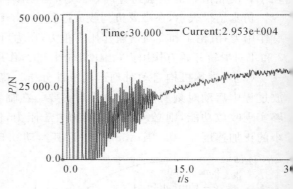

图 6.22　滑轮 2 与滑轨间压力随时间变化图

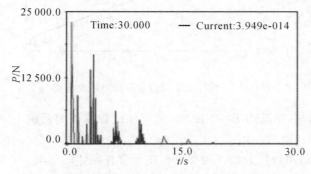

图 6.23　滑轮 3 与滑轨间压力随时间变化图

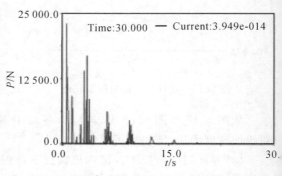

图 6.24　滑轮 4 与滑轨间压力随时间变化图

（4）考虑间隙情况下内襟翼机构启动过程运动特性分析。如前面章节所假设,本节给出一个很小的正加速度 $\alpha=0.001\mathrm{mm/s}^2$,保证其运动 $0.5\mathrm{s}$,来讨论丝杆所需提供的驱动力。

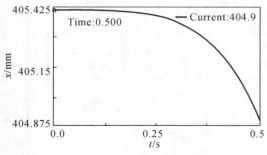
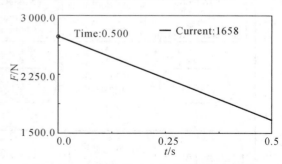

图 6.25　杆上驱动力作用点位移随时间变化图　　　　图 6.26　丝杆上驱动力大小随时间变化图

从图 6.25 和图 6.26 可以看出,在 $t=0$ 时刻,驱动力 $F=2\ 737\mathrm{N}$,即可保证襟翼机构系统初始加速度为正,即机构可以安全启动。

6.4　襟缝翼机构可靠性仿真分析

6.4.1　基于 LMS Virtual Lab 软件平台的可靠性仿真试验实现及应用案例

1. 可靠性分析软件的主要框架

考虑计算机辅助设计软件 CATIA、结构有限元分析软件 NASTRAN 在航空航天领域的广泛应用,以及多体运动学和动力学分析软件 LMS Virtual. Lab 与 CATIA 以及 NASTRAN 的无缝连接,同时利用 Visual Basic. NET 程序设计语言所能提供的界面设计以及 MATLAB 语言所能提供的数值计算功能,本可靠性仿真试验系统的总体思路为在 Visual Basic NET 环境下实现对 LMS Virtual. Lab 的二次开发,如图 6.27 所示。首先在 CATIA 以及 LMS Virtual. Lab 平台下实现运动机构确定性模型的建模与仿真;然后,通过 Visual Basic. NET 程序设计语言对 CATIA,LMS Virtual. Lab 以及 MATLAB 进行调用,实现包括仿真输入、随机抽样、仿真运行、仿真输出等功能,同时建立 Access 数据库文件用于保存可靠性仿真试验的随机参数数据库和对应于典型失效模式的结果数据数据库;最后,利用数据库中得到的响应值对运动机构进行典型失效模式可靠性分析,从而形成一套可以实现运动机构可靠性仿真与分析功能的可靠性仿真试验系统。

2. 软件包含的主要模块

（1）人机交互模块。运动机构可靠性仿真试验系统提供友好的人机界面,用户通过用户界面设置参数或是选择方法,通过系统内部程序将要求提交给计算机来处理,在此计算机主要承担了自动可靠性仿真、提取并保存数据、可靠性分析以及提供信息查询等辅助性服务工作(见图 6.28)。人机交互实际上是一种参数驱动机制,即保证界面参数与系统内部的参数产生约束关系,则界面参数的改变将驱动程序内部的数据交换和传递,从而实现一个闭环的数据更新和信息反馈。在人机协调方面,对于一些逻辑性和创新性很强的工作,仍然由用户进行处理,如初始模型的建立和修正,以及对于可靠性结果的分析、评估和验证等。

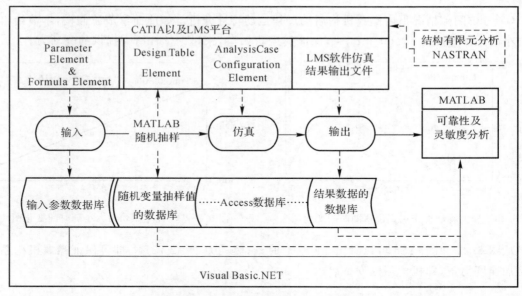

图 6.27 可靠性仿真分析软件实现流程

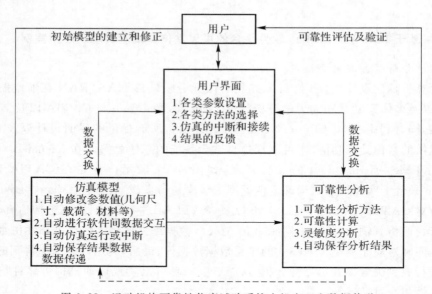

图 6.28 运动机构可靠性仿真试验系统人机交互和数据传递

(2)软件接口模块。在运动机构可靠性仿真试验系统开发过程中,针对机构学涉及的不同学科和不同问题,需要不同软件和工具来支持解决,各个仿真软件、分析工具和流程需要具有良好的数据接口,实现有效的、实时的、同步的协同仿真和数据管理,使得系统具备规范性和一致性(见图 6.29)。对于 CATIA,LMS Virtual. Lab,NASTRAN 和 AMESim 等商用软件,可利用软件本身提供的二次开发接口,将软件的已有模块与系统所需功能连接起来,对于自主开发的分析程序通过模块化处理进行封装,方便在程序与软件数据进行共享的场合实现信息通信,从而建立一个协同的仿真分析环境,实现各个软件和工具之间的协调和数据交互。

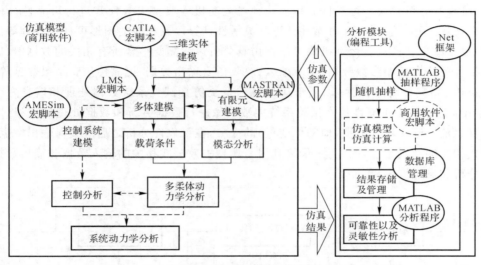

图 6.29 运动机构可靠性仿真试验系统集成的软件和工具

（3）可靠性仿真模块。可靠性仿真模块完成两个功能，一方面读入随机变量数据，自动修改模型并进行仿真，另一方面要在仿真结束后自动保存所需要的结果数据，便于可靠性分析。如图 6.30 所示，利用 CATIA，LMS Virtual. Lab 和 NASTRAN 等商用软件的开放式程序结构和二次开发接口，可以将模型的随机变量（如几何尺寸、边界条件、载荷条件以及材料属性等）提取出来并重新赋值，形成可用于仿真计算的脚本文件，当仿真软件接收并读入脚本文件时，依据脚本文件自动调整模型并执行仿真，从而集成高效率的计算策略完成可靠性仿真。仿真结束后，通过 LMS Virtual. Lab 输出结果的文本文件提取与失效模式相关的结果数据（运动精度如位移、速度和加速度，载荷输出如力和力矩），利用 LMS Virtual. Lab 宏脚本文件从仿真模型中提取多柔性体运动学和动力学仿真分析结果（如应力和应变等），并自动保存数据。如果仿真次数没有达到所需要的可靠性仿真次数，将自动进行下一步的自动建模、仿真和数据保存；如果可靠性仿真结束，将进入可靠性分析阶段。

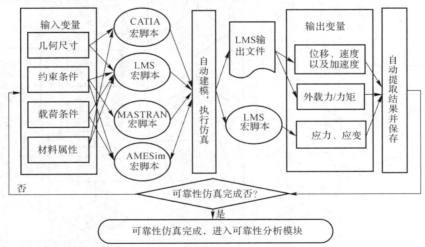

图 6.30 运动机构可靠性仿真试验系统自动建模和仿真过程

（4）可靠性分析模块。可靠性分析模块针对运动机构典型失效模式进行可靠性分析和灵敏度分析，包含了数据的提取、可靠性计算和灵敏性计算以及相应的图形可视化处理等。

（5）数据库管理模块。运动机构可靠性仿真分析过程需要整合所有相关的数据信息，数据类型包括各类仿真模型参数数据、仿真输入数据、仿真输出数据、可靠性仿真结果数据等，要确保数据准确、完整并有序保存，以便于运动机构系统仿真试验系统数据处理和信息融合。图6.31 给出了运动机构可靠性仿真试验系统中数据库进行数据更新和数据处理的过程，进行可靠性仿真之前应确保输入数据（即随机变量）的完整，在可靠性分析之后应确保输出数据（即与失效模式相关的结果数据）的完整，最终利用与典型失效模式相关的输入数据和输出数据进行可靠性分析和灵敏度分析。

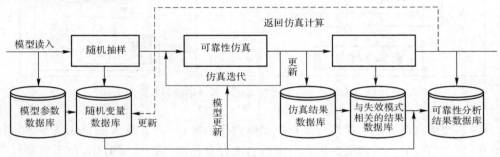

图 6.31　运动机构可靠性仿真试验系统的数据库建立和管理

（6）可靠性仿真试验系统分析流程。运动机构可靠性仿真试验系统的分析流程（见图6.32）大致如下：

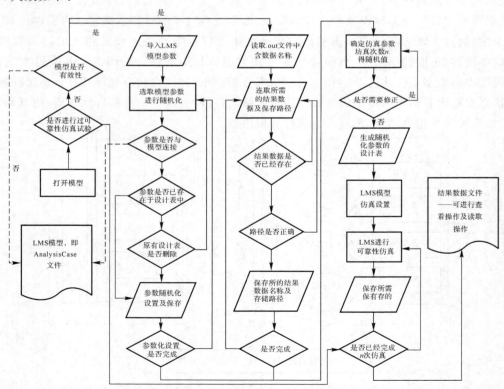

图 6.32　运动机构可靠性仿真试验系统分析流程

1)对可靠性仿真模型进行有效性验证;

2)对可靠性仿真模型进行参数化设置和参数随机化,并选取保存所需的结果数据名称和存储路径;

3)根据运动机构的工况和仿真试验要求确定仿真参数即仿真次数,然后进行可靠性仿真;

4)得到结果数据文件。

(7)软件实现界面(见图 6.33)。

图 6.33　运动机构可靠性仿真试验系统软件实现界面

3.民机缝翼运动机构可靠性仿真分析应用案例

(1)问题描述。飞机左右机翼分别设置 3 段前缘缝翼,各段互不相连。由于各段缝翼的结构形式相同,故研究中只取内段缝翼作为研究对象。

对缝翼机构进行失效模式分析得到,缝翼的主要失效模式有以下 6 种失效模式:①部件变形过大或断裂;②滚轮或滑轨接触疲劳;③收放速度过快或过慢;④内外侧角度偏差过大;⑤收放角度精度不足;⑥机构运动卡滞

缝翼机构的典型失效模式见表 6.4。

表 6.4　缝翼机构的典型失效模式

序　号	失效模式	失效判据
1	结构破坏或变形过大	实际载荷大于临界值
2	接触疲劳	工作寿命大于疲劳寿命
3	收放速度过快或过慢	工作时间超出范围[15.5s,18.5s]
4	两侧运动不同步	缝翼内、外侧角度差 $\alpha_1 - \alpha_3 > 3°$
5	收放角度精度不足	角度偏差超出范围[$-1°$,$+1°$]
6	运动卡滞	能够提供的驱动力小于需要驱动力矩

其中失效模式 1 和 2 属于结构可靠性问题,失效模式 3 是由控制系统故障引起的。本文假设:①机构系统不发生结构失效;②控制及动力系统完好,系统能够提供的最大驱动力矩恒定。因此,针对失效模式 4,5 和 6 展开研究。

根据力学性能分析,机构 3 种失效的原因可以用图 6.34 表示。

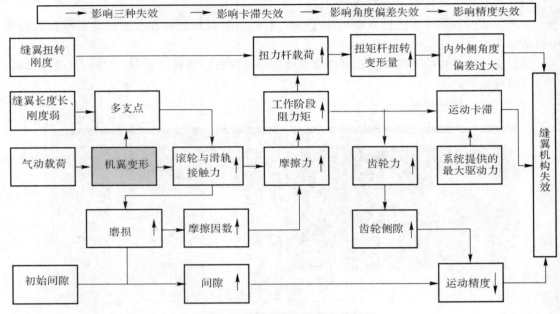

图 6.34　缝翼机构失效机理分析图

由图 6.34 可以看出,导致缝翼机构运动精度不足失效的主要原因是:机翼变形引起滚轮与滑轨之间的接触力增加,接触力增加会加速滚轮与滑轨之间的摩擦和磨损,使得滚轮与滑轨之间间隙增大,进而影响缝翼的收放精度。另外,滚轮与滑轨接触力的增加会使得其摩擦力增加,导致缝翼收放的阻力增加,因此,收放过程中齿轮齿条的作用力随之增加,进而引起齿轮齿条磨损,侧隙变大,从而降低运动精度。

在系统能提供的最大驱动力一定的假设下,机构运动卡滞的直接原因是收放过程中阻力增加,阻力由气动力和滚轮与滑轨之间的摩擦力决定。由上图看出,摩擦力的增加一方面是由于机翼变形导致接触正压力增加,另一方面是由于滚轮与滑轨表面磨损,引起摩擦因数增加。同时,机翼内外侧变形量的不一致会导致缝翼内、外侧偏角不一致,给收放过程带来额外阻力。

缝翼内、外侧角度的不一致主要是由扭力杆变形引起的,而扭力杆变形量主要是由缝翼翼面的刚度、外侧滚轮滑轨的作用力决定的。

(2)仿真模型建立。缝翼机构部件较大,翼面结构形式复杂,其力学性能复杂,缝翼的收放依靠滚轮与滑轨的接触限位,由齿轮齿条传动,导致非线性程度很高。这就导致无法建立解析的动力学数学模型,因此,以 LMS Virtual. Lab 为平台建立机构的仿真模型。

缝翼机构的参数化建模流程如图 6.35 所示。在 CAD 软件中完成三维制图和在 CFD 中进行气动载荷计算后,建模工作在 LMS Virtual. Lab 和 LMS Imagine. Lab 中完成。首先,在 Motion 环境下对部件进行装备和载荷定义完成多刚体模型;再利用 Structures 模块对需要柔性化的部件划分网格并进行 C－B 模态计算,将计算结果重新导入多刚体模型形成刚柔耦合模型。最后,参数化需要研究的变量,形成参数化模型。

由缝翼运动机构的刚柔耦合模型建立过程可知,气动力、齿轮转动速度、齿轮半径对设计目标的影响相对较大,其他几个设计参数的影响几乎可以忽略不计,因此,在可靠性计算时选择此 3 个因素作为随机变量。

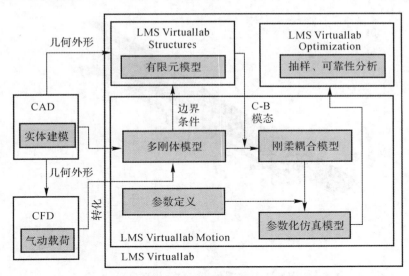

图 6.35　缝翼机构参数化仿真模型建模流程

在可靠性计算中,必须明确随机变量的均值和方差。理论上来说,随机变量的均值和方差必须由对大量的样本进行统计分析得到,然而,针对我国目前的国情,在实际的工程应用中,这种做法耗费成本、时间太大,施行起来比较困难,故利用 3σ 法则确定随机变量的均值和方差(见表 6.5)。

表 6.5　缝翼运动机构随机变量分布类型及参数

dtLms_Random

ID	参数	分布类型	参数 1	参数 2	左截尾	右截尾
1	K	正态分布	1	.033		
2	`Gear1 - R1`(mm)	截尾正态分布	27.871	.033	26	27.871
3	`Gear1 - R2`(mm)	截尾正态分布	−525.905	.033	−527	−525.905
4	`Gear2 - R1`(mm)	截尾正态分布	25.318	.033	24	25.318
5	`Gear2 - R2`(mm)	截尾正态分布	−477.732	.033	−479	−477.732
6	`inside speed`(turn_mn)	正态分布	3.791	.015		
7	`outside speed`(turn_mn)	正态分布	3.791	.015		

在 LMS Virtual. Lab 中进行缝翼机构的参数化建模,即将气动力系数、外侧齿轮转速和外侧齿轮半径用表达式替换。假设要求 $P_f < 0.005$,则样本量 N 至少取 $\dfrac{100}{P_f} = \dfrac{100}{0.005} = 20\ 000$ 次。

对机构的各部件进行装配关系和作用力定义,将分布的气动载荷转化为 3 个集中力,对二号和三号支架施加向上的强制位置后,给内侧齿轮施加转速驱动,缝翼机构的参数化模型如图 6.36 所示。

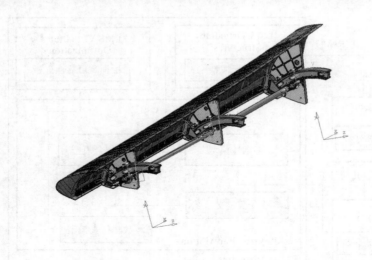

图 6.36　缝翼机构参数化仿真模型

　　(3)可靠性仿真分析。仿真结果(见图 6.37)显示,缝翼在整个放下过程中最大应力分别为:缝翼 2.78E+04N/m²;内侧主滑轨 2.6E+06N/m²;辅助滑轨 7.68E+05N/m²;外侧主滑轨 9.38E+03N/m²。应力均在材料和结构的极限应力范围内,不会引起结构的破坏。

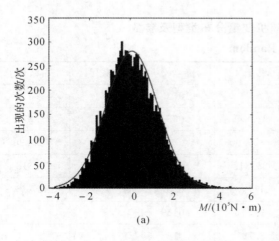

(a)

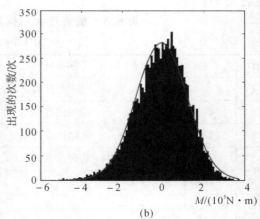

(b)

图 6.37　缝翼工作过程中内外侧齿轮所需的驱动力矩分布

　　将驱动力矩作为目标函数,来衡量系统是否失效。通过可靠性计算软件,调用 LMS Virtual. Lab 求解器,分别计算每个随机样本,将得到的结果保存到数据库中。内、外侧两个齿轮同时旋转驱动缝翼工作,为串联系统,即任何一个齿轮所需的驱动力矩超过系统所能提供的最大力矩时就认为系统失效。假设系统能够提供的最大力矩为 250 000N·m,则系统的可靠性计算如图 6.38 所示。

　　对仿真结果进行统计,拟合出驱动力分布曲线,以此求出缝翼系统的可靠度和影响因素的灵敏度,如图 6.39 和图 6.40 所示。

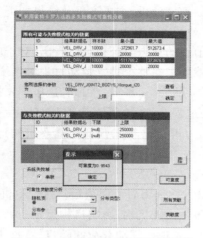

图 6.38　缝翼机构可靠性计算结果

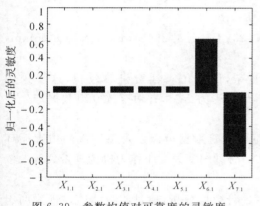

图 6.39　参数均值对可靠度的灵敏度

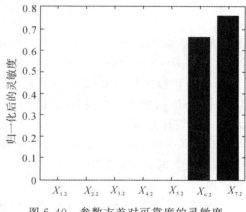

图 6.40　参数方差对可靠度的灵敏度

由图 6.39 和图 6.40 可以看出,齿轮驱动速度的协调程度对缝翼的收放影响较大。

(4)结果分析。

1)气动力对驱动力矩的影响相对较小。气动力由小变大时,齿轮上所需的驱动力矩总体上是逐渐增加的,且气动力越大,力矩的波动越厉害。假设系统所能提供的最大驱动力矩为 150 000N·m,正常情况下,气动力的波动不会引起因驱动力不足而导致缝翼无法正常收放。

2)随着齿轮转速偏离最佳值 3.791,所需的驱动力矩急剧增加,这是由于转速偏离最佳值之后,随着时间的变化,齿轮的线位移不协调导致内、外侧齿条的角速度不协调,从而导致所需的驱动力矩增加。

3)随着齿轮分度圆半径偏离最佳值 25.318mm,所需的驱动力矩急剧增加,这是由于分度圆半径偏离最佳值之后,随着时间的变化,齿轮的线位移不协调导致内、外侧齿条的角速度不协调,从而导致所需的驱动力矩增加。

6.4.2　基于 ADAMS 软件平台下可靠性仿真试验及应用案例

结合前面所述内容,可以在 ADAMS 下对某型飞机襟缝翼机构的运动仿真模型进行参数化,并对其进行可靠性及参数灵敏度分析,主要过程及结果如下所述。

1. 内襟翼机构可靠性模型的建立及结果分析

(1)失效模式的建立。从前面的动力学分析可以看出,对于内襟翼机构关键是保证机构运动过程要平滑不致于卡滞,这就要求在整个襟翼运动过程中系统提供的驱动力满足要求,只有这样才能从整体上保证机构运动的完整、平滑。因此,这里首先提供一定的运动速度来保证机构在规定的时间内完成放下的过程,运动仿真得到运动过程中系统必须提供的驱动力,将这个驱动力与系统所能提供的驱动力进行比较来验证内襟翼机构运动的可靠性。即极限状态方程为

$$G(X) = F_{max} - F(X)$$

式中,F_{max} 为系统所能提供的最大驱动力,$F(X)$ 为运动过程中机构对丝杆所产生的阻力。

(2)随机变量的确定。对于内襟翼机构,影响机构运动过程中的因素很多,包括机件设计的尺寸、气动载荷的大小等,为了表现出气动载荷的随机性,这里在简化随机载荷的基础上再对随机载荷添加一个随机因子,即 $F_t = (1 + f)F(t)$。这里选取现有数据中可控的上、下滑轮的尺寸 R_1,R_2,滑轨的厚度 d 以及等效气动载荷的随机因子 f 的大小作为随机变量,即

$$X = [x_1, x_2, x_3, x_4] = [R_1, R_2, d, f]$$

上述各变量均假定服从正态分布。其中,$R_1 \sim N(25.4mm, 0.254^2)$,$R_2 \sim N(19.05mm, 0.190\ 5^2)$,$d \sim N(6.0mm, 0.06^2)$,$f \sim N(0, 0.05)$。

(3)可靠性仿真结果及分析。由于机构相对复杂,因而仿真耗费机时较长,这里采用 Monte Carlo 法抽取 500 组数据进行仿真,分别求得最大受力 F_{max},并对这 500 组数据产生的力 F 进行统计分析。

对于每一组数据,进行一个仿真循环,通过大量的仿真数据可以发现每一次的仿真循环中,最大受力的时刻都趋向一致,这也是本报告将某一时刻的受力大小作为机构是否失效的依据的原因。

通过 500 组数据得到两丝杆某一时刻的受力并进行数据分析,通过假设体验发现这两组数据均以 95% 的置信度服从正态分布,如图 6.41 所示。

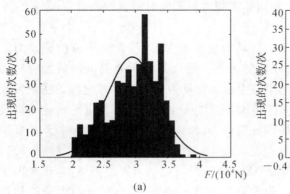 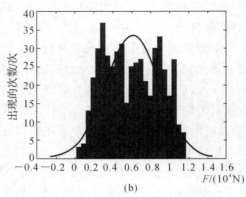

图 6.41　丝杆 1 与丝杆 2 的受力情况统计分析图
(a)丝杆 1;　(b)丝杆 2

从统计图上可以看出所得 F 服从正态分布,分别求得均值与标准差。丝杆 1 处 $\mu_1 = 29\ 657(N)$,$\sigma_1 = 6\ 073.6$;丝杆 2 处,$\mu_2 = 29\ 657(N)$,$\sigma_2 = 6\ 073.6$。当丝杆给定不同的驱动力

时,可利用仿真法求出机构的失效概率(见表 6.6)。

表 6.6　内襟翼机构运动仿真失效概率

F_{max}(丝杆 1)/N	失效概率(丝杆 1)	F_{max}(丝杆 2)/N	失效概率(丝杆 2)
40 000	4.671 165E-003	10 000	8.412 801E-002
42 000	9.614 802E-004	15 000	8.669 177E-004
45 000	5.767 585E-005	18 000	1.424 938E-005
48 000	2.016 053E-006	20 000	5.119 970E-007
50 000	1.591 012E-007	22 000	1.143 228E-008
52 000	9.831 084E-009	25 000	1.552 100E-011

这说明在不同的驱动力下,机构可以取得不同的失效概率。这样就可以根据机构可靠性的要求,根据实际情况采用一定的驱动力。

2.外襟翼机构可靠性模型的建立及结果分析

(1)失效模式的建立。与内襟翼机构一样,首先提供一定的运动速度来保证机构在规定的时间内完成放下的过程,运动仿真得到运动过程中系统必须提供的驱动力,将这个驱动力与系统所能提供的驱动力进行比较来验证外襟翼机构运动的可靠性。即极限状态方程为

$$G(X) = F_{max} - F(X)$$

式中,F_{max} 为系统所能提供是最大驱动力,$F(X)$ 为运动过程中机构对丝杆所产生的阻力。

(2)随机变量的确定。相对于内襟翼机构来讲,影响外襟翼机构的可控数据相对较少,这里只选取等效气动载荷的随机因子 f 的大小和加在前、后丝杆上的运动速度 V_1,V_2 作为随机变量,即

$$X = [x_1, x_2, x_3] = [V_1, V_2, f]$$

上述各变量均假定服从正态分布。其中,$V_1 \sim N(-8.316\text{mm/s}, 0.041\ 582)$,$V_2 \sim N(-8.316\text{mm/s}, 0.041\ 582)$,$f \sim N(0, 0.05)$。

(3)可靠性仿真结果及分析。采用 Monte Carlo 法抽取 1 000 组数据进行仿真,分别求得最大受力 F,并对这 1 000 组数据产生的力 F 进行统计分析。

对于每一组数据,进行一个仿真循环,图 6.42 和图 6.43 表示为其中一个仿真循环中两个丝杆处所受力的变化情况。

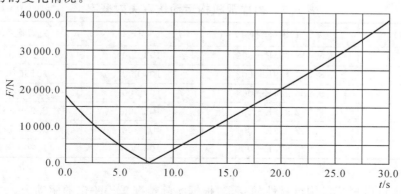

图 6.42　外襟翼机构丝杆 1 的受力分析图

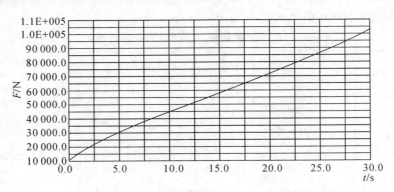

图 6.43　外襟翼机构丝杆 2 的受力分析图

可以看出,机构的受力最大处均在机构完成放下处,即在 30s 处。

利用图中所示时刻,通过 1 000 组数据得到两丝杆某一时刻的受力并进行数据分析,通过假设体验发现,这两组数据均以 95% 的置信度服从正态分布,如图 6.44 所示。

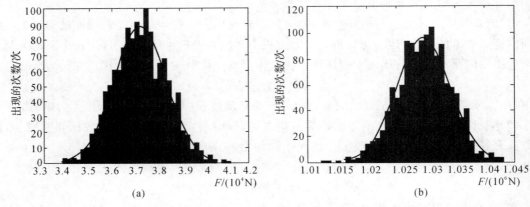

图 6.44　丝杆 1 和丝杆 2 的受力情况统计分析图
(a)丝杆 1;　(b)丝杆 2

从统计图上可以看出,所得 F 服从正态分布,分别求得均值与标准差。丝杆 1 处,$\mu_1 = 37\ 231$(N),$\sigma_1 = 1\ 163.4$;丝杆 2 处,$\mu_2 = 102\ 970$(N),$\sigma_2 = 454.128\ 7$。当丝杆给定不同的驱动力时,可利用仿真法求出机构的失效概率(见表 6.7)。

表 6.7　内襟翼机构运动仿真失效概率

F_{max}(丝杆 1)/N	失效概率(丝杆 1)	F_{max}(丝杆 2)/N	失效概率(丝杆 2)
39 000	6.418 725E−002	103 500	1.215 916E−001
40 000	8.654 139E−003	104 000	1.166 233E−002
41 000	5.983 984E−004	104 500	3.770 955E−004
42 000	2.072 975E−005	105 000	3.909 360E−006
43 000	3.547 563E−007	105 500	1.265 711E−008
44 000	2.972 613E−009	106 000	1.260 820E−011

同样地,也可以根据机构可靠性的要求,根据实际情况采用一定的驱动力。

6.5　典型襟缝翼机构可靠性评估试验仿真

6.5.1　襟缝翼运动机构试验系统组成及其功能原理分析

1. 襟缝翼运动机构试验系统组成

襟缝翼运动机构试验系统由飞机内襟翼、内段缝翼和试验台架 3 部分组成。

内襟翼试验件如图 6.45 所示,包括内襟翼本体、内襟翼摇臂、内襟翼支臂、连接销、内襟翼滑轨、内襟翼滑轮架组件、内襟翼操纵接头等。

图 6.45　内襟翼试验件

缝翼试验件如图 6.46 所示,包括内段缝翼本体、内段缝翼滑轮架、内段缝翼滑轨等。

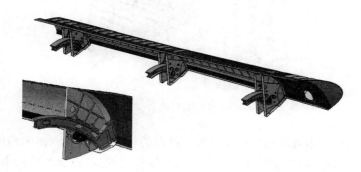

图 6.46　缝翼试验件

试验台架如图 6.47 所示,包括试验支架、机翼内盒段、外盒段夹件等。

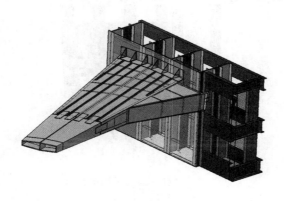

图 6.47　试验台架

2. 襟缝翼运动机构试验系统功能原理分析

机翼内盒段根部固接于试验座架上,为襟缝翼提供刚度支持。襟翼由滑轮滑轨约束在一定角度范围内转动,实现襟翼的放下与收上功能,如图 6.48 所示。

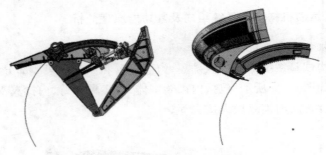

图 6.48　襟缝翼运动功能示意图

外盒段夹件受 3 个集中力作用来模拟机翼盒段的弯曲与扭转变形,襟缝翼各自受 3 个垂直于翼面的集中力来模拟其所受的气动载荷,如图 6.49 所示。

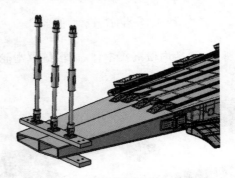

图 6.49　机翼外盒段夹件加载方式

襟缝翼的收上与放下由液压控制系统控制。缝翼的转动由内、外两侧的两组齿轮齿条副驱动实现,设定的齿轮齿条参数使得两段齿条转动角速度保持相同;襟翼的转动由内、外两侧的丝杠螺旋副驱动实现。同样,固定的丝杠螺旋副传动比使得在正常情况下,襟翼内、外同步转动。

整个襟缝翼运动机构试验系统如图 6.50 所示。

图 6.50　襟缝翼运动机构试验系统

6.5.2　襟缝翼运动机构试验系统仿真建模

1. 襟缝翼运动机构试验系统多刚体建模

根据运动关系及仿真目的等条件,将襟缝翼运动机构试验系统模型划分成以下部分。

(1)试验台架部分:试验台架,机翼盒段,液压操纵系统(示意作用)。

(2)襟翼部分:襟翼本体(包括襟翼滑轨和襟翼摇臂),襟翼滑轨滑轮架,上、下 8 个襟翼滑轨滑轮,襟翼支臂,内、外 2 个襟翼操纵丝杠接头,内、外 2 组襟翼驱动丝杠,内、外 2 个丝杠滑块,内、外 2 个襟翼丝杠滑块连接销。

(3)缝翼部分:缝翼本体(包括 3 段缝翼滑轨),3 组缝翼滑轮架,内、外 2 段缝翼滑轨齿条,内、外 2 个缝翼滑轨齿轮。

模型的装配采用坐标系装配方法,按照连接关系对襟缝翼运动机构系统进行装配。装配完成的襟缝翼运动机构试验系统刚体仿真模型如图 6.51 所示。

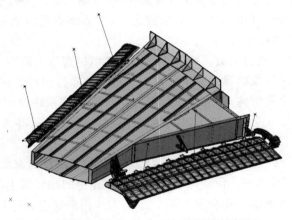

图 6.51　襟缝翼运动机构试验系统刚体仿真模型

2. 机翼盒段柔性体建模

机翼盒段为薄壁结构,壁板和梁腹板等有限元模型采用二维面单元,梁缘条和长桁等有限元模型采用一维杆单元。抽取机翼盒段各部分的中面,根据其特征不同对面进行划分,创建机翼盒段中面。将梁缘条和长桁等的中轴线投影到相应的中面上,以直线段表示。采用二维面单元,依次对各中面进行有限元建模,同时参考面上相应的投影直线段,得到机翼盒段的二维面单元模型。以机翼盒段的二维面单元模型为基础,从中抽取出机翼盒段梁缘条、长桁等的一维杆单元模型。

添加机翼盒段有限元模型材料属性为钢。根据机翼盒段几何模型,进行相应的简化,其有限元模型中二维面单元几何参数设置见表 6.8。

至此,创建得到机翼盒段有限元模型。

3. 襟缝翼运动机构试验系统刚柔耦合建模

(1)导入柔性体模型。在建立好的襟缝翼运动机构试验系统多刚体模型基础上,进行柔性体建模。首先,导入机翼盒段有限元模型,替换多刚体模型中的刚体机翼盒段。导入后,若部分运动副装配点不在有限元模型的网格节点上,需要在这些装配点创建新的节点。

再依次导入已有的襟翼、缝翼有限元模型。

表 6.8　机翼盒段有限元模型二维面单元几何参数设置

面单元	厚度/mm	面单元	厚度/mm
上壁板(前)	4.8	翼根	17.4
上壁板(后)	5.4	翼根装配连接面	12
下壁板(前)	4.6	翼根加固三角面	12
下壁板(后)	6.2	后壁板	2
前梁腹板	3	后墙腹板	5
后梁腹板	5	后翼肋腹板	2
翼肋腹板	3		

(2)添加襟翼刚柔接触。在将襟翼刚体模型替换为柔性体模型后,模型中原有的襟翼滑轮滑轨球面-拉伸面接触已经失效,需要替换为新的刚体-柔性体接触。原模型中刚体球面接触部分不变,拉伸面接触部分由于已经替换为柔性体模型,相应地也需要更换为新的柔性接触面。

创建好襟翼滑轮滑轨刚体-柔性体接触面之后,在模型中将原有的球面-拉伸面接触力替换为现在的刚体-柔性体接触力。

(3)机翼盒段载荷三点力加载。机翼盒段用来模拟机翼结构的弯曲和扭转变形,盒段外段使用了 3 个松紧螺套来模拟机翼载荷工况。由于机翼外盒段假件的作用在于将 3 个松紧螺套的载荷转移到机翼内盒段结构上,故在襟缝翼运动机构试验系统模型中,省去机翼外盒段,而采用 3 个三点力来模拟 3 个松紧螺套的载荷,再通过 3 个 Spider 将 3 个三点力载荷加载到机翼盒段外端面上。

(4)襟缝翼载荷三点力加载。襟缝翼运动机构试验中,襟翼、缝翼翼面的载荷均通过 3 个作动筒与拉压垫的组合形式实现。作动筒作用在于翼面连接的拉压板上,其目的在于通过增大受力面积,将作动筒的集中载荷平均分布在翼面上,以避免因局部应力过大而导致的蒙皮失效。

在襟缝翼运动机构试验系统仿真模型中,作动筒的加载用三点力实现,三点力的方向保持始终与加载翼面垂直,其作用点和大小也均与实际试验中相同。为避免翼面有限元模型局部应力过大,采用 Spider 功能将三点力均匀分布在拉压垫面积内的有限元网格节点上。

至此,建立得到襟缝翼运动机构试验系统刚柔耦合仿真模型,如图 6.52 所示。

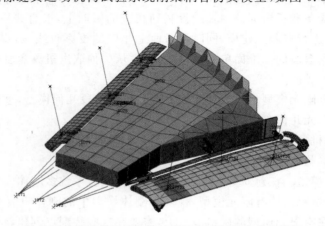

图 6.52　襟缝翼运动机构试验系统刚柔耦合仿真模型

4. 襟缝翼驱动载荷谱设置

襟缝翼的运动过程及其施加载荷如图 6.53 所示。

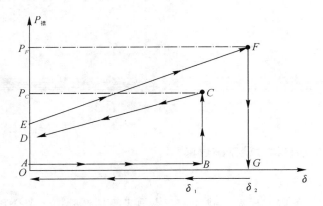

图 6.53　襟缝翼位移-载荷谱

A—B：襟缝翼放下角度由 0 线性增加至 δ_1，在此阶段襟缝翼载荷保持为 0；

B—C：保持襟缝翼放下角度为 δ_1，翼面载荷由 0 按载荷谱增加至 P_C；

C—D：襟缝翼放下角度由 δ_1 线性减小至 0，同时翼面载荷按载荷谱由 P_C 减小至 P_D；

D—E：保持襟缝翼放下角度为 0，翼面载荷按载荷谱由 P_D 减小至 P_E；

E—F：襟缝翼放下角度由 0 线性增加至 δ_2，同时翼面载荷按载荷谱由 P_E 增加至 P_F；

F—G：保持襟缝翼放下角度为 δ_2，翼面载荷由 P_F 按载荷谱减小至 0；

G—O：襟缝翼放下角度由 δ_2 线性减小至 0，在此阶段襟缝翼载荷保持为 0。

其中，A—D 模拟起飞过程，D—E 模拟巡航过程，E—O 模拟着陆过程。对于襟翼 $\delta_1=15°$，$\delta_2=41.5°$，对于缝翼 $\delta_1=\delta_2=20.85°$。

由于实际试验中襟缝翼载荷的加载时间未知，考虑襟缝翼运动机构试验系统柔性体模型仿真计算时间比较长，仿真模型中襟缝翼的加载作了一定程度的合理简化。

参考实际试验的位移-载荷谱，于仿真模型中设置襟翼、缝翼位移-载荷谱。图 6.54 给出了襟翼、缝翼放下角度随时间的变化规律，图 6.55 给出了襟翼、缝翼载荷随时间的变化规律。

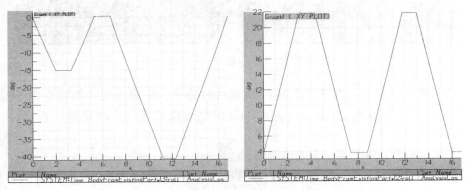

图 6.54　襟翼、缝翼放下角度随时间的变化

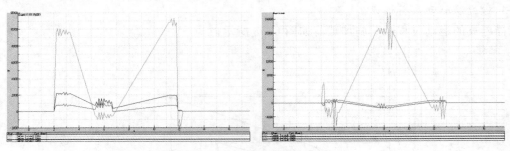

图 6.55　襟翼、缝翼载荷谱

6.5.3　襟缝翼运动机构试验系统仿真

1.机翼盒段有限元仿真分析

对单独的机翼盒段有限元模型加载 3 个三点力来模拟试验中 3 个松紧螺套的载荷。通过仿真计算,得出机翼盒段的变形和应力如图 6.56 和图 6.57 所示。

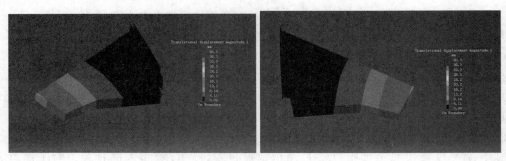

图 6.56　机翼盒段变形云图(上、下面)

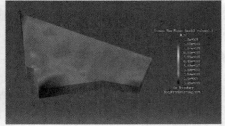

图 6.57　机翼盒段应力云图(上、下面)

在单独的机翼盒段三点力载荷作用下,机翼盒段的最大变形出现在机翼盒段外侧靠前位置,最大变形量约 21mm;机翼盒段应力较大部位位于机翼盒段中间靠后位置,最大应力约 $8e+7N/m^2$。

2.机翼盒段加载点及连接点位移仿真分析

在襟缝翼运动机构试验系统刚柔耦合仿真模型中,襟缝翼放下及收上过程中机翼盒段、襟翼、缝翼的变形如图 6.58 和图 6.59 所示。

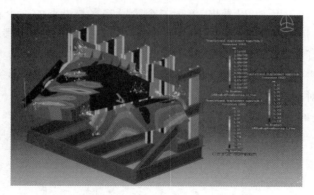

图 6.58　机翼盒段、襟翼、缝翼变形云图（襟缝翼放下过程）

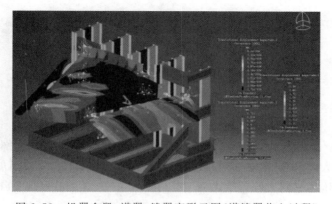

图 6.59　机翼盒段、襟翼、缝翼变形云图（襟缝翼收上过程）

机翼盒段三点力加载点及其与襟翼、缝翼连接点的位移分别如图 6.60 和图 6.61 所示。

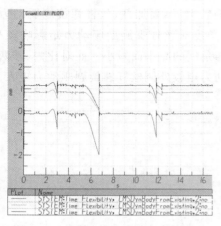

图 6.60　机翼盒段三点力加载点位移

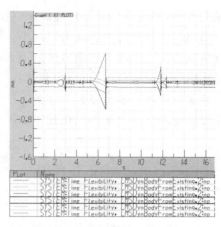

图 6.61　机翼盒段与襟缝翼连接点位移

在 2.2s—3.0s,5.3s—6.7s,11.2s—12.3s 的三个阶段中,各点位移均大幅增加,随后又迅速恢复到常值附近。而在其余过程中,各点位移各自基本维持常值,随着襟缝翼的放下与收上在其常值附近稍有波动。

　　参考襟缝翼的转动角度,可以看出,上述三个阶段基本与襟翼的三个转动角度保持阶段相重合。由于襟翼转动幅度较大,当其由转动突然停止时,襟翼与机翼盒段固定成为一个整体,此时襟翼的翼面载荷间接地加载到了机翼盒段上,导致机翼盒段变形增大;同理,当襟翼由静止启动开始转动时,襟翼与机翼盒段产生相对运动,机翼盒段卸载,变形突然减小。缝翼由于其转动幅度较小,其对机翼盒段变形的影响较小。

　　3.襟翼丝杠螺旋副驱动力矩仿真分析

　　随着襟翼的放下与收上角度的变化,襟翼内外侧丝杠螺旋副的驱动力矩也随之变化,如图6.62所示。

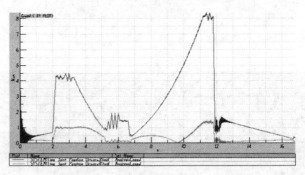

图 6.62　襟翼丝杠螺旋副驱动力矩

　　在开始的 0—2s 及最后的 12.3s—16.8s 中,翼面载荷为 0,襟翼丝杠螺旋副驱动力矩随着襟翼转动角度的增大而缓慢增大,减小而缓慢减小。在 2s 和 12.3s 翼面加载和卸载时,丝杠螺旋副驱动力矩也随之急剧大幅增大和减小。在 3.3s—5.3s 和 6.7s—11.2s 翼面线性缓慢卸载和加载过程中,丝杠螺旋副驱动力矩随之缓慢减小和增大。而在 2s—3.3s,5.3s—6.7s 和 11.2s—12.3s 襟翼转动角度保持不变时,丝杠螺旋副驱动力矩随着翼面载荷的上下波动而波动。

　　综上可知,翼面载荷对丝杠螺旋副驱动力矩影响较大;翼面加载,丝杠螺旋副驱动力矩增大,翼面卸载,丝杠螺旋副驱动力矩减小。机翼转动角度对丝杠螺旋副驱动力矩影响较小;丝杠螺旋副驱动力矩随襟翼转动角度的增大而增大,随角度的减小而减小。而对比内、外两侧的丝杠螺旋副驱动力矩可以看出,内侧丝杠螺旋副驱动力矩较外侧丝杆螺旋副驱动力矩大。

　　4.缝翼齿轮副驱动力矩仿真分析

　　缝翼齿轮副驱动力矩的变化规律如图6.63所示。

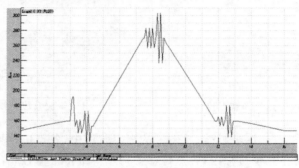

图 6.63　缝翼齿轮副驱动力矩

由图 6.63 可以看出,缝翼齿轮副驱动力矩的变化规律与襟翼丝杠螺旋副驱动力矩的变化规律类似。缝翼齿轮副驱动力矩受缝翼转动角度的影响较小,随转动角度增大而稍有增大,随转动角度减小而稍有减小。翼面载荷对缝翼齿轮副驱动力矩的影响较大:翼面加载,齿轮副驱动力矩增大;翼面卸载,齿轮副驱动力矩减小。

5. 襟翼滑轨滑轮接触力仿真分析

随着襟翼转动角度及其载荷的变化,襟翼滑轨滑轮之间的接触力也相应变化,如图 6.64 所示。

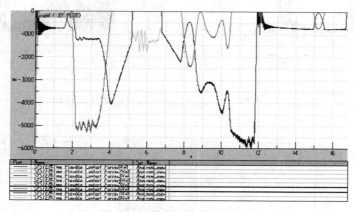

图 6.64　襟翼滑轨滑轮接触力

结合襟翼转动角度及其载荷谱,从襟翼滑轨滑轮接触力图中可以看出:当襟翼转动角度很小时(0°~2°),翼面载荷导致襟翼滑轨与滑轮 8 之间的接触力较大;随着襟翼转动角度的增大(2°~12°),襟翼滑轨与滑轮 7 间的接触力有所增大;当襟翼转动角度介于 12°~17°之间时,襟翼滑轨与滑轮 6 间的接触力超过与滑轮 7 间的接触力;在襟翼转动角度大于 17°后,襟翼滑轨与滑轮 7 间的接触力再次占据主导作用。

在整个过程中襟翼滑轨与下面四个滑轮的接触力很小,而滑轨与上面四个滑轮的接触力之和与襟翼翼面载荷的增减趋势基本保持一致。

6.6　民机襟缝翼故障模拟仿真

6.6.1　操纵系统单点断裂故障模拟技术

在增升装置操纵系统设计中,每块舵面有两个操纵(小型飞机也有一个操纵的),适航规定允许其中一个操纵发生断裂故障时,另一个操纵在一定范围内单独操纵舵面或承受舵面传递的故障载荷。

通过仿真,发现操纵系统发生断裂故障时,会改变原来的传力路线,原来正常收放不受载荷的滚轮,发生故障时载荷有较大跃升,原来正常收放承受载荷的滚轮,发生故障时载荷也会增大。尤其是侧向滚轮在发生单点断裂故障时载荷变化很明显,丝杠或齿轮齿条的扭矩变化也很明显,如图 6.65～图 6.68 所示,这与理论分析一致。

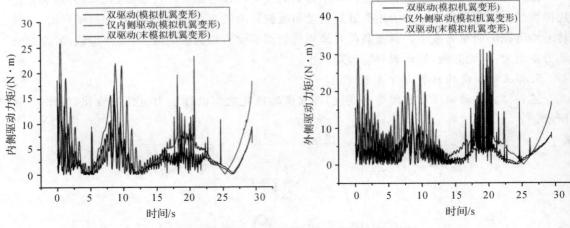

图 6.65　襟翼内丝杠与外丝杠单点驱动故障模拟

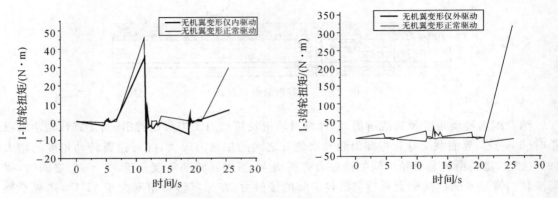

图 6.66　缝翼内操纵与外操纵单点驱动故障模拟

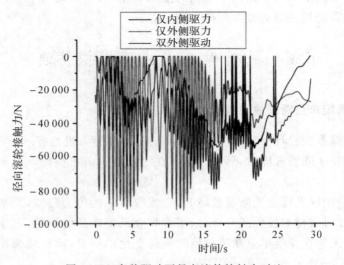

图 6.67　多种驱动下径向滚轮接触力对比

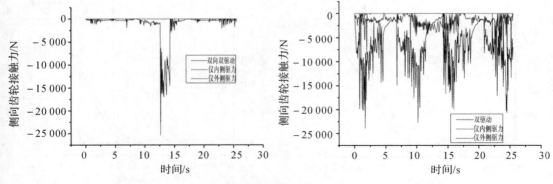

图 6.68　多种驱动下侧向滚轮接触力对比

6.6.2　操纵系统单点卡滞故障模拟技术方案

襟翼运动机构由内、外侧两个操纵丝杠驱动实现收放,由故障模式分析和航空公司记录的故障情况,发现丝杠由于长时间使用,不及时更换的话会发生单点卡滞行为。因此分别对襟翼机构内、外侧操纵丝杠卡滞进行了故障模拟,得到不同故障工况下襟翼机构的动力学响应情况,结果如图 6.69 所示。

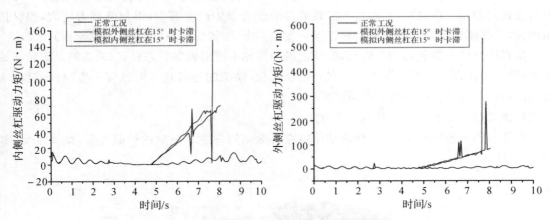

图 6.69　襟翼内侧与外侧丝杠卡滞故障模拟

从图 6.69 中可以看出,当操纵丝杠出现卡滞时,内、外侧丝杠的驱动力矩相比于正常工况下的驱动力矩,发生急剧的增大,当增大到某一临界值时,襟翼机构运动停止。

经故障分析,缝翼操纵系统会产生单点卡滞故障,仿真研究中分别模拟了缝翼内操纵、外操纵卡滞故障,并与正常收放情况进行了对比。

图 6.70 所示分别为内操纵、外操纵在三种情况下的扭矩对比。可以看出,操纵系统发生单点卡滞后,两个操纵点的操纵扭矩都会逐渐增大。在实际飞机设计中,扭矩增大到一定程度后,系统会发出控制命令,不再操纵。

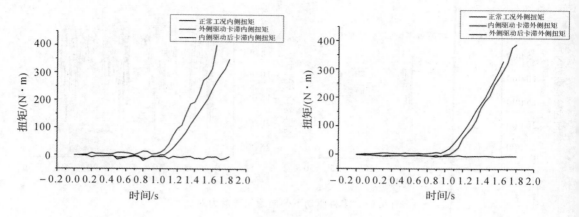

图 6.70　缝翼内、外操纵卡滞

6.6.3　典型运动副卡滞故障模拟技术方案

　　航空公司客机、军用飞机的使用表明,襟翼摇臂支臂处的关节轴承由于润滑不到位、雷击等原因,内、外环之间会发生卡滞,进而引起襟翼卡滞,影响飞机的安全性。这是一种需要重点关注的故障模式。

　　外场滑轨/滑轮架式襟翼使用表明,滚轮轴承长时间使用后,滚轮轴承会发生卡滞,卡滞不及时发现再使用一段时间后,滚轮与滑轨的接触面会发生严重磨损,引起摩擦力增大,操纵扭矩增大,当扭矩增大到一定程度时扭矩保护发出指令,襟翼保持原位不动(襟翼卡滞)。

　　仿真中滚轮卡滞包括两个阶段,第一阶段是滚轮卡滞但表面状态良好,模拟的是滚轮初始卡滞;第二个阶段是滚轮卡滞但表面状态已经恶化,模拟的是滚轮卡滞已有一段时间,滚轮表面与滑轨接触的部分已经发生严重磨损。

　　1. 襟翼摇臂支臂处关节轴承卡滞故障模拟

　　在关节轴承抱死情况下,丝杆驱动使得襟翼面结构发生了一定的扭曲变形,如图 6.71 和图 6.72 所示。

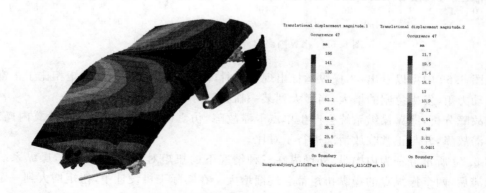

图 6.71　关节轴承抱死时襟翼的变形云图

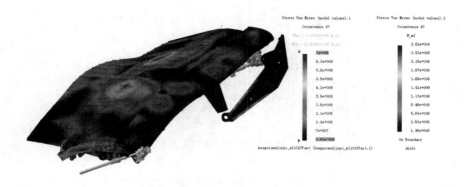

图 6.72　关节轴承抱死时襟翼的应力云图

图 6.73 中,红色曲线(低线)为内侧丝杠驱动力矩,绿色曲线(高线)为外侧丝杠驱动力矩。由于关节轴承处于襟翼外侧,关节轴承抱死使得襟翼外侧丝杠的驱动力矩相比内侧丝杠的驱动力矩增加更大。飞机实际设计中会增加扭矩保护,当扭矩增大到一定程度时,系统发出命令,停止操纵。

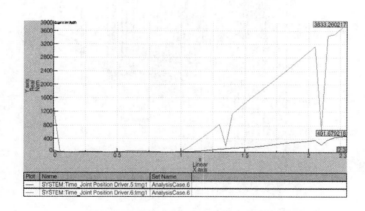

图 6.73　关节轴承抱死时襟翼内外侧丝杠的扭矩

2.襟翼径向主滚轮卡滞

从图 6.74 中可以看出,滚轮在模拟卡滞的情况下接触力有明显地增大。从图 6.75 中可以看出,模拟滚轮卡滞时,在双侧驱动和仅内侧驱动的情况下,滚轮的接触力趋势较为一致;而在仅内侧驱动的情况下,滚轮的接触力有着较大的增加,且波动很大。这与理论分析相一致。

接触力的增加和滚轮表面磨损会引起摩擦力和操纵扭矩的增加,增大到一定程度时会引起襟翼的卡滞。

3.缝翼径向滚轮卡滞

模拟缝翼 1.2 加强隔板前上主滚轮卡滞的情况,并将卡滞情况与正常情况部分数据进行了对比。卡滞分为两种情况(见表 6.9):一种是滚轮表面质量较好,摩擦因数 $f=0.03$;另一种是滚轮表面质量差,摩擦因数 $f=0.3$。

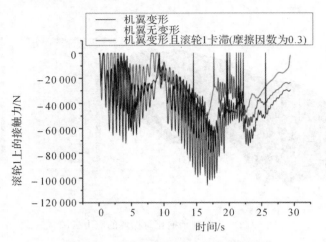

图 6.74　滑轨上侧滚轮 1 卡滞故障模拟

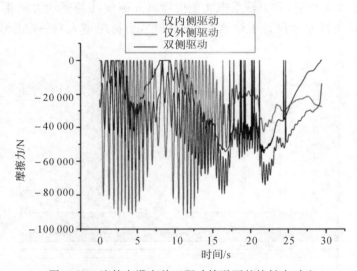

图 6.75　滚轮卡滞在单双驱动情况下的接触力对比

表 6.9　主滚轮卡滞的两个阶段

摩擦因数	对应工况
0.03	滚轮初始卡滞,但表面状态良好
0.3	滚轮卡滞已有一段时间,表面磨损严重

由图 6.76 可以看出,当滚轮卡滞时,滚动摩擦变为滑动摩擦,摩擦力显著增大。

由图 6.77 和图 6.78 可以看出,当机翼不加强制变形环境时,滚轮初始卡滞对内外驱动扭矩的影响比较小,滚轮卡滞一定的时间后操纵扭矩增大幅度较大,这与航空公司的调研结果相一致。

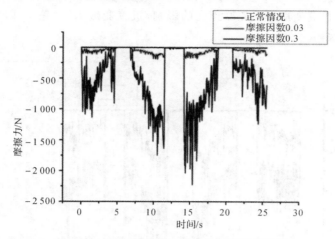

图 6.76　无机翼变形下滚轮卡滞摩擦力对比

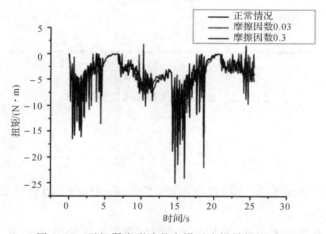

图 6.77　无机翼变形滚轮卡滞对内操纵扭矩对比

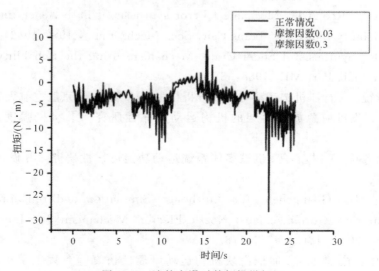

图 6.78　滚轮卡滞时外侧操纵扭矩

图 6.79 显示了机翼变形对滚轮摩擦力的影响,机翼变形下,滚轮卡滞摩擦力比不卡滞时的摩擦力有较大的增幅。

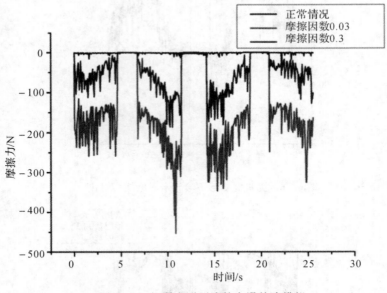

图 6.79　机翼变形下滚轮卡滞故障模拟

参 考 文 献

[1]　《飞机设计手册》总编委会. 飞机设计手册:第 20 册 可靠性、维修性设计[M].北京:航空工业出版社,1999.

[2]　民航总局航空安全技术中心. 近几年来航空器重要事件情况介绍[R].民航总局,2005.

[3]　Sandler B Z,桑德勒. 机械概率设计[M]. 马培荪,等,译. 北京:科学出版社,1991.

[4]　Sukhi Ja R P, Rao A C. Mechanical Error synthesis of Path Generating Mechanisms Using Reliability Index[J]. Trans Can, Soc. Mech. Eng., 1986,10(2):85-90.

[5]　Madan S R. Synthesis of Slider Crank Mechanism using the Reliability Concept[J]. Inst. Eng, India Part ME, 1988:68(6).

[6]　张建国,康锐. 飞行器机构运动可靠性分析技术[D].北京:北京航空航天大学,2004.

[7]　龙江,张铎. 飞机应急放起落架的机构运动可靠性研究[J]. 机械强度,2005,27(5):624-627.

[8]　何柏岩,刘宝栋,王树新,等. 机械多体系统运动功能可靠性研究[J]. 设计与研究,2005(8):7-9.

[9]　Gao Yang, Bai Guangchen, Yu Linchong. Simulation and reliability analysis of Axissymmetric vectoring exhaust Nozzle Flexible Mechanism[J]. Journal of System Simulation, 2006, 18(2):175-178.

[10]　纪玉杰,孙志礼,李良巧. 曲柄滑块机构运动可靠性仿真[J].兵工学报,2006,27(1):

116 -120.

[11]　黄玮,冯蕴雯. 机构可靠性分析方法研究[D]. 西安:西北工业大学,2005.

[12]　张建国,刘英卫,苏多. 飞行器机构可靠性分析技术及应用[J]. 航空学报,2006.9,27(1):827 - 829.

[13]　Rao S S. Probabilistic approach to manipulator kinematics and dynamics [J]. Reliability Engineering and System Safety, 2001, 72(8):47 - 51.

[14]　Muscolino Cz , et al. Improved dynamic analysis of structures with mechanical uncertainties under undetermined input[J]. Probabilistic Engineering Mechanics, 1999(15):199 - 212.

[15]　王光远. 论不确定性结构力学的发展[J]. 力学进展,2005,32(2):206 - 211.

[16]　郭书祥,冯元生,吕震宙. 随机有限元方法与结构可靠性[J]. 力学进展,2000,30(3):343 -350.

[17]　茆诗松，王静龙，濮晓龙. 高等数理统计[M]. 北京:高等教育出版社,2000.

[18]　许淑艳. 蒙特卡罗方法在实验核物理中的应用[M]. 北京:原子能出版社, 2006.

[19]　董聪,杨庆雄. 结构系统疲寿命可靠性分析理论与算法[J]. 航空学报,1993,14(5):A247 - A253.

[20]　胡毓仁,陈伯真,顾剑民. 结构系统疲劳可靠性分析研究评述[J]. 力学进展,1996,26(4):500 - 509.

[21]　Moens D, Vandepitte D. A survey of non - probabilistic uncertainty treatment in finite element analysis [J]. Computer Methods in Applied Mechanics and Engineering, 2005,194(14 - 16):1527 - 1555.

[22]　Zadeh L A. Fuzzy sets[J]. Information and Control, 1965,8:338 - 353.

[23]　Rao S S, Sawyer J P. Fuzzy finite element approach for the analysis of imprecisely defined systems[J]. AIAA Journal, 1995,33(12):2364 - 2370.

[24]　Gomes H M, Awruch A M. Comparison of response surface and neural network with other methods for structural reliability analysis[J]. Structural Safety, 2004, 26:49 -67.

[25]　Bucher C G, Bourgund U. A fast and efficient response surface approach for structural reliability problems[J]. Structural Safety, 1990, 7:57 - 66.

[26]　Rajashekhar M R, Ellingwood B R. A new look at the response surface approach for reliability analysis[J]. Structural Safety, 1993, 12:205 - 220.

[27]　Kim S, Na S. Response surface method using vector projected sampling points[J]. Structural Safety, 1997, 19: 3 - 19.

[28]　Guan X L, Melchers R E. Effect of response surface parameter variation on structural reliability estimates[J]. Structural Safety, 2001, 23:429 - 444.

[29]　Hurtado J E. An examination of methods for approximating implicit limit state functions from the viewpoint of statistical learning theory[J]. Structural Safety, 2004, 26:271 - 293.

[30]　Hurtado J E, Alvarez D A. Neural - network - based reliability analysis: a

comparative study[J]. Computer methods in applied mechanics and engineering, 2001, 191:113 - 132.

[31] Papadrakakis M, Lagaros N D. Reliability - based structural optimization using neural networks and Monte Carlo simulation[J]. Computer methods in applied mechanics and engineering, 2002, 191:3491 - 3507.

[32] Deng J, Gu D S, et al. Structural reliability analysis for implicit performance functions using artificial neural network[J]. Structural Safety, 2005, 27:25 - 48.

[33] Cortes C, Vapnik V N. Support vector Networks[J]. Machine Learning, 1995, 20: 273 - 297.

[34] Vapnik V N. An overiew of statistical learning theory[J]. IEEE Transaction on Neural Networks, 1999, 10:988 - 998.

[35] Vapnik V N. The nature of statistical learning theory [M]. New York: Springer - Verlag, 1995.

[36] Rocco C M, Moreno JA. Fast Monte Carlo reliability evaluation using support vector machine[J]. Reliability Engineering and System Safety, 2002, 76:237 - 243.

[37] Huston R. L, Multibady dynamics — model and analysis methods[J]. Appl. Mech. Rev, 1991,44(3):109 - 117.

[38] Mane T R, Levinson D A. Dynamics - Theory and Applications [M]. McGraw Hill, 1985.

[39] Liu Yomu. Development of Huston's method on multibody dynamics[J]. China mechanical Engineering, 2000,6(11):601 - 607.

[40] Wang Cliangruan. On the development of uncertain structural mechanics [J]. Advances in Mechanics,2002,32(2):205 - 211.

[41] Santinia P, Gasbarri P. Dynamics of multibody systems in space environment: Lagrangian vs. Eulerian approach[J]. Acta Astronautica, 2004,54(1):1 - 24.

[42] Wang Shuxin, Wang Yanhui, He Baiyan. Dynamic modeling of flexible multibody systems with parameter uncertainty[J]. Chaos Solitons & Fractals, 2008,36(3): 605 -611.

[43] 中华人民共和国国家军用标准 GJB438 - 88:军用软件文档编制规范[S]. 国防科学技术工业委员会,1988.

第7章 民机襟缝翼机构可靠性试验及评估

可靠性试验是为了了解、分析、提高和评价产品(系统、组装件、元器件)的可靠性而进行试验的总称。民机襟缝翼运动机构可靠性试验根据对象的不同可以分为零部件试验和系统级试验。机构系统级试验的样本量受试验经费及试验周期的限制,一般为单个样本。本章首先概述可靠性试验的分类和基本方法,然后介绍小子样、极小子样的可靠性试验的评估方法,最后分别结合工程实例介绍襟缝翼机构典型运动副寿命试验和 ARJ‑700 飞机襟缝翼机构系统可靠性试验情况。

7.1 可靠性试验概述

7.1.1 可靠性试验目的

可靠性试验是为了了解、分析、提高和评价产品(系统、组装件、元器件)的可靠性而进行试验的总称。可靠性试验的目的:

(1)发现产品在设计、材料和工艺方面的各种缺陷;

(2)为改善产品的战备完好性、提高任务成功率、减少维修费用及保障费用提供信息;

(3)确认是否符合可靠性定量要求。

7.1.2 可靠性试验分类

可靠性试验可按试验场合、试验目的、试验施加的应力情况、试验的抽样方式、试验采用的方案等进行分类。按可靠性试验目的分类,如图 7.1 所示。

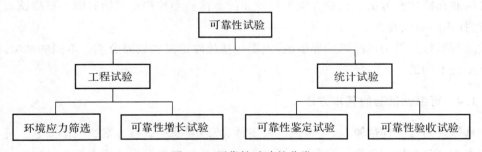

图 7.1 可靠性试验的分类

此外还有以下分类:

按不同施加应力水平情况分类,有正常应力试验和加速应力试验;

按不同的试验抽样方式分类,有抽样试验和全数试验;

按不同的统计试验方案分类,有概率比序贯试验、定时试验和定数试验;

其他还有成功率试验、测定试验等。

7.1.3　可靠性试验考虑的主要方面

可靠性试验是为了了解、评价、分析和提高产品可靠性而进行的各种试验的总称,那么就必须要围绕着可靠性来开展。因此,可靠性试验考虑的主要因素就是可靠性定义中的"三规定"在试验过程中的具体体现。

可靠性试验考虑的主要因素与可靠性定义中"三规定"之间的对应关系如图7.2所示。

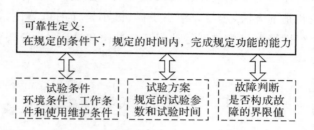

图 7.2　可靠性试验考虑的因素与可靠性"三规定"的关系

试验条件一般包括环境条件、工作条件和使用维护条件。

(1)环境条件。环境条件是指产品所经受的各种物理、化学和生物条件。按环境因素的属性可分为气候环境、力学环境、生物环境、电磁辐射环境、化学环境以及人因环境等。

(2)工作条件。工作条件包括产品的功能模式、工作循环、输入/输出信号及负载情况、电源特性、产品的启动特性、工作循环等。这些条件由产品的特性、功能和性能决定。

(3)使用维护条件。使用维护条件是使用现场的维护条件,包括寿命件、易损件和消耗品的更换、位置和角度的修正等,由于产品的不同而差异大,一般规定试验中的使用维护条件应与现在使用时的维护条件相一致。

试验方案是指试验方根据现行标准所选用的统计试验方案或工程试验方案,也可以是自行制订的非标准试验方案。试验方案中最重要的是试验参数和总试验时间。根据试验目的不同,可选择不同的试验方案。

故障判断指是否构成故障的界限值,主要包括故障定义和故障分类。不同的试验,故障分类的原则是不同的。

7.1.4　可靠性试验的基本方法

在具体规划可靠性试验时,应考虑试验条件、故障判断和试验方案这三个因素。可靠性试验的基本方法就是模拟现场工作条件、环境条件,将各种工作模式及应力按照一定的关系和一定的循环次序反复地施加到受试产品上,通过对试验中发生的故障的分析与处理,将信息反馈到有关环节并采取相应的纠正措施,即可使受试对象的可靠性得到根本提高或做出合适与否的结论。因此,要使用可靠性试验达到预期的目的,就必须特别注意试验条件的选择、试验循环和故障判断的确定。

7.2　极小子样试验可靠性评估

7.2.1　可靠性评估概述

1. 可靠性评估的意义

可靠性评估可在产品研制的任一阶段进行,可靠性评估能及时地为产品研制阶段提供依据。在产品定型时进行可靠性评估,则是可靠性工作中不可或缺的环节,有着十分重要的意义。通常,开展可靠性评估工作具有下述意义。

(1)科学而先进的可靠性评估方法,为充分利用各种试验信息奠定了理论基础。这对减少试验经费、缩短研制周期、合理安排试验项目、协调系统中各单元的试验量等有重要的作用。

(2)为系统地运筹使用提供条件,如确定产品元件的冗余数量,给出产品元件的可靠性、重量及经费等。

(3)通过评估,检验产品是否达到了可靠性要求,并验证可靠性设计的合理性,如可靠性分配的合理性,冗余设计的合理性,选用元器件、原材料及加工工艺的合理性,等等。

(4)评估工作会促进可靠性与环境工作的结合。在可靠性评估中,要定量地计算不同环境对可靠性的影响,要验证产品的抗环境设计的合理性,验证改善产品、适应微环境的效果。

(5)通过评估,可以指出产品的薄弱环节,为改进设计和制造工艺指明方向,从而加速产品研制的可靠性增长过程。

(6)通过评估,了解有关元器件、原材料、整机乃至系统的可靠性水平,这为制订新产品的可靠性计划提供了依据。

(7)可靠性评估工作需要进行数据记录、分析及反馈,从而加强了数据网的建设。

由此可见,可靠性评估工作全面地促进了产品的研制、生产及使用的可靠性管理工作。

2. 可靠性评估的基本过程

根据以往的历史经验,设计产品的可靠性试验,取若干产品样本进行试验,得到产品寿命的试验数据。

根据有限样本寿命试验数据,采用异常值检验方法和拟合优度检验方法,剔除异常值并且确定产品的寿命分布类型。

根据产品的寿命分布类型,选择可靠性评估方法,进行产品的可靠性评估。

可靠性评估的基本过程如图 7.3 所示。

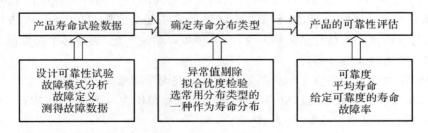

图 7.3　产品可靠性评估过程

3.寿命试验数据类型

寿命试验数据来自于可靠性寿命试验,按照试验方法的不同,寿命试验数据可以分为以下4种类型。

(1)完全寿命试验数据:参加试验的全部样本均发生故障,记录每一个发生故障的样本的故障发生时间,得到一组寿命试验数据,称为完全寿命试验数据。

(2)定数截尾寿命试验数据:试验前规定样本的故障数 r,试验进行到故障数达到规定故障数 r 就终止试验。记录每一个发生故障的样本的故障发生时间,得到一组寿命试验数据,称为定数截尾寿命试验数据。

(3)定时截尾寿命试验数据:试验前规定样本的试验时间 t_0,试验进行到规定的试验时间 t_0 就终止试验。记录每一个发生故障的样本的故障发生时间,得到一组寿命试验数据,称为定时截尾寿命试验数据。

(4)随机截尾寿命试验数据:参加试验的部分样本由于某种原因尚未发生故障就中途撤离了试验(如部分样本信息中途丢失)。中途撤离的这部分样本,称为删除样本。记录每一个发生故障的样本的故障发生时间和删除样本的撤离时间,得到一组寿命试验数据,称为随机截尾寿命试验数据。

4.寿命分布类型

常用的寿命分布类型主要有对数正态分布、威布尔分布、正态分布、指数分布,而机械产品的疲劳寿命通常服从于对数正态分布或威布尔分布。对数正态分布在机械可靠性领域中受到了越来越多的重视。某些机械零件的疲劳寿命可采用对数正态分布来分析,尤其是对于维修时间的分布,一般都选用对数正态分布,且它的可接受性可从由它所发展起来的寿命试验抽样方案中看出,同时对数正态分布能够通过简单的对数变换转变为正态分布,数学含义明确清晰。

7.2.2　极小子样试验可靠性评估

1.极小子样试验的必要性

随着系统产品的集成度越来越高,无论是试验费用还是价格成本都十分昂贵,有一些大的系统甚至无法进行现场试验。在上述情况下,经典的试验分析和评估方法已经远远不能适应实际工程的需求,因此研究极小子样试验评估工程理论方法具有十分重要的意义。

小子样试验具有如下特点:①高复杂性;②样本数小;③现有小子样评估方法精度低。

2.目前常用小子样评估方法的局限性和存在的问题

(1)采用 Bayes 评估方法进行可靠性评估时存在的问题。当验前概率的估计值为 0.99 及 0.999 时,若只做极小子样试验,则不管试验结果是成功还是失败,据 Bayes 方法算得的验后概率估计值与验前概率的估计值差别非常小,几乎可以略去不记,而且这个特性随着验前概率估计值的进一步增高而格外明显。

现在以验前概率为均匀分布时典型数值计算为例说明问题。

以符号 R_b 代表验前概率估计值,取验前概率的分布范围为自 x_l 至 x_u,x_l 与 x_u 对称于验前概率估计值,则验前概率的密度 f_b 为

$$f_b = 1/(x_u - x_l) \tag{7.1}$$

对于高可靠性产品,可取验前概率的上界 $x_u \approx 1$,故有

$$f_b = 1/(1 - x_l) \tag{7.2}$$

此时可推得当前一次试验成功后,验后概率估计值 R_a 的计算公式为

$$R_a = \frac{f_b}{R_b} \int_{x_l}^{1} x^2 \mathrm{d}x = (f_b/R_b)(1 - x_l^3)/3 \tag{7.3}$$

分别取 $R_{b1} = 0.99, R_{b2} = 0.999, R_{b3} = 0.9999, R_{b4} = 0.99999$ 四种验前概率值,在一次试验成功后的 4 个验后概率值如下:

(a) $R_{b1} = 0.99, R_{a1} = (50/0.99)(1 - 0.98^3)/3 = 0.990\ 033\ 67$;

(b) $R_{b2} = 0.999, R_{a2} = (500/0.999)(1 - 0.998^3)/3 = 0.999\ 000\ 33$;

(c) $R_{b3} = 0.9999, R_{a3} = 0.999\ 900\ 003\ 3$;

(d) $R_{b4} = 0.99999, R_{a4} = 0.999\ 990\ 000\ 033$。

现比较一下验后概率在一次试验后相对于验前概率增加的比例 $\overline{\Delta R}$。$\overline{\Delta R}$ 的计算公式为

$$\overline{\Delta R} = (R_a - R_b)/R_b \tag{7.4}$$

应用式(7.4),可算得 $\overline{\Delta R_1} = 3.7 \times 10^{-5}, \overline{\Delta R_2} = 3.3 \times 10^{-7}, \overline{\Delta R_3} = 3.3 \times 10^{-9}, \overline{\Delta R_4} = 3.3 \times 10^{-11}$。从验前概率增加的比例可以看出,若前一次试验是成功的,则其对验前概率的影响基本可以略去。

现在讨论当前一次试验失败的影响。此时验前概率应改成失效概率范围在 $x_l = 0$ 与 $x_u = 2P_{fb}$(即 x_u 与 x_l 对称分布,其对称点为验前失效概率估计值 P_{fb})。取对应的4种状态为 $P_{fb1} = 0.01, P_{fb2} = 0.001, P_{fb3} = 0.0001, P_{fb4} = 0.00001$。

类似式(7.3)的推导,同样可推得当前一次试验失败后验后失效概率值 P_{fa} 的计算公式为

$$P_{fa} = \frac{f_b}{P_{fb}} \int_0^{x_u} x^2 \mathrm{d}x = 8 f_b P_{fb}^2/3 \tag{7.5}$$

计算结果如下:

(a) $P_{fa1} = 0.013\ 33, R_{fa1} = 1 - 0.013\ 33 = 0.986\ 67, \overline{\Delta R_1} = -0.333\% = -3.33 \times 10^{-3}$;

(b) $P_{fa2} = 0.001\ 333, R_{fa2} = 0.998\ 667, \overline{\Delta R_2} = -0.0333\% = -3.33 \times 10^{-4}$;

(c) $P_{fa3} = 0.000\ 133\ 3, R_{fa3} = 0.999\ 866\ 7, \overline{\Delta R_3} = -0.003\ 33\% = -3.33 \times 10^{-5}$;

(d) $P_{fa4} = 0.000\ 013\ 33, R_{fa4} = 0.999\ 986\ 67, \overline{\Delta R_4} = -0.000\ 333\% = -3.33 \times 10^{-6}$。

由计算结果可见,4 种状态对应的当前一次试验失败的影响均为失效概率增加 33.3%,但总的来说,失效概率还是一个小数。由于可靠性较接近于 1,故从可靠性看,可靠性下降约为 $3 \times 10^{-2} \sim 3 \times 10^{-6}$,影响较小。但这个结论从概念上讲是非常不合理的,因为根据概率论中的小概率概念,若某事件出现的概率相当小(一般认为 $\leqslant 5\%$),则在一次试验中,一般不应出现;也即若一次试验中失效出现的话,其概率一般应大于 95%。单纯从当前一次试验来估计,若为出现失效,则失效概率在 50%~95% 范围内的可能性相当大。也即当一次试验出现失效时,根本不能用原先的验前概率值用 Bayes 法来计算;而是应该承认原设计失败,更改原设计(广义地理解,包括更改设计尺寸、形状、材料、工艺过程等),然后通过可靠性分析初步确定更改设计后能达到可靠性要求,然后再做试验。

现在对 Bayes 方法用在小子样、极小子样试验评估方面的结果作出结论。即若一次试验成功,则基本上与验前概率估计值相同,可靠性增加得极有限;若一次试验失败,则应更改设计,经可靠性分析(或再一次更改设计,再分析)至估计能满足要求后重做试验。因此一次试验

成功基本无影响,一次试验失败则否决原设计。故在这里,Bayes方法与一次试验不同结果的结合,实际上只起到定性的作用,而起不了定量的作用。

综上所述,可以得出这样的结论:Bayes方法利用试验信息的作用不够,只能用作极小子样($n\leq10$)试验的辅助评估方法之一,而不能认为用这一种方法就够了。

(2)采用设定验证性能的分布及某些参数以评估小子样、极小子样该项性能的可靠性评估方法存在的问题。这类采用设定验证性能的分布及某些参数的评估方法常见于评估寿命可靠性问题的领域。在评估前,先根据类似件的试验、使用统计,或还加上分析、计算,认定寿命的分布属于哪一类以及该分布的标准差值,取小子样、极小子样的寿命估计值为平均值,即可很容易地推算出所需置信度下对应某个可靠性要求的寿命。

这种方法存在的问题为当子样数极小时,例如$n=1$,取一次试验的寿命当作总体的平均寿命这一做法本身的精度很低。当然这也是迫不得已的方法,因为只有一个寿命数据值的时候只好采用这样的近似。

在进行机械产品寿命可靠性试验时,工程上一般仅可能通过极少量样本确定其可靠性特征量,因此产生了小子样可靠性评估问题。航空领域的机械产品大多具有结构复杂、价格昂贵、可靠性高、寿命长等特点。出于经济性考虑,机械产品的可靠性试验只能做小子样、极小子样试验,所以机械产品的试验评估多属于小子样、极小子样可靠性评估问题。目前比较成熟的可靠性评估方法均是建立在大样本数理统计理论基础上的,因此,小子样、极小子样可靠性评估方法的提出成为工程上的迫切需要,研究解决复杂昂贵机械产品可靠性评估的极小子样试验统计推断方法是一个既有理论意义,又有重大工程应用价值的课题。

3. 小子样可靠性评估研究概况

国外对小子样可靠性评估方法研究较多的主要有序贯估计方法、Bayes方法和Bootstrap方法。美国陆军部长代理在1984年指出:破坏性试验必须运用序贯分析方法或Bayes方法确定系统的可靠性,进行精度鉴定;最佳试验数的确定必须考虑试验耗费。Bootstrap方法是美国斯坦福大学B. Efron教授于1979年提出的一种逼近复杂统计量估计值分布的通用方法,被认为是统计学领域重要成果之一。Bootstrap方法的基本思想是用试验观测数据的统计特性代替真实母体的统计特性,通过再抽样过程将小子样问题转化为大样本问题,运用模拟再抽样技术代替理论分析。Bootstrap方法摆脱了传统统计方法对分布假定的依赖,适合于任何分布和任何感兴趣参数的估计,尤其是在估计统计量的标准差和置信区间方面。最初的Bootstrap方法是一种非参数方法,由于Bootstrap方法的优越性,很多学者对它进行了大量的研究,产生了很多变体,例如Bayes Bootstrap方法、参数Bootstrap方法、半参数Bootstrap方法和二层Bootstrap方法等,丰富了Bootstrap方法在小子样可靠性评估领域的应用。

国内开展小子样评估方法的研究可以追朔至20世纪60年代,当时为了对战略武器的战技指标进行评估和鉴定,运用了A. Wald的序贯分析方法,在同样的风险下,鉴定中所需的试验样本数较经典统计方法要小。80年代后,国内很多学者进入到小子样评估方法的应用研究中,特别是在武器系统可靠性评估方面,研究和发展了一系列的小子样可靠性评估方法,包括Bayes方法、Bootstrap方法、Bayes Bootstrap方法、小子样的相容性检验方法、极值分布分位点法等。一些学者认为Bootstrap方法是Monte Carlo方法的一个变体,利用Bootstrap方法来估计系统可靠度的置信区间,取得了较好的效果。针对极小子样,国内相关学者也提出了将Bootstrap方法与虚拟增广样本方法相结合的可靠性评估方法,应用于极小子样场合的寿命下限的估计。同时,在有先验数据的情况下,Bayes 方法也在小子样可靠性评估方面取得了较多的成果,从单个结构到复杂系统,从民用产品到武器装备系统都能看到 Bayes 方法评估可靠性的应用实例。

总的来说,对于子样数 $n≈10$ 的情况,用 Bootstrap 方法(包含其改进方法)是可以的,不管有无验前分布,用 Bayes 方法是可以的,当然有较接近真实的验前分布时,其精度会好一些。$n≈10$ 通常适用于电子产品、结构典型元件与典型连接件。

对于极小子样 $n≈1～3$ 时,现尚无很好的方法,若有产品分布方面的知识,则求解的精度会好一些,因此如何结合经验及知识以求得较为接近真实的分布与分散性参数是其关键。$n≈1～3$ 通常用于价格高、安全要求高的大型结构体系,以及某些电子系统。

由于 Bootstrap 方法可再生构成大子样,故可以对小子样做出不能用常规大子样方法直接解决的处理,是国际上统计推断方面很活跃的一个学术分支。

7.2.3　极小子样试验虚拟增广样本评估方法

根据抽样理论,试验样本量越大,可靠性评估的准确度就越高,就越能够真实地反映产品的可靠性水平。若试验对象是成本低廉的元件,试验样本数量可以很大。但若试验对象是成本极其昂贵的大型复杂结构体系或机构系统(如飞机、导弹等),要进行样本量稍大($n>10$)的试验,在财力上都难以承受,往往只能做样本量为 $n=1～3$ 的极小子样试验。Bootstrap 方法很好地解决了试验样本量 $n≥10$ 的小子样可靠性评估问题。但对于样本量为 $n=1～3$ 的极小子样可靠性评估,Bootstrap 方法也无能为力。基于 Bootstrap 虚拟增广样本的极小子样可靠性评估方法的思路是针对工程上较多出现的试验样本数为 $n=1～3$ 的场合下所需进行的可靠性评估问题,先将样本数为 $n=1～3$ 的原始样本虚拟增广至 $n=10$ 以上得到虚拟增广样本,进而使用 Bootstrap 方法对虚拟增广样本进行再抽样来仿真模拟逼近真实分布,然后对得到的未知参数进行参数估计,再结合半经验可靠性评估方法得到试验寿命下限的估计值。

1. 虚拟增广样本方法的应用和理论依据

为了使得虚拟增广后的新子样所蕴含的随机特性与原子样的随机特性的差别在工程允许范围之内,虚拟增广的过程需要满足以下两个基本条件(即理论依据):

1)虚拟增广后的子样均值应与原来的子样均值相等;

2)虚拟增广后的子样标准差应与类似件的子样标准差相等。

2. Bootstrap 方法的基本概念及步骤阐述

Bootstrap 方法(自助法)是一种只依赖于给定的观测信息,而不需要其他假设和增加新的观测的统计推断方法。Bootstrap 方法的目的是用现有的样本去模仿未知的分布,充分利用了样本本身的信息,对于总体分布不需要做出假设。Bootstrap 方法应用于小子样试验评估是可行的,通常以样本量 $n≥10$ 比较合适。

(1)Bootstrap 方法的数学描述。设随机子样 $X=(X_1,X_2,\cdots,X_n)$ 来自未知的总体分布 F;$R(X,F)$ 为某个预先选定的随机变量,它是 X 和 F 的函数。现要求根据观测样本 $X=x=(x_1,x_2,\cdots,x_n)$ 估计 $R(X,F)$ 的分布特征。例如,设 $\theta=\theta(F)$ 是总体分布的累积分布函数 F 的某个参数,F_n 是由观测样本 X 构造的经验累积分布函数,$\hat{\theta}=\hat{\theta}(F_n)$ 是直接由 F_n 运用参数估计方法得出的 θ 的估计。记估计误差为

$$R(X,F)=\hat{\theta}(F_n)-\theta(F) \tag{7.6}$$

根据 F_n 通过仿真法随机抽取得到 Bootstrap 样本集合为 $\{X^{(1)}, X^{(2)}, \cdots, X^{(k)}, \cdots, X^{(N)}\}$，$N$ 表示再抽样的次数（一个较大的数），$X^{(k)}$ 为第 k 次再抽样得到的 Bootstrap 子样，表示为

$$X^{(k)} = \{x_1, x_2, \cdots, x_m\} \quad k = 1, 2, \cdots, N; \quad m \text{ 一般取为 } m = n \tag{7.7}$$

在得到第 k 个 Bootstrap 子样后，未知参数 θ 的 Bootstrap 估计 $\hat{\theta}(F_n^{*(k)})$ 可以由 Bootstrap 样本的经验累积分布函数 $F_n^*(x)$ 运用参数估计方法得出。此时的估计误差可以表示为

$$R^{*(k)}(X, F) = \hat{\theta}(F_n^{(k)}) - \theta(F), \quad k = 1, 2, \cdots, N \tag{7.8}$$

由于通过小子样不可能得出 $\theta(F)$，只好用 $\hat{\theta}(F_n)$ 近似代替 $\theta(F)$，得到 $R_F^{(k)}(X, F)$ 的近似表达式为

$$R^{*(k)}(X, F) \approx \hat{\theta}(F_n^{*(k)}) - \hat{\theta}(F_n), \quad k = 1, 2, \cdots, N \tag{7.9}$$

根据统计理论，可以用 $R^{*(k)}(X, F)$ 的分布来模仿 $R(X, F)$ 的分布。因此，得到大量 $\theta(F)$ 的样本后，运用这些样本即可统计求出未知参数 θ 的分布及其特征值。

（2）Bootstrap 方法的步骤。Bootstrap 方法的大致步骤如下：

1）把原始样本 $X = x = (x_1, x_2, \cdots, x_n)$ 按从小到大的顺序排列，得到次序统计量 $x_{(1)}, x_{(2)}, \cdots, x_{(n)}$。用最简估算法可得到 $x_{(i)}$ 处的累积概率值为

$$F_i = \frac{i}{n} \tag{7.10}$$

由此可以构造原始样本的经验累积分布函数为

$$F_n(x) = \begin{cases} 0, & x < x_{(1)} \\ \dfrac{i}{n}, & x_{(i)} \leqslant x < x_{(i+1)} \\ 1, & x \geqslant x_{(n)} \end{cases} \tag{7.11}$$

2）仿真产生服从经验累积分布函数 $F_n(x)$ 的随机样本，即 Bootstrap 子样。具体方法如下：

a）产生 $[0, 1]$ 区间均匀分布的随机数 η；

b）令 $\beta = (n-1)\eta$，$i = [\beta] + 1$，其中 $[\beta]$ 为对 β 下取整；

c）$x_F = x_{(i)} + (\beta - i + 1)(x_{(i+1)} - x_{(i)})$，得到的 x_F 即为所需的一个随机样本点；

d）重复 n 次即可得到一个 Bootstrap 子样 $X^{(1)} = \{x_{F1}^{(1)}, x_{F2}^{(1)}, \cdots, x_{Fn}^{(1)}\}$。

3）利用得到的 Bootstrap 子样 $X^{(1)} = \{x_{F1}^{(1)}, x_{F2}^{(1)}, \cdots, x_{Fn}^{(1)}\}$ 构造经验累积分布函数 $F_n^*(x_F^{(1)})$，然后运用参数估计方法得出 θ 的 Bootstrap 估计 $\hat{\theta}(F_n^{*(1)})$。

4）重复 2）和 3）的步骤 N 次（N 一般取一个较大的数值）即可得到 $\{\hat{\theta}(F_n^{*(1)}), \hat{\theta}(F_n^{*(2)}), \cdots, \hat{\theta}(F_n^{*(k)}), \cdots \hat{\theta}(F_n^{*(N)})\}$。

5）对步骤 4）中得到的 $\{\hat{\theta}(F_n^{*(1)}), \hat{\theta}(F_n^{*(2)}), \cdots, \hat{\theta}(F_n^{*(k)}), \cdots \hat{\theta}(F_n^{*(N)})\}$ 进行统计分析，即可求出未知参数 θ 的分布及其特征值。

（3）Bootstrap 方法的讨论。Bootstrap 方法建立的累积分布函数是小子样近似取法的一种，且是最简单、最原始的一种，显然这样做是可以的。

Bootstrap 子样是用仿真法自益增广的，从数学上看是可行的，但需指出它是在唯一的经验基础 $X = x = (x_1, x_2, \cdots, x_n)$ 上展开的。在没有合适的验前分布或类似件试验数据可用时，它确实也就是唯一的基础了。

若能用 $R^{*(k)}(X, F)$ 的较精确误差分布表达式，则可较正确地求出未知参数 θ 的分布及其

特征值。但通常由于不得已只能用 $\hat{\theta}(F_n)$ 近似代替 $\theta(F)$，好在 $\hat{\theta}(F_n)$ 与 $\theta(F)$ 只差一个数值，对分布特性无甚影响，也即 $R^{*(k)}(X,F)$ 与 $R(X,F)$ 分布的差别只是有一横向移动量而已，故 $R^{*(k)}(X,F)$ 的分布特性还是很好的，即据此求出的未知参数 θ 的分布及其特征值是合理的。

3. 半经验可靠性评估方法的阐述

（1）半经验评估方法的思想阐述。半经验评估方法的思想是充分利用过去的大量工程试验的经验信息（包括类似件试验），依据现场试验数据，根据数理统计和可靠性评估理论来对数据进行分析处理，得到一个在一定的误差范围内满足工程实际需要的评估结果。

对于经常研究的航空航天领域的机械结构件的疲劳寿命问题，大量的工程试验经验得到的信息是：

1）航空领域的机械结构件的疲劳寿命服从对数正态分布；

2）服从对数正态分布的疲劳寿命总体的标准差大致为 0.17。

在小子样、极小子样场合（$n=1\sim10$），目前工程上在没有更好的、更合理的评估方法的情况下，可采用半经验方法处理可靠性评估问题。

（2）半经验评估方法的数学描述。设随机子样 $T=(T_1,T_2,\cdots,T_n)$ 来自服从对数正态分布的寿命总体 T，令 $Y=\lg T$，则得到服从正态分布的总体 $Y\sim N(\mu_Y,\sigma_Y^2)$，同时得到对应的随机子样 $Y=(Y_1,Y_2,\cdots,Y_n)$。

由数理统计理论可知

$$\overline{Y}\sim N(\mu_{\overline{Y}},\sigma_{\overline{Y}}^2)=N\left(\mu_Y,\frac{1}{n}\sigma_Y^2\right)$$

故得

$$\frac{\overline{Y}-\mu_Y}{\sigma_Y/\sqrt{n}}\sim N(0,1) \tag{7.12}$$

式中，σ_Y 可以由工程经验给出，即 $\sigma_Y=0.17$。而 μ_Y 随着具体的结构疲劳寿命总体不同而不同，由数理统计理论可知，样本均值是总体均值的最小方差无偏估计，所以 μ_Y 的值可以用样本均值的估计值代替，即 $\mu_Y=\hat{\overline{Y}}$。

从而得到

$$\overline{Y}\sim N\left(\hat{\overline{Y}},\frac{1}{n}\sigma_Y\right),\quad 即\quad \frac{\overline{Y}-\hat{\overline{Y}}}{\sigma_Y/\sqrt{n}}\sim N(0,1) \tag{7.13}$$

给定置信度 $1-\alpha$ 时，$\overline{Y}$ 的 $100(1-\alpha)\%$ 置信下限为

$$\overline{Y}_{\text{low}}=\frac{1}{n}\sum_{i=1}^{n}y_i-\Phi^{(-1)}(1-\alpha)\frac{\sigma_Y}{\sqrt{n}} \tag{7.14}$$

使用 $\sigma_Y=0.17$ 的经验信息后的对数寿命的均值的 $100(1-\alpha)\%$ 置信下限为

$$\overline{Y}_{\text{low(ban)}}=\frac{1}{n}\sum_{i=1}^{n}y_i-\Phi^{(-1)}(1-\alpha)\frac{0.17}{\sqrt{n}} \tag{7.15}$$

从而得到试验寿命的 $100(1-\alpha)\%$ 置信下限为

$$T_{\text{low(ban)}}=10^{\overline{Y}_{\text{low(ban)}}}=10^{\frac{1}{n}\sum_{i=1}^{n}y_i-\Phi^{(-1)}(1-\alpha)\frac{0.17}{\sqrt{n}}} \tag{7.16}$$

现在以结构、机构的寿命试验为典型加以说明。根据概念，结构、机构寿命密度分布应为 $t\to0,f(t)\to0$；$t\to\infty,f(t)\to0$；也即为两头小、中间大的密度分布类型；根据经验，寿命一般

为对数正态分布(此时适合于寿命为非负的概念)。再由经验(结合概念与可靠性理论)知对数寿命的标准差 $\sigma_Y = 0.13 \sim 0.17$(令 $Y = \lg T$),寿命的变异系数 $C_{VT} = 0.30 \sim 0.40$;当为元件及小构件时取 C_V 范围的偏小值,当为大构件或部件时取 C_V 范围的偏大值(这由经验及可靠性计算理论可说明)。当针对某个试件选定其密度分布形式及参数 C_V 值,即可由下述计算公式得出其寿命均值估计值及 90% 置信度的寿命均值下限。

求均值估计值的 $\hat{T}$ 的公式为

$$\hat{T} = \sum_{i=1}^{n} T_i \Big/ n \tag{7.17}$$

求置信度为 90% 的对数正态分布寿命均值估计值的下限 $\overline{Y}_{\text{low}}$ 的公式为

$$\int_{\overline{Y}_{\text{low}}}^{\infty} f_N(\overline{Y}) \, dt = 0.90 \tag{7.18}$$

这里,下标 N 代表正态分布。我们把这个方法称为半经验方法,因为它既依赖过去的试验经验(包括类似件试验)及现时试验数据,又依据概念及可靠性理论。

由本方法可明显看出,试件数 n 增大对提高试验结果 $\hat{T}$ 的精度大有好处,因 n 增大会使 σ_Y 缩小,这就提高了 $\overline{T}_{\text{low}}$ 的值。

7.2.4 评估方法的算例验证

1. 几个典型评估算例

例 1 某飞行器的结构寿命试验的评估被提供以阐明本文所提出的方法的应用。某飞行器结构做了一次寿命试验,得出其寿命为 $T_0 = 50\,000$h。试验寿命是一个服从对数正态分布的随机变量。令 $Y = \lg T$,则 Y 是一个服从正态分布的随机变量。来自于总体 Y 的样本的均值 $\overline{Y}$ 也是一个随机变量。由经验可知,标准差 σ_Y 可取 $\sigma_Y = 0.17$,用本文提出的虚拟增广子样评估方法求试验寿命均值的估计 $\overline{T}$。主要的计算过程如下:

将样本量虚拟增扩后,需要注意:这里讨论的是样本均值 $\overline{Y}$ 的分布而不是总体 Y 的分布,因此当样本量虚拟增广至 n 时,$D\overline{Y} = \frac{1}{n}DY$。本例题样本量被增广至 $n = 13$ 时,虚拟增广得到的样本的取值表示为

$$\begin{aligned}&\{Y_0, (Y_0 \pm 2.134236\sigma_Y), (Y_0 \pm 1.097236\sigma_Y), (Y_0 \pm 0.468236\sigma_Y),\\&(Y_0 \pm 0.145236\sigma_Y), (Y_0 \pm 0.026236\sigma_Y), (Y_0 \pm 0.009236\sigma_Y)\end{aligned} \tag{7.19}$$

式中,$Y_0 = \lg T_0 = 4.699$。$\sigma_Y = 0.17$,故有 $\sigma_Y = \sqrt{13} \times 0.17 = 0.6129$,增广样本的取值为 $\{3.3909, 4.0265, 4.412, 4.61, 4.6829, 4.6933, 4.699, 4.7047, 4.7151, 4.788, 4.986, 5.3715, 6.0071\}$。根据增广样本构造修正经验累积分布函数,运用 Bootstrap 方法就能求出样本均值 $\overline{Y}$ 的期望和方差,$E\overline{Y} = 4.7411$ 和 $D\overline{Y} = 0.165$。最后,通过数学转换即可得到所需的试验寿命均值的估计 $\overline{T} = 55\,093$。

例 2 某航空结构的疲劳寿命试验数据记录为:试验条件为 $K_{py} = 2.5, \alpha = 0^0, R = 0, S_a = S_m = 107$(MPa);2 个试验件的试验结果分别为 $N_{\text{试}1} = 159\,600$(次),$N_{\text{试}2} = 248\,400$(次)。根据以往类似结构的试验经验得到对数寿命标准差为 0.17。对此结构进行可靠性评估。

(1)采用半经验方法来评估(半经验方法是解决类似工程问题的常用方法)。由 7.2.3 节

中的方法易知

$$\hat{N}_{\mathrm{low(ban)}} = 10^{\hat{\overline{Y}}_{\mathrm{low}}} = 10^{\frac{Y_1+Y_2}{2} - \Phi^{(-1)}(1-\alpha)\frac{0.17}{\sqrt{2}}} \tag{7.20}$$

式中,$\hat{N}_{\mathrm{low(ban)}}$ 为所关心的试验寿命下限的估计,$\hat{\overline{Y}}_{\mathrm{low}}$ 为对数试验寿命的均值的下限的估计,$Y_1 = \lg N_{\mathrm{试1}} = \lg 159\ 600 = 5.203\ 0$,$Y_2 = \lg N_{\mathrm{试2}} = \lg 248\ 400 = 5.395\ 2$,$\alpha = 0.10$ 为给定的危险度,$\Phi^{(-1)}(x)$ 为标准正态分布累积密度函数的反函数。将已知数据代入式(7.20)可以求出 $\hat{N}_{\mathrm{low(ban)}} = 139\ 600$ 次。

（2）采用虚拟增广样本推广方法将试件的样本量从 $n=2$ 虚拟增广到 $n=10$。采取第一种取点方法,控制系数 a,b 的值给定后,即可求出待定系数 c。将 c 代入 $X_1, X_2, \cdots, X_{10}$ 的表达式（其中 $X_i = \lg N_i$）,即可得到虚拟增广后的样本 $(X_1, X_2, \cdots, X_{10})$。

为了分析控制系数的取值对增广样本的分布及参数估计结果的影响,给定四组不同的控制系数 a,b（一般只考虑 4 次方以内的情况,即 $b=1,2,3,4$）,得到以下 4 组不同的增广样本:

[1]$b=1$,$a=0.667\ 8$,$c=-0.303\ 3$,得到排序后的 $(X_1, X_2, \cdots, X_{10})$ 为

(5.010 1,5.123 6,5.203 0,5.237 1,5.247 5,5.350 7,5.361 1,5.395 2,5.474 6,5.588 1);

[2]$b=2$,$a=0.231\ 7$,$c=-0.188\ 4$,得到排序后的 $(X_1, X_2, \cdots, X_{10})$ 为

(4.976 6,5.173 6,5.203 0,5.267 1,5.291 7,5.306 4,5.331 1,5.395 2,5.424 6,5.621 6);

[3]$b=3$,$a=0.075\ 2$,$c=-0.059\ 8$,得到排序后的 $(X_1, X_2, \cdots, X_{10})$ 为

(4.964 1,5.203 0,5.207 0,5.288 9,5.296 5,5.301 7,5.309 3,5.391 2,5.395 2,5.634 1);

[4]$b=4$,$a=0.024\ 9$,$c=-0.009\ 6$,得到排序后的 $(X_1, X_2, \cdots, X_{10})$ 为

(4.957 9,5.203 0,5.233 0,5.296 5,5.297 1,5.300 7,5.301 7,5.365 2,5.395 2,5.640 3)。

得到增广样本后,利用 Bootstrap 方法在 Bootstrap 样本数 $N=100\ 000$ 的情况下对每一组增广样本进行评估,可以得到未知参数——对数试验寿命均值 $\overline{X}$ 的分布,进而可以得到 $\overline{X}$ 的置信度为 $1-\alpha=90\%$ 的置信下限 $\overline{X}_{\mathrm{low(1)}}$,从而得到试验寿命下限 $\hat{N}_{\mathrm{low(1)}} = 10^{\hat{\overline{X}}_{\mathrm{low(1)}}}$。将 4 组虚拟增广样本的评估结果与半经验法的评估结果列表比较,见表 7.1。

表 7.1　第一种取点方法 4 组控制系数的评估结果比较

4 组控制系数	$\overline{X}$ 的均值	置信下限 $\hat{\overline{X}}_{\mathrm{low(1)}}$	$\hat{N}_{\mathrm{low(1)}}$/次	$(\hat{N}_{\mathrm{low(ban)}} - \hat{N}_{\mathrm{low(1)}})/\hat{N}_{\mathrm{low(ban)}}$
$b=1$,$a=0.667\ 8$	5.173 4	5.104 4	1269 40	9.07%
$b=2$,$a=0.231\ 7$	5.194 8	5.125 8	133 640	4.27%
$b=3$,$a=0.075\ 2$	5.207 5	5.138 5	137 350	1.62%
$b=4$,$a=0.024\ 9$	5.215 3	5.146 4	140 080	-0.35%

由结果易见,$b=3$,$a=0.075\ 2$ 这一组控制系数是在满足保守估计的前提下与半经验方法的差异最小的一组控制系数,建议采用此组控制系数进行样本数从 $n=2$ 到 $n=10$ 的虚拟增广。

（3）采取第二种取点方法,控制系数 a,b 的值给定后,求出待定系数 c。将 c 代入 $X_1, X_2,$

$\cdots$，X_{10} 的表达式（其中 $X_i = \lg N_i$），即可得到虚拟增广后的样本 $(X_1, X_2, \cdots, X_{10})$。

同（2）中的分析方法，为了分析控制系数的取值对增广样本的分布及参数估计结果的影响，给定四组不同的控制系数 a, b，得到 4 组不同的增广样本：

[1] $b = 1, a = 0.479\ 2, c = -0.294\ 5$，得到排序后的 $(X_1, X_2, \cdots, X_{10})$ 为

$(5.023\ 3, 5.104\ 8, 5.186\ 2, 5.249\ 0, 5.267\ 7, 5.330\ 5, 5.349\ 2, 5.412\ 0, 5.493\ 4, 5.574\ 9)$；

[2] $b = 2, a = 0.116\ 1, c = -0.040\ 2$，得到排序后的 $(X_1, X_2, \cdots, X_{10})$ 为

$(4.990\ 1, 5.128\ 3, 5.227\ 0, 5.286\ 2, 5.292\ 3, 5.305\ 9, 5.312\ 0, 5.371\ 2, 5.469\ 9, 5.608\ 1)$；

[3] $b = 3, a = 0.032\ 4, c = -0.106\ 5$，得到排序后的 $(X_1, X_2, \cdots, X_{10})$ 为

$(4.964\ 7, 5.168\ 5, 5.273\ 1, 5.281\ 0, 5.286\ 5, 5.311\ 7, 5.317\ 2, 5.325\ 1, 5.429\ 7, 5.633\ 5)$；

[4] $b = 4, a = 0.007\ 8, c = 0.017\ 5$，得到排序后的 $(X_1, X_2, \cdots, X_{10})$ 为

$(4.956\ 7, 5.188\ 7, 5.274\ 9, 5.294\ 8, 5.296\ 1, 5.302\ 1, 5.303\ 4, 5.323\ 3, 5.409\ 5, 5.641\ 5)$。

得到增广样本后，利用 Bootstrap 方法在 Bootstrap 样本数 $N = 100\ 000$ 的情况下对每一组增广样本进行评估，可以得到未知参数——对数试验寿命均值 $\overline{X}$ 的分布，进而可以得到 $\overline{X}$ 的置信度为 $1 - \alpha = 90\%$ 的置信下限 $\hat{X}_{\text{low}(2)}$，从而得到试验寿命下限 $\hat{N}_{\text{low}(2)} = 10^{\hat{X}_{\text{low}(2)}}$。将 4 组虚拟增广样本的评估结果与半经验法的评估结果列表比较，见表 7.2。

表 7.2　第二种取点方法 4 组控制系数的评估结果比较

4 组控制系数	$\overline{X}$ 的均值	置信下限 $\hat{X}_{\text{low}(2)}$	$\hat{N}_{\text{low}(2)}$ / 次	$(\hat{N}_{\text{low(ban)}} - \hat{N}_{\text{low}(2)}) / \hat{N}_{\text{low(ban)}}$
$b = 1, a = 0.479\ 2$	5.174 4	5.105 4	127 470	8.68%
$b = 2, a = 0.116\ 1$	5.126 7	5.125 8	133 890	4.09%
$b = 3, a = 0.032\ 4$	5.211 4	5.142 4	138 810	0.56%
$b = 4, a = 0.007\ 8$	5.221 0	5.152 0	141 910	-1.66%

由结果易见，$b = 3, a = 0.032\ 4$ 这一组控制系数是在满足保守估计的前提下与半经验方法的差异最小的一组控制系数，建议第二种取点方法采用此组控制系数进行样本数从 $n = 2$ 到 $n = 10$ 的虚拟增广。

例 3　某航空结构的疲劳寿命试验数据记录为：试验条件为 $S_a = 156.5\text{MPa}$，$S_m = 470.5\text{MPa}$；3 个试验件的试验结果分别为 $N_{\text{试1}} = 98\ 400$ 次，$N_{\text{试2}} = 52\ 000$ 次，$N_{\text{试3}} = 91\ 700$ 次。根据以往类似结构的试验经验得到对数寿命标准差为 0.17。对此结构进行可靠性评估。

（1）采用半经验方法来评估。易知

$$\hat{N}_{\text{low(ban)}} = 10^{\hat{Y}_{\text{low}}} = 10^{\frac{Y_1 + Y_2 + Y_3}{3} - \Phi^{(-1)}(1-\alpha)\frac{0.17}{\sqrt{3}}}$$

式中，$\hat{N}_{\text{low(ban)}}$ 为所关心的试验寿命下限的估计，$\hat{Y}_{\text{low}}$ 为对数试验寿命均值的下限估计，取对数后的寿命 $Y_1 = \lg N_{\text{试1}} = \lg 98\ 400 = 4.993\ 0$，$Y_2 = \lg N_{\text{试2}} = \lg 52\ 000 = 4.716\ 0$，$Y_3 = \lg N_{\text{试3}} = \lg 91\ 700 = 4.962\ 4$，$\alpha = 0.10$ 为给定的危险度，$\Phi^{(-1)}(x)$ 为标准正态分布累积密度函数的反函

数。将已知数据代入 $\hat{N}_{\text{low(ban)}}$ 表达式可以求出 $\hat{N}_{\text{low(ban)}} = 58\ 149$ 次。

（2）采用虚拟增广样本推广方法将试件的样本量从 $n = 3$ 虚拟增广到 $n = 10$ 的评估方法。采取第一种取点方法。控制系数 a, b 的值给定后，求出待定系数 c，即可得到虚拟增广后的样本 $(X_1, X_2, \cdots, X_{10})$。

为了分析控制系数的取值对增广样本的分布及参数估计结果的影响，给定 4 组不同的控制系数 a, b，得到以下 4 组不同的增广样本：

[1] $b = 1, a = 0.863\ 3, c = -0.004\ 8$，得到排序后的 $(X_1, X_2, \cdots, X_{10})$ 为

$(4.597\ 7, 4.716\ 0, 4.744\ 5, 4.889\ 6, 4.890\ 5, 4.891\ 3, 4.962\ 4, 4.993\ 0, 5.036\ 4, 5.183\ 2)$

[2] $b = 2, a = 0.485\ 4, c = -0.065\ 1$，得到排序后的 $(X_1, X_2, \cdots, X_{10})$ 为

$(4.571\ 5, 4.716\ 0, 4.819\ 0, 4.879\ 4, 4.890\ 5, 4.901\ 5, 4.961\ 9, 4.962\ 4, 4.993\ 0, 5.209\ 5)$

[3] $b = 3, a = 0.240\ 3, c = -0.012\ 0$，得到排序后的 $(X_1, X_2, \cdots, X_{10})$ 为

$(4.565\ 7, 4.716\ 0, 4.851\ 6, 4.888\ 4, 4.890\ 5, 4.892\ 5, 4.929\ 3, 4.962\ 4, 4.993\ 0, 5.215\ 2)$

[4] $b = 4, a = 0.121\ 0, c = -0.014\ 9$，得到排序后的 $(X_1, X_2, \cdots, X_{10})$ 为

$(4.563\ 9, 4.716\ 0, 4.872\ 4, 4.887\ 9, 4.890\ 5, 4.893\ 0, 4.908\ 5, 4.962\ 4, 4.993\ 0, 5.217\ 0)$

得到增广样本后，利用 Bootstrap 方法在 Bootstrap 样本数 $N = 100\ 000$ 的情况下对每一组增广样本进行评估，可以得到未知参数——对数试验寿命均值 $\overline{X}$ 的分布，进而可以得到 $\overline{X}$ 的置信度为 $1 - \alpha = 90\%$ 的置信下限 $\hat{\overline{X}}_{\text{low(1)}}$，从而得到试验寿命下限 $\hat{N}_{\text{low(1)}} = 10^{\hat{\overline{X}}_{\text{low(1)}}}$。将 4 组虚拟增广样本的评估结果与半经验法的评估结果列表比较，见表 7.3。

表 7.3　第一种取点方法 4 组控制系数的评估结果比较

4 组控制系数	$\overline{X}$ 的均值	置信下限 $\hat{\overline{X}}_{\text{low(1)}}$	$\hat{N}_{\text{low(1)}}$ / 次	$(\hat{N}_{\text{low(ban)}} - \hat{N}_{\text{low(1)}})/\hat{N}_{\text{low(ban)}}$
$b = 1, a = 0.863\ 3$	4.767 9	4.698 9	49 991	14.03%
$b = 2, a = 0.485\ 4$	4.792 3	4.723 3	52 885	9.05%
$b = 3, a = 0.240\ 3$	4.799 0	4.730 1	53 712	7.63%
$b = 4, a = 0.121\ 0$	4.806 9	4.737 9	54 693	5.94%

由结果易见，$b = 4, a = 0.121\ 0$ 这一组控制系数是在满足保守估计的前提下与半经验方法的差异最小的一组控制系数，建议采用此组控制系数进行样本数从 $n = 3$ 到 $n = 10$ 的虚拟增广。

（3）本例中的第二种取点方法类似，只需要将均值 $X_0 = \dfrac{X_1^* + X_2^*}{2}$ 变成 $X_0 = \dfrac{X_1^* + X_2^* + X_3^*}{3}$ 即可。故此处仅给出计算结果，见表 7.4。

表 7.4   第二种取点方法 4 组控制系数的评估结果比较

4 组控制系数	$\bar{X}$ 的均值	置信下限 $\hat{\bar{X}}_{\text{low(2)}}$	$\hat{N}_{\text{low(2)}}$ / 次	$(\hat{N}_{\text{low(ban)}} - \hat{N}_{\text{low(2)}})/\hat{N}_{\text{low(ban)}}$
$b = 1, a = 0.455\ 4$	4.763 1	4.694 2	49 451	14.96%
$b = 2, a = 0.118\ 5$	4.788 5	4.719 5	52 419	9.85%
$b = 3, a = 0.031\ 3$	4.803 8	4.734 9	54 307	6.60%
$b = 4, a = 0.008\ 1$	4.814 9	4.746 0	55 715	4.18%

由结果易见,$b = 4, a = 0.008\ 1$,这一组控制系数是在满足保守估计的前提下与半经验方法的差异最小的一组控制系数,建议第二种取点方法中采用此组控制系数进行样本数从 $n = 3$ 到 $n = 10$ 的虚拟增广效果较好。

2.算例结果讨论

(1)控制系数 a,b 敏感性的讨论。

1)参数 b 值大小的影响。由两个算例分别采用两种取点方法的评估结果可见,随着 b 从 $b = 1$ 开始增大,评估结果与半经验方法评估结果有一个从左往右越来越逼近然后超过的过程。若出于保守且尽量靠近半经验方法评估结果的考虑,在从 $n = 2$ 到 $n = 10$ 的虚拟增广样本方法中可采用 $b = 3$ 对应的控制系数。具体工程场合 b 的取值可以参考经验取定。

2)参数 a 值大小的影响。a 值大,分布点更远,从算例看,试验后评估值偏低;若有信息说明试验子样数多,确实分布较广时,可取较大的 a 值;当在工程上根据经验应给出较为保守的评估结果时,也可取较大的 a 值。

(2)虚拟增广样本取点方法对评估结果的影响。对同一个算例中的两种不同取点方法的结果比较可知,保留原始样本点同时根据样本均值点虚拟增广的取点方法得到的评估结果,比直接舍弃原始样本点仅根据样本均值点进行虚拟增广得到的结果要偏于略小些。与半经验方法的结果比较可知,舍弃原始样本点的取点方法与半经验方法的结果更接近。分析原因可知,舍弃原始样本点的取点方法得到的增广后的 10 个样本点分布比保留原始样本点的方法得到的增广后的 10 个样本点分布更均匀,更适应于 Bootstrap 方法中的再抽样技术的应用,得到的参数估计更好一些。

(3)原始样本数的大小对虚拟增广样本推广方法结果的影响。对两个算例的计算结果比较可知,从 $n = 2$ 到 $n = 10$ 的虚拟增广得到的结果比从 $n = 3$ 到 $n = 10$ 的虚拟增广得到的结果更接近于半经验方法的结果。分析原因可知,原始样本数目达到 $n = 3$ 以上后,再使用由试验子样均值对称扩张子样这种虚拟增广样本方法会丢失原始样本蕴含的信息,从而影响评估结果的精度。

(4)方法合理性的讨论。从原理上讲,本节提出的虚拟增广样本推广方法较半经验方法更合理,因所提出的方法在结合运用 Bootstrap 方法时更具有分散性;取不同 a,b 值,可以调节估算结果,也即使评估值具有符合工程实际的可调性。

3.算例方法结论

(1)半经验虚拟增广样本推广方法与其他极小子样试验评估方法的比较。在理论上可应用极小子样试验评估方法,还有已知验前分布的贝叶斯验后评估法,但当可靠性估计值相当高

（例如大于 0.99 或 0.999）时，一次试验的成功与否对验前值改变很小，也就是说，即使采用寿命参数，一次寿命试验值对验后评估的影响也较小，而只做一次试验的复杂结构、机构系统是很难取准验前值的。

（2）应用本节提出的方法与当前全机疲劳寿命分散系数按强度规范应取分散系数 4～5 规定方法间的关系。规范中对全机一次疲劳试验分散系数的规定本身也是在发展的，随着试验加载对飞行加载真实性反映的增加，随着抗疲劳设计技术的提高（如应力集中系数减小会使分散性减小，材质的提高会使分散性减小等），这个规定值逐步由 6～8 降至 4～6,4～5；目前，加载情况已较难再改进，主要是分散性大小的考虑及可靠度、置信度应要求多大为合适，而本节所提方法已充分考虑到分散性的大小。若在可靠度、置信度要求一致的前提下，应用本方法与当前全机疲劳寿命分散系数按强度规范应取分散系数 4～5 的规定方法应基本上协调，但本节方法给出的数量值更具体一些。

（3）本节所提的虚拟增广子样数方法在已知试验均值估计值（当 $n=1$ 时，即为试验值）及标准差 σ 时，是可能分布的一种，再结合 Bootstrap 方法将其随机化，从原理上讲是合理的，从计算结果看是合适的。由于 $n=1$ 时很难做出有理论意义或结合理论分析的试验评估，故本节所提方法既有理论基础，又与试验结果结合，因而是一种可行的方法。

（4）针对工程上较多出现的试验样本数为 $n=2～3$ 的场合下的可靠性评估问题，提出了将样本数从 $n=2～3$ 虚拟增广至 $n=10$ 的虚拟增广样本推广方法，并将该方法与 Bootstrap 方法结合应用于服从对数正态分布的寿命总体的可靠性评估。将算例的评估结果与半经验评估方法的结果进行比较之后，显示该方法是合理可行的。结合算例对虚拟增广样本经验取点公式中的控制系数 a,b 的敏感性做了详细的讨论，同时对两种虚拟增广样本取点方法以及原始样本数的大小对评估结果的影响也给出了有益的讨论。

7.3　民机襟缝翼机构典型运动副寿命试验

7.3.1　关节轴承寿命试验

1. 典型关节轴承

飞机结构中用到了大量的关节轴承，根据内外环材料及润滑方式分钢/钢重润滑、钢/铜重润滑、钢/钢自润滑等类型。通常要求在整个飞机寿命中轴承不要求更换。飞机结构典型关节轴承如图 7.4 所示，典型载荷参数见表 7.5。

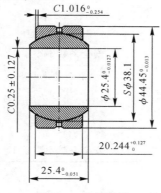

图 7.4　关节轴承

表 7.5　EN6046AN16GS 关节轴承载荷

序　号	载荷项	对应英语标准名称	载荷值/kN
1	径向许用静载荷 C_s	permissible static radial load	279.5
2	轴向许用静载荷 C_a	permissible static axial load	109.2
3	径向限制静载荷	ultimate static radial load	419.2
4	轴向限制静载荷	ultimate static axial load	163.8

注:径向允许静载荷 C_s(permissible static axial load):卸载后永久变形小于 0.07mm。径向允许静载荷 C_a(permissible static radial load):卸载后永久变形小于 0.10mm。极限静载荷:卸载后,轴承没有裂纹或损坏。

关节轴承的一个先天性缺陷是如果工作 pv 值过高,会引起轴承卡滞,进而引起机构卡滞或舵面功能受影响;再加上设计初期选用的关节轴承往往重视静强度的校核,缺少工作寿命当量动载荷的校核,客观上容易忽略寿命估算;加上外场润滑不及时,造成军机和民机都发生过不少的关节轴承内、外环卡滞的事故。设计阶段要重视关节轴承的寿命估算和试验验证,尤其是关键件和重要件必须开展地面寿命验证试验。

为便于飞机机体结构关节轴承的选用,本文根据飞机结构各部件的特点(是否运动还是几乎不动? 是否有冲击? 是否有润滑通路?)将关节轴承分为 A,B,C,D 四类,详见表 7.6,民机襟缝翼的关节轴承属于 B 类。

表 7.6　飞机结构关节轴承分类及选用准则

类　别	主要特征	选用准则	举　例
A 类	受静载荷为主要特征	安全系数不小于 1.5	襟翼滑轨悬挂、吊挂悬挂接头处关节轴承
B 类	以承受动载为主要特征、以承受静载和轻微冲击为次要特征	寿命满足要求 $p<[p]$ $v<[v]$ $pv<[pv]$ 安全系数不小于 1.5	摇臂/支臂式襟翼、副翼尾翼、舵面铰链处关节轴承
C 类	以承受冲击为主要特征,以承受静载、动载为次要特征	满足冲击要求 寿命满足要求 $p<[p]$ $v<[v]$ $pv<[pv]$ 安全系数不小于 1.5	起落架
D 类	以无润滑通道为主要特征、以承受动载、静载为次要特征	寿命满足要求 $p<[p]$ $v<[v]$ $pv<[pv]$ 安全系数不小于 1.5	藏在襟翼翼面内的拉杆杆端轴承

2.关节轴承寿命试验方法

国外的标准给出的关节轴承寿命试验更接近于是否符合标准规定的鉴定试验,如 SAE AS81936 动载试验模式Ⅰ规定内圈摆动±10°,共摆动 65 000 周,每隔 2 430 周润滑一次。动载试验模式Ⅱ规定内圈摆动±10°,每隔 750 个周期润滑一次,共摆动 20 000 次。在工程中,经常需要根据维修手册规定的润滑周期,以一定的载荷谱来验证轴承的寿命是否满足使用要求,完全按标准执行有一定的不适应。

本文根据《航空航天机械系统及分析系统设计与制造中使用的轴承、操纵系统零部件和有关的金属件》(MIL - STD - 1599),《美军用规范-全金属自动调心关节轴承》(MIL - B - 8976),《美军用规范-自动调心关节轴承(铍铜内圈 不锈钢外圈)》(MIL - B - 81936),《美军用规范-低速摆动自润滑自动调心关节轴承》(MIL - B - 81820),《自动调心关节轴承(铍铜内圈 不锈钢外圈)》(SAE AS81936),《关节轴承 动载荷与寿命试验规程》(JB/T 10860 - 2008)和前期的研究基础,给出了飞机结构关节轴承试验方法,供工程技术人员参考。

(1)试验件安装。试验件与轴、座的配合,安装形式等符合 MIL - B - 81936,MIL - B - 81820,SAE AS81936 等相关标准。关节轴承外圈有缝时,缝与载荷方向垂直。

(2)试验加载方式。关节轴承寿命试验有两种加载方式,一种是"定向恒载"作用下的寿命试验,一种是"双向加变载"作用下的寿命试验。

"定向恒载"试验原理见图 7.5。这种试验原理不能模拟真实的关节轴承使用工况,在试验的过程中,关节轴承内、外圈始终贴在一起,润滑油不能进入摩擦面,起不到润滑的作用,轴承的使用环境过度严酷,轴承在较短的时间内就会发生内、外环抱死,振动剧烈等失效模式,因此这种试验原理不能模拟关节轴承的真实使用工况,尤其不适宜全金属关节轴承的动载荷试验。自润滑关节轴承由于摩擦面始终有润滑衬垫的存在,能够起到润滑的作用,因此这种试验原理能够用于自润滑关节轴承。

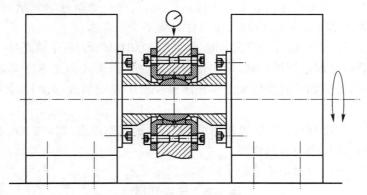

图 7.5　关节轴承"定向恒载"试验原理

"双向加变载"属于新型的试验原理,能够很好地模拟关节轴承"加载—摆动—卸载—反向加载—摆动"的使用工况,这种试验原理能够很好地模拟全金属关节轴承、自润滑关节轴承的使用工况,详见图 7.6。

(3)试验 p,v,pv 值的选取。试验 p,v,pv 值的选取应根据真实工况计算当量动载荷(当量动载荷作用下轴承的寿命与载荷谱作用下相同),然后按 JB/T8565 — 1997 进行计算。也可根据极限 pv 值自行确定,详见表 7.7,但是不应引入新的失效机理。

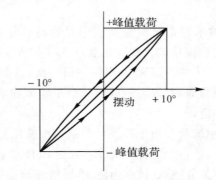

图 7.6　关节轴承"双向加变载"试验原理

根据 JB/T8565 — 1997,当关节轴承在一个摆动周期内承受变动载荷时,其当量动载荷为

$$P = \sqrt{\frac{F_{\min}^2 + F_{\max}^2}{2}}$$

式中,$F_{\min}$ 为最小载荷,$F_{\max}$ 为最大载荷。

表 7.7　关节轴承 pv 值

摩擦副材料	钢/钢	钢/青铜	钢/PTFE 织物	钢/PTFE 复合物
极限 pv 值	400	400	300	300
试验 pv 值	≤1 600	≤1 600	≤3 000	≤2 100

(4)试验件摆动角度。当试验性质是寿命验证试验时,关节轴承的摆动角度建议与真实工况一致。当试验性质是鉴定试验时,参考 MIL – B – 81936,MIL – B – 81820 和 SAE AS81936。

(5)试验件数量。当试验性质属于耐久性试验时,只有一个单独的轴承被试验时,分散系数应采用 5。当试验性质为鉴定试验时,试验件数量不少于 3 个。

(6)试验润滑周期。当试验件是重润滑钢/钢关节轴承时,试验过程中需要对试验件进行润滑。

如果试验性质属于探索润滑周期,则应该根据寿命估算公式和工程经验确定。如果试验性质属于寿命验证,关节轴承润滑周期应根据维修手册中规定的起落次数对应的关节轴承工作次数。

(7)试验检测。试验载荷、转速、摩擦因数、关节轴承表面温度、摆动次数、室温等应随测监控。试验结束后,建议做失效电镜图。

(8)失效判据。不同摩擦副关节轴承的失效判据见表 7.8。

表 7.8　失效判据

滑动摩擦副	项目指标			
	摩擦因数 μ	关节轴承表面温度	磨损量	其他失效
钢/钢	>0.22	>150℃	>0.004d_{m}	
钢/青铜	>0.25	>150℃	>0.004d_{m}	轴承卡滞等任一零件损坏,
钢/PTFE 织物	>0.15	>150℃	>0.30mm	使轴承不能正常运转
钢/PTFE 复合物	>0.20	>150℃	>0.30mm	

3.关节轴承寿命试验案例

(1)试验件安装。试验件安装如图 7.7 所示。

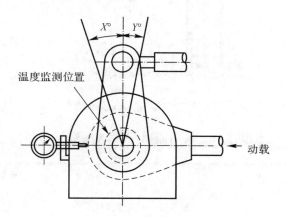

图 7.7 试验装置示意图

(2)试验件摆动角度。轴承摆动角度为 $X°\sim Y°$。

(3)试验加载方式。试验载荷为等幅谱,加载方式详见图 7.8。

(4)试验件数量。试验件数量为 1 件。

(5)试验润滑周期。试验润滑周期 500 次。

(6)试验检测。试验过程中监控了磨损量、轴承温度、室温、摩擦因数等,详见图 7.9。

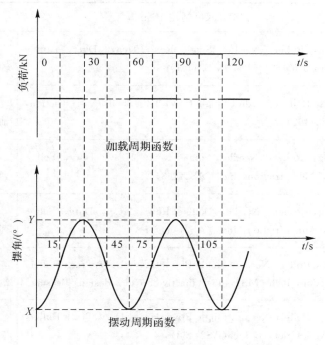

图 7.8 试验加载

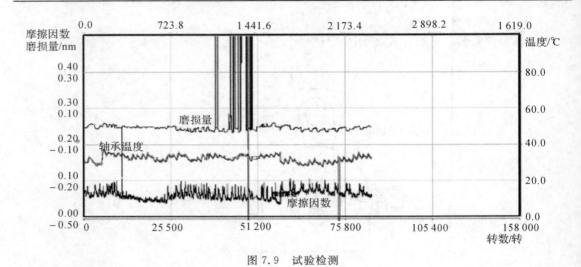

图 7.9　试验检测

(7)试验结果。5 倍寿命后,轴承的磨损量、启动扭矩均在正常范围内,满足设计要求。

7.3.2　滚针轴承寿命试验

1.典型滚针轴承

SAE AS39901 把滚针轴承共分为 10 类,详见表 7.9。其中 Type V ~ Type X 为滚针轴承(track roller),即外圈为工作面,可以用作飞机襟翼和缝翼滑轮架滚轮。

表 7.9　SAE 规定的滚针轴承分类

型　号	类型及尺寸适用工况	举　例
Type I	Bearing, Roller, Needle, Single Row, Heavy Duty, Anti-friction, Inch (MS24461 and AS24461)	防摩重载单列滚针轴承
Type II	Bearing, Roller, Needle, Single Row, Thin Shell, Anti-friction, Inch (MS24462)	薄壳防摩单列滚针轴承
Type III	Bearing, Roller, Needle, Single Row, Heavy Duty, Self-Aligning, Anti-friction, Inch (AS24463)	自调心防摩重载单列滚针轴承
Type IV	Bearing, Roller, Needle, Double Row, Heavy Duty, Self-Aligning, Anti-friction, Inch (AS24464)	自调心防摩重载双列滚针轴承
Type V	Bearing, Roller, Needle, Single Row, Heavy Duty, Track Roller, Anti-friction, Inch (MS24465) (Inactive for new design) Bearing	减摩重载单列滚针滚轮轴承
	Bearing, Roller, Needle, Single Row, Heavy Duty, Track Roller, Sealed, Anti-friction, Inch(AS21438)	密封减摩重载单列滚针滚轮轴承

续 表

型 号	类型及尺寸适用工况	举 例
Type Ⅵ	Bearing，Roller，Needle，Double Row，Heavy Duty，Track Roller，Anti – friction，Inch（MS24466）（Inactive for new design）Bearing	减摩重载双列滚针滚轮轴承
	Bearing，Roller，Needle，Double Row，Heavy Duty，Track Roller，Sealed，Anti – friction，Inch（AS21439）	密封重载双列滚针滚轮轴承
Type Ⅶ	Bearing Roller，Needle，Track Roller，Integral Stud，Anti – friction，Inch（MS21432）(Inactive for new design)	减摩带柄（螺栓与内圈一体设计）滚轮轴承
	Bearing，Roller，Needle，Track Roller，Crown Radiused O. D.，Integral Stud，Type VII，Anti – friction，Inch（AS21447）	球面外圈减摩带柄（内圈与螺栓一体设计）滚轮轴承
Type Ⅷ	Bearing，Roller，Needle，Track Roller，Integral Stud，Sealed，Anti – friction，Inch（MS21440）	密封减摩带柄（内圈与螺栓一体设计）滚轮轴承
Type Ⅸ	Bearing，Roller，Needle，Track Roller，Integral Heavy Stud，Sealed，Anti – friction，Inch（AS21441）	减摩重载带柄（内圈与螺栓一体设计）滚轮轴承
Type Ⅹ	Bearing，Roller，Needle，Heavy Duty，Track Roller，Sealed，Anti – friction，Inch（AS21442）	密封减摩重载滚轮轴承

飞机结构用滚针轴承基本是前缘缝翼滑轮架和后缘襟翼滑轮架滚轮轴承。

轴承类型为 AS21438 – 114（TypeⅤ），该类轴承的典型剖面见图 7.10，AS21438 – 114 轴承的尺寸及公差见图 7.11，承载能力见表 7.10。

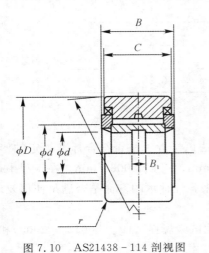

图 7.10　AS21438 – 114 剖视图　　　　图 7.11　AS21438 – 114 的尺寸及公差

表 7.10   AS21438 - 114 滚针轴承承载能力

序　号	载荷项		载荷值/kN	备　注
1	Capacity As a Track Roller(CTR)	作为滚针轴承的承载能力	64.054 08	当滑轨硬度为 HRC58 以上时
2	Track Capacity 40 HRC	作为滚针轴承的承载能力	23.797 87	当滑轨硬度为 HRC40 时
3	Limit Load Rating	极限额定负荷	85.850 28	在轴承功能没有损伤之前可以施加在轴承上的最大径向载荷
4	Ultimate or static fracture load rating	静破坏负荷	128.775 42	1≥1.5 Limit Load Rating
5	Load rating as a track roller	作为滚轮使用的负荷	—	L_{10} 取 20 000 转

　　CTR 与滑轨硬度有较大的关系,美国 RBC 公司规定 CTR 与滑轨硬度的关系,详见表 7.11。可以得出当滑轨硬度是 HRC40 时,承载能力系数是 1.0,滑轨硬度越高,滚轮的承载能力越强,滑轨硬度越低,滚轮的承载能力越弱。

表 7.11   RBC 公司滚轮承载能力与滑轨表面硬度的关系

滑轨硬度(HRC)	承载能力系数
20	0.4
25	0.5
30	0.6
35	0.8
40	1.0
45	1.4
50	1.9
55	2.6
58	3.2

2.滚针轴承寿命试验方法

　　在 SAE AS39901 中规定的滚针轴承寿命试验方法更接近于是否符合标准规定的鉴定试验,如 SAE AS39901 规定滚针轴承转速为 10~100r/min,直到 20 000r/min。在工程中,经常需要根据维修手册规定的润滑周期,以一定的载荷谱来验证轴承的寿命是否满足使用要求,完全按标准执行,有一定的不适应。

　　本文结合 SAE AS39901、《滚动轴承寿命及可靠性试验规程》(JB/T50013 — 2000)和前期的研究基础给出了滚针轴承寿命试验方法,以供工程技术人员参考。

（1）试验件安装、陪试要求、加载。双点支撑的滚针轴承安装、陪试要求、加载参考 SAE AS39901 的图 5B，详见图 7.12。悬臂支撑的滚针轴承安装、陪试要求、加载参考 SAE AS39901 的图 5C，详见图 7.13。陪试件的硬度为 HRC60。

（2）试验载荷的选取。当试验性质为鉴定试验时，可以施加 CTR，是否满足 90％ 可靠度的 20 000 转（在 RBC 相关文件中规定"CTR 是轴承 L_{10}＝20 000 转的载荷，即一批轴承在该载荷的作用下有 90％ 的轴承寿命超过 20 000 转)。

当试验性质为寿命验证试验时，可以施加当量动载荷（当量动载荷作用下轴承的寿命与载荷谱作用下相同)。

（3）试验件数量。试验件数量 10～20 个。

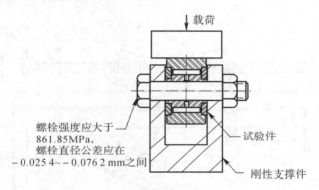

图 7.12　双点支撑的滚针轴承安装方法

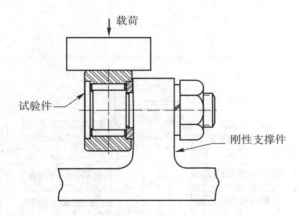

图 7.13　悬臂支撑的滚针轴承安装方法

（4）试验件转速。SAEAS39901 规定滚针轴承的使用转速为 10～100r/min，为提高试验效率，但不能改变失效机理，试验时滚针轴承的转速可取 90r/min。

（5）试验润滑周期。试验过程中轴承内部一般不需要润滑，轴承外圈与滑轨之间应根据维修手册用润滑脂润滑。

（6）试验检测。试验过程中，监控振动、外圈尺寸。

（7）失效判据。试验轴承的滚动体或套圈表面发生的有一定深度和面积的基体金属剥落。

剥落面积不小于$1mm^2$,深度不小于$0.05mm$。

试验轴承的任一零件损坏,使之不能正常运转,如保持架断裂、散套、密封失效、轴承卡滞等。

(8)试验结果。试验结束后,做失效电镜图,绘制$P-N,P-S-N$曲线。

3.滚针轴承接触疲劳寿命试验案例

(1)试验件安装、陪试要求、加载。试验件安装采用如图7.14所示的"双三圆盘对滚"试验方法,每次安装4个滚针轴承,试验中给每个滚针轴承施加载荷。大圆盘作为主动轮带动滚针轴承运转。

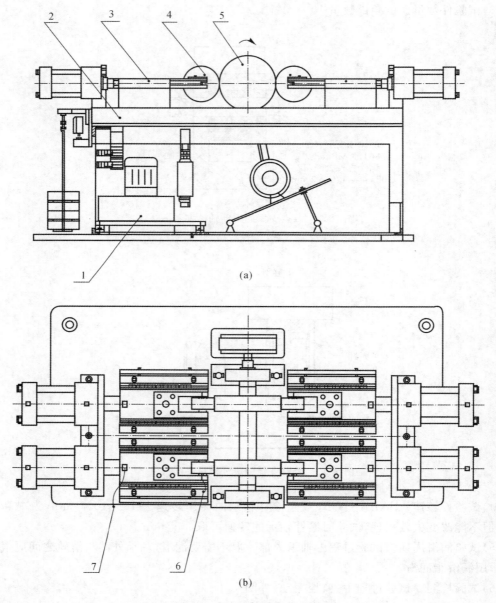

(a)

(b)

图7.14　滚针轴承试验方法

1—液压加载供油系统;　2—机架;　3—滑动导轨;　4—试验轴承;　5—导轮;　6—温度传感器;　7—振动传感器

（2）试验载荷的选取。试验中共选取五级载荷，S1，S2，S3，S4，S5，如图 7.15 所示。

（3）试验件数量。每级载荷 10 个。

（4）试验件转速。试验转速取 90r/min。

（5）试验润滑周期。每隔 10 800 转用润滑脂润滑一次。

（6）试验检测。试验过程中，对振动、温度、外圈轮廓度等监控，轴承外圈温度控制值为 90℃，若超过 90℃，则允许采取外加风冷等措施降温。

（7）失效判据。失效的标志为轴承表面剥落面积不小于 $1mm^2$，深度不小于 0.05mm，或其他失效，比如试验轴承卡滞、试验轴承的任一零件损坏，使之不能正常运转，如保持架断裂、散套、密封元件变形、不起密封作用等。

（8）试验结果。典型试验结果如图 7.16 和图 7.17 所示。

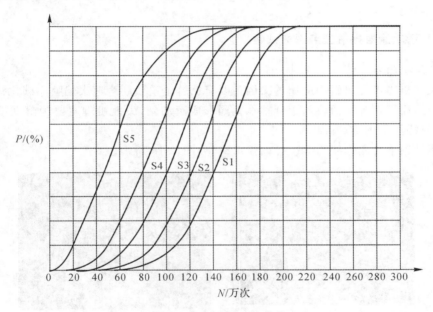

图 7.15　试验 $P-N$ 曲线

图 7.16　外圈滚道剥落和内圈滚道剥落

图 7.17　典型失效模式滚针剥落、断裂与密封圈脱落

7.3.3　滑轨涂层接触疲劳寿命试验

1. 典型滑轨涂层

目前在飞机襟缝翼滑轨中应用的涂层主要有钛合金滑轨超声速火焰喷涂碳化钨涂层和钢滑轨电镀硬铬涂层两种。滑轨与滚针轴承共同形成滚动副,失效机理主要为滚动接触疲劳磨损失效,失效特征是剥落、麻点。

通常滚针轴承外圈母线为大半径圆弧母线,如图 7.18 所示。

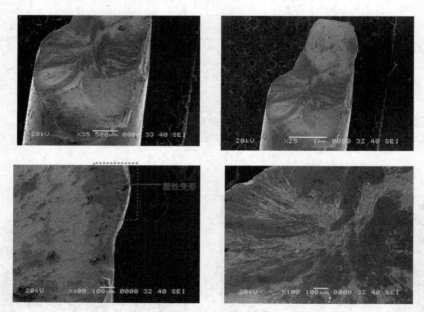

图 7.18　滚针碎裂断面 SEM 扫描图片

1—区域是最早的裂纹源；　2—区域是裂纹源；　3—区域是裂纹扩散区域；

4—瞬断区。扫描图片的右侧滚针表面和基体有开裂现象,而左侧并没有

2. 滑轨涂层接触疲劳试验方法

《金属材料滚动接触疲劳试验方法》(YB/T 5345 — 2006)给出了金属材料滚动接触疲劳

试验方法,包括线接触和点接触两种。针对涂层滚动接触疲劳试验没有相关的标准,本文以
YB/T 5345 — 2006 为基础,结合民机襟缝翼滑轨的使用特点和前期的研究基础,给出了滑轨
涂层滚动接触疲劳试验方法,供工程技术人员参考。

(1)试验件安装及加载。我们目前搜集到的涂层/基体滚动接触疲劳磨损试验有 11 球式,
如图 7.19 所示。该试验机为点接触,涂层/基体试验件压在 11 个球上,11 个球主动旋转与涂
层试验件形成滚动摩擦,主动轴每转过 1 周,涂层与 11 个球每个磨损 1 次,效率很高,每个涂
层试验件基本在 2h 内可以做完。该试验方法的缺点是只能模拟点接触,不能模拟线接触,只
能模拟高接触应力-低载荷工况,不能模拟高载荷-中低接触应力工况。该试验机由燕山大学
的杨育林教授从英国赫尔大学引入中国,目前在燕山大学、装甲兵工程学院等广泛采用。

图 7.20 所示为 4 球式试验机。4 球式试验方法的原理与 11 球相似,它把涂层喷涂在试
验机的锥形件上,通过锥形件施加载荷并主动旋转,锥形件每转过 1 周,锥形件上的每个地方
磨损过 3 次。该方法的缺点是只能模拟点接触,不能模拟线接触,只能模拟高应力-低载荷工
况,不能模拟高载荷-中低应力工况,另外它需要拆试验机的一部分用来喷涂,可能对试验造成
一定的麻烦。它的试验时间长于 11 球式,短于两圆盘对滚或三圆盘对滚。

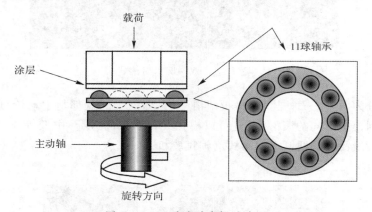

图 7.19　11 球滚动磨损试验机

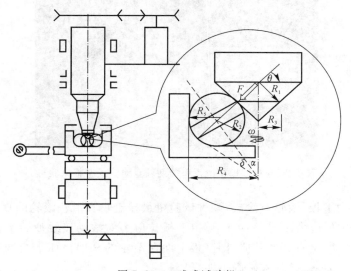

图 7.20　4 球式试验机

圆盘对滚式有两圆盘对滚式和三圆盘对滚式,原理相同,可以模拟线接触和高载荷-中低应力工况。三圆盘式中间大圆盘为陪试圆盘,中间的大滚轮为试验件,两侧小的为陪试件,对称加载,抵消主动轴的弯曲疲劳,设计很巧妙。一般三圆盘式有两排,即一次可以装夹 2 个试验件,试验效率较高。图 7.21 所示为三圆盘式试验现场。

图 7.21   双三圆盘对滚式

两圆盘式分为两种,一种是可以模拟滚滑率的,即两个圆盘都是主动轮,通过调整两个圆盘的转速来达到模拟不同的滚滑率,也可以模拟线接触和高载荷-中低等应力工况。图 7.22 所示为可以模拟滚滑率的两圆盘对滚式磨损试验机。

图 7.22   可以模拟滚滑率的两圆盘对滚式磨损试验机

图 7.23 所示为平板/滚轮对滚式,该种试验机最接近真实滑轨滚轮的真实工况,可以模拟线接触和高载荷-中低应力工况,还可以模拟平板拉应力对滚动接触疲劳磨损的影响,但是如果基体的材料比较软,会有延展效应,即平板上面在滚轮的来回挤压下会变长,与下表面不等长,试验件会变弯,如果试验件较硬则不明显。

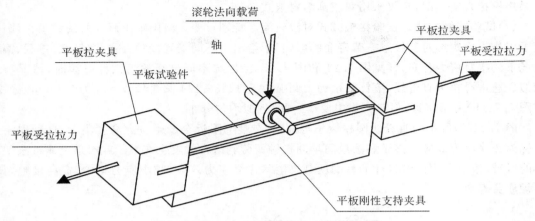

图 7.23　平板/滚轮磨损试验方法

表 7.12 中罗列了几种试验方法的优缺点。

表 7.12　几种涂层寿命试验方法的优缺点

试验方法	优　点	缺　点
4 球式	1)转速高、试验时间短 2)无延展效应	1)只能点接触不能线接触 2)涂层要喷涂在试验机的锥形件 3)试验机加载能力不大 4)不能模拟拉应力
11 球式	1)转速高、试验时间很短 2)试验件小、成本低 3)无延展效应	1)只能点接触不能线接触 2)试验机加载能力不大 3)不能模拟拉应力
双三圆盘对滚式	1)转速较高、试验时间较短 2)比较接近实际工况 3)无延展效应 4)能够模拟线接触	1)试验机加载能力较大 2)不能模拟拉应力
两圆盘对滚式	1)转速较高、试验时间较短 2)比较接近实际工况 3)无延展效应 4)能够模拟滚滑率 5)能够模拟线接触	1)试验机加载能力较大 2)不能模拟拉应力
平板/滚轮式	1)能够模拟线接触 2)比较接近实际工况 3)试验机加载能力大 4)可以模拟滑轨缘条拉应力	1)转速低、试验时间长 2)平板有延展效应,长时间摩擦加载后,平板试验件会翘 3)试验件经济成本高

　　具体工作中究竟应该选择哪一种,本文建议应该综合考虑试验目的、试验经费等,做出合适的选择。如果想快速得到某种新工艺、新材料涂层的滚动接触疲劳性能,建议采用 11 球式,

如果想模拟真实工况,建议采用双三圆盘对滚式。

(2)试验接触方式。试验接触方式对滑轨涂层特别重要。洛阳轴承研究所的魏敏在《圆柱滚子工作表面廓形对其接触疲劳寿命的影响》中给出了不同母线接触方式,在轻载、重载、偏载情况下的接触应力分布,详见图 7.24 和图 7.25,涂层与不同母线的陪试件对滚时,情况与之相似。通常滑轨为直母线,滚针轴承为大圆弧(AS21438 - 114 圆弧母线半径为 700mm)母线,与图 7.24(b)所示接近,但应力集中要小一些,近似均匀分布。

图 7.24(a)所示为直母线圆柱滚子与滚动,在端部附近会产生应力高度集中,这种现象通常称为边缘应力效应。滚子和滚道间早期接触疲劳剥落常常发生在滚子或滚道上靠近滚子端部的区域,滚子采用凸度设计的目的就是要消除边缘应力效应,减小应力集中,提高接触副的接触疲劳寿命。

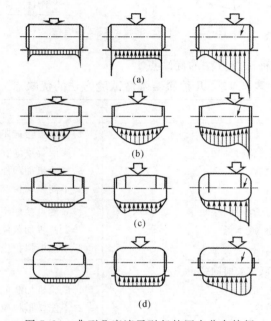

图 7.24　典型凸度滚子引起的压力分布特征

(a)直母线圆柱滚子; (b)全圆弧母线圆柱滚子; (c)圆弧修缘母线圆柱滚子; (d)对数母线圆柱滚子

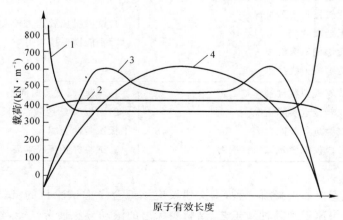

图 7.25　不同凸型滚子线载荷分布

1—直母线滚子; 2—对数母线滚子; 3—圆弧修缘母线滚子; 4—全圆弧母线滚子

图 7.24(b)所示为圆弧全凸型滚子,其母线是一段圆弧线。轻载时,接触状态近于点接触,滚子的稳定性较差,容易发生偏斜;当载荷增大时,可以使滚子全长进入接触且不发生边缘应力效应,滚子中部往往有较高的压力峰。

图 7.24(c)所示为圆弧修缘型凸型滚子,滚子母线中部为直线,两端是两段修缘圆弧,在圆弧与直线相交处有明显的几何交点。这种滚子的工作长度也是随载荷变化的,滚子全长进入接触且不发生边缘效应,稳定性比全凸型滚子好。

图 7.24(d)所示为对数母线圆柱滚子,对数母线实现了均匀的线载荷分布。

本文前期曾经开展过直母线接触方式的对滚试验,通过分析发现,失效部位和失效形式符合边缘效应,施加在试验件上的实际应力比名义应力高出好几倍,经直母线边缘修圆角后,情况有所改善,直母线边缘修圆角属于图 7.24(c)所示情况,比直母线应力集中小很多。

在开展滑轨涂层滚动接触疲劳试验中,究竟选择哪一种接触方式是非常关键的,选择得不好可能会导致达不到试验目的。本文建议最好选择与之配对的滚针轴承作为陪试件,如果经费不足,可以退而求次选用圆弧修缘母线和全圆弧母线接触形式的陪试件,最好不采用直母线接触形式陪试件。

(3)试验应力的选取。试验应力的选择也是非常关键的。首先不能直接选择静载荷的滑轨/滚针轴承接触应力,因为静载荷作用下的滑轨/滚针轴承接触应力属于静强度校核的范畴,一般要求静载荷作用下接触应力不大于 $2.1\sigma_b$。其次也不能直接采用最大使用载荷作用下的接触应力作为试验应力,这种应力也过高。应该在疲劳载荷谱作用下,襟、缝翼有收放运动时的工况的载荷作为计算滑轨/滚针轴承的接触应力的输入,不能采用襟、缝翼在巡航、起飞、降落构型下静止状态的工况计算接触应力。

应在滑轨实际运动时的工作应力范围内选择 4～5 级应力水平。最低试验应力应选择实际工作应力的下限,然后逐级上升确定各试验应力。相邻两级应力的级差根据接触方式确定。点接触的应力级差选择 250～400N/mm²,线接触的应力级差选择 180～300 N/mm²。

(4)陪试件硬度。陪试件硬度参考滚针轴承硬度 HRC58～63。

(5)试验件数量。每级应力作用下试验件不少于 16 个。

(6)试验件转速。滑轨涂层试验转速取 10～100r/min。

(7)试验润滑周期。每隔 10 800 转用润滑脂润滑一次。

(8)试验检测。试验中检测试验件的轮廓度、表面状态、振动等。

(9)失效判据。深层剥落面积不小于 3mm²,麻点剥落集中区,在 10mm² 面积内出现麻点率达 15％的损伤。

(10)试验结果。试验结束时绘制 $P-S-N,P-N$ 曲线,做失效电镜图。

3.滑轨涂层接触疲劳案例

(1)试验件安装及加载。用作滚轮的滚针轴承的典型寿命试验方法见图 7.26,图中 2 个大圆盘为涂层试验件,4 个小圆盘为陪试件。涂层试验件为主动轮,4 个陪试件为载荷施加轮。涂层试验件为钛合金表面超声速火焰喷涂碳化钨涂层。

(2)试验接触方式。试验接触方式为线接触。

(3)试验应力的选取。试验应力选取 450MPa,630MPa,800MPa,1 150MPa,1 500MPa。

(4)陪试件硬度。陪试件硬度为 HRC58～63。

(5)试验件数量。每级应力 6 件。

图 7.26　用作滚轮的滚针轴承试验方法

（6）试验件转速。试验件转速在 90r/min 以下。

（7）试验润滑周期。每隔 10800 转用润滑脂润滑一次。

（8）试验检测。试验中检测试验件的轮廓度、表面状态、振动等。

（9）失效判据。深层剥落面积不小于 $3mm^2$，麻点剥落集中区，在 $10mm^2$ 面积内出现麻点率达 15％的损伤。

（10）试验结果。试验结果包括典型失效照片、P-S-N 曲线、P-N 曲线、电镜图等，详见图 7.27～图 7.31。

图 7.27　典型剥落失效图

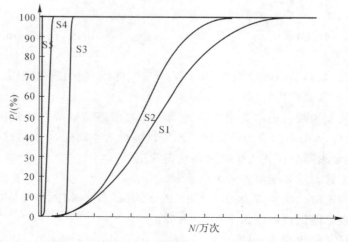

图 7.28　钛合金滑轨超声速火焰喷涂碳化钨涂层滚动接触疲劳寿命试验 P-N 曲线

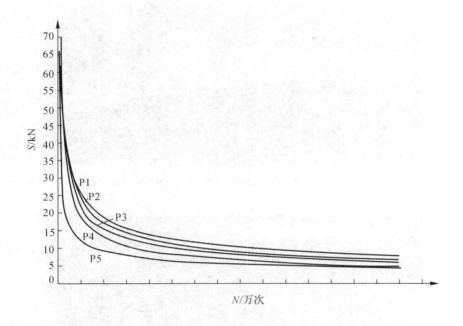

图 7.29　钛合金滑轨超声速火焰喷涂碳化钨涂层滚动接触疲劳寿命试验 P-S-N 曲线

图 7.30　试前外径表面形貌

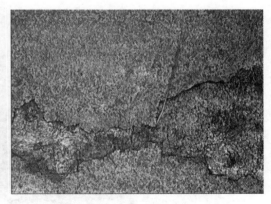

图 7.31　试后外径表面形貌（剥落）

7.4　民机襟缝翼机构可靠性试验

大型飞机翼展达 50m 以上，翼尖变形达 2m 以上，襟、缝翼在一个可变形的柔性载体上实现收放运动，襟、缝翼本身是一个可变形的复杂（尤其是双缝襟翼和三缝襟翼）柔性体，再加上运动与变形的耦合效应、结构与系统的集成，使得设计师非常担心机翼变形后襟、缝翼的运动功能是否能够顺利实现，为了降低研制风险，A380，A350，EMB170 等均在首飞前开展过模拟机翼变形的地面功能试验，详见图 7.32～图 7.34。

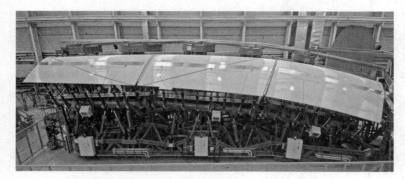

图 7.32   A380 襟翼功能试验台（来源：空客 Bremen Courtesy）

图 7.33   A350 襟翼功能试验台（来源：空客 Bremen Courtesy）

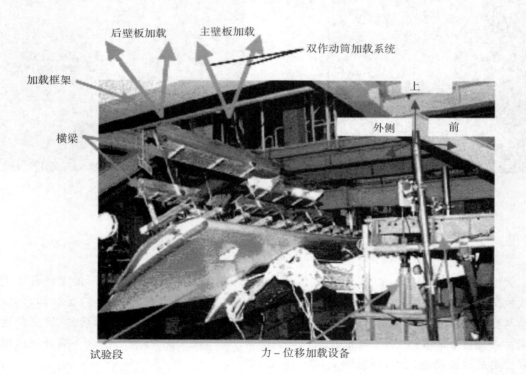

图 7.34   EMB170 襟翼功能试验台

7.4.1　试验方法

1. 民机襟缝翼运动机构功能试验目的

通过民机襟缝翼运动机构功能试验为民机襟缝翼运动机构可靠性分析、仿真试验模型参数选取和修订提供依据,并评估襟缝翼运动机构部件级的可靠性水平,发现薄弱环节和部位,为设计改进等提供依据。

试验的主要目的:

(1)验证多体动力学的仿真结果。验证正常收放和故障状态收放的内力、扭矩、应变分析结果。

(2)验证首飞前真实状态下的运动机构收放是否平稳。验证机构之间有无干涉,机构有无卡滞,防松措施是否有效,有无效率过低、温升、噪声等。

(3)验证结构与系统集成后的匹配性。验证襟翼、机翼与操纵系统集成后的匹配性。

(4)获取机构运动构件耐久性数据。在试验和评估的基础上,确定部件和附件定检周期,维修工作内容和要求提供依据;提供滑轨、滑轮架润滑周期依据,以提高使用可靠性。

(5)获取民机典型襟缝翼运动机构的主要失效模式,暴露薄弱环节,确定改进措施,实现可靠性增长。

2. 功能试验方法

(1)模拟机翼变形台架设计。模拟机翼变形台架是指在试验过程中,给台架施加一定的强迫位移,来模拟机翼在襟翼或缝翼运动过程中支持的边界条件。

台架设计需要考虑机翼变形模拟、襟缝翼安装、试验故障的排除及维修、试验操作安全、成本等。模拟机翼变形指模拟襟缝翼机构与机翼的连接点的位移,试验中先将台架的模拟连接点位移调节至所需变形值,再开展收放功能试验。根据连接点刚性,台架基本分为刚性支持和柔性支持两种。推荐采用柔性支持。

所谓刚性是指连接点的位移调好后,连接点与地面是刚性连接的,例如通过螺栓将襟翼滑轨与台架直接连接。

所谓柔性连接是指连接点位移调节好后,襟翼翼面加载后,连接点允许有一定变形,这与襟翼的真实工作状态更接近,如襟翼在空中变形时,襟翼滑轨通过机翼下蒙皮与机翼连接,滑轨变形时滑轨与机翼下蒙皮连接点也会变形,属于柔性连接。如 EMB170 襟翼地面试验中滑轨与一块蒙皮连接,蒙皮再与台架连接,滑轨与台架之间属于柔性连接,试验过程中,给蒙皮施加强迫变形,如图 7.34 和图 7.35 所示。如 ARJ21 襟缝翼疲劳试验中采用全尺寸机翼作为试验台架,机翼变形到位后,襟缝翼做收放加载运动,这种用全尺寸机翼作为台架更好,属于机翼变形和机翼刚度双重模拟。用小块蒙皮柔性支持比用全尺寸机翼带来的成本也高。

(2)随动加载系统。加载方式按施加在上翼面还是下翼面,分在上翼面加载向上拉,在下翼面加载向上顶;按蒙皮局部受压还是受拉,分胶布带式和拉压垫式;按有无杠杆分多级杠杆式和无杠杆式;按作动筒根部固定方式分为摆架式和龙门架式;按载荷施加是通过两个作动筒的合力还是一个作动筒直接加载,分为合成加载还是直接加载。随动加载方式分类详见图7.36。具体型号根据试验要求和机构特点采用不同的加载方式,必须保证加载区域的蒙皮强度足够。

A380 和 A350 采用将拉压垫粘在襟翼下翼面,用作动筒顶下翼面的加载方式,作动筒根部可以摆动。这种加载的特点是作动筒的行程小,刚度好,非常适合大型飞机。

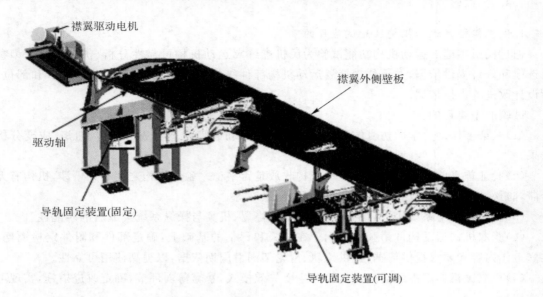

图 7.35　柔性支持台架(EBM170)

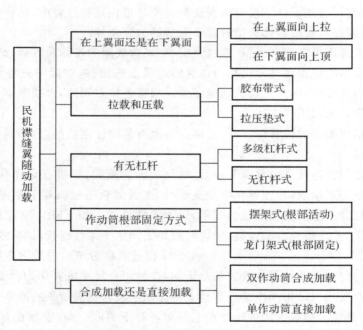

图 7.36　随动加载方式分类

　　EMB170 的加载方式是胶布带粘在襟翼上翼面,采用多级杠杆,两个作动筒的合力施加在杠杆上,作动筒根部固定在龙门架上。这种加载的特点是作动筒行程大,比较适合中型飞机。

　　大型运输机的加载方式是襟翼和主襟翼在上翼面粘胶布带,采用多级杠杆,单作动筒直接加载,作动筒根部随摆架运动。后襟翼在下翼面粘拉压垫,采用作动筒合成加载的方式。

　　民机襟缝翼采用的加载方式是将襟翼和缝翼倒置,上翼面朝向地面,下翼面朝向空中。在襟翼和缝翼上翼面粘拉压垫,每个拉压垫上安装两个作动筒,采用合成加载的方式。作动筒根部固定在地面上。各型号对应的加载方式见表 7.13。

表 7.13　相关型号襟翼功能试验加载方式

	A380	A350	EMB170	大型运输机	民机襟缝翼课题
在上翼面向上拉			√	√	√
在下翼面向上顶	√	√		√	
胶布带式			√	√	
拉压垫式	√	√		√	√
多级杠杆式					
无杠杆式	√	√			√
摆架式				√	
龙门架式			√		√
双作动筒合成加载			√		√
单作动筒直接加载	√			√	

　　随动加载系统的响应应该是 mm 级。随动加载系统应该设计成加载与控制耦合、角度与加载耦合、操纵扭矩与加载耦合,即具备过载保护、操纵扭矩保护、角度保护功能。

　　随动加载系统要考虑由于机翼变形造成的襟翼受载平面的变化引起的载荷精度。将气动载荷分配成几个集中载荷时,要保证总载总矩的符合性,几个集中载荷的差异不能太大,载荷方向要一致,不能出现有的集中载荷方向不一致的问题。

　　(3)载荷谱。目前仅有的两类载荷,包括静强度载荷和疲劳载荷。静强度载荷偏大,适合于静强度验证。疲劳载荷谱是针对襟翼翼面结构等损伤原则编制的,不适合考核运动机构功能。载荷谱应包括"起飞前打开—起飞后收起—降落前打开—降落后收起"等 4 个襟缝翼有收放动作的阶段。试验通常在襟翼或缝翼表面施加 3～5 个作动筒,作动筒的合力为总载。图 7.37 所示为某功能试验施加在襟翼翼面的三个作动筒的力和合力。

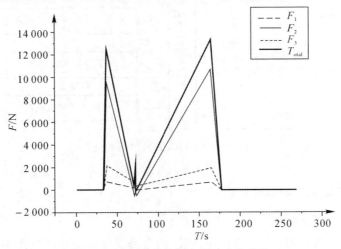

图 7.37　典型的襟翼功能试验载荷谱

（4）试验次数。试验次数是机构功能/可靠性类试验一个重要的内容,试验次数定得太少则机构的失效模式不会出现,试验次数定得太多,则试验成本过高,试验周期过长,目前相关标准规范还没有对机构功能/可靠性类试验次数的规定。

能够找到的规定有"运-8飞机货舱门可靠性试验次数定为大修周期的4倍",美国《航天器机构成功设计的要素》一书规定航天器机构功能试验次数为使用寿命的2倍,EBM170飞机双缝襟翼功能试验在首飞前开展了5 000个飞行起落的试验内容。

本文认为《航天器机构成功设计的要素》规定的功能试验次数采用2倍使用寿命是比较合理的,如果设计寿命过长,可采用大修周期的2倍,如规定襟翼使用寿命是90 000次起落,2倍使用寿命是180 000起落,如果试验成本过高,可以采用大修周期的2倍。

试验次数的确定由总设计师单位根据试验经费、机构特点和研制进度等灵活掌握。元件的耐久性考核可在元件环境施加载荷谱或当量谱单独开展,没有必要非在部件环境中考核。

（5）故障模拟试验。机构运动副在使用过程中,由于各种因素容易发生故障,如滚轮轴承卡滞、关节轴承卡滞、操纵丝杠卡滞/断裂等。适航条款规定襟缝翼要能够承受操纵系统发生故障条件下的故障载荷,设计师也需要了解故障情况下机构的响应,因此有的地面功能试验开展了一定的故障模拟试验,如A350,A380和EMB170飞机在地面物理试验中模拟了机构中的构件失效和滚轮卡滞,作动器在构件失效和强行卡滞的情况下进行了收放。增升装置功能试验系统及项目如图7.38所示。

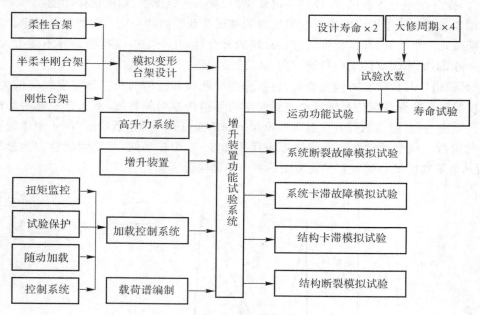

图7.38　民机襟缝翼功能试验

7.4.2　民机襟缝翼功能试验案例

1.襟缝翼运动机构试验件

民机襟缝翼选取ARJ21-700飞机内襟翼、内段缝翼及其操纵系统作为试验件,均为真实件。襟翼试验件包括襟翼翼面结构、滑轨滑轮架、摇臂/支臂等,缝翼打开角度为20.85°,详见

图 7.39。缝翼试验件包括内段缝翼翼面结构、滑轨滑轮架,襟翼起飞为 15°,降落为 40.5°,如图 7.40 所示。操纵系统试验件包括缝翼操纵线系和襟翼操纵线系。缝翼操纵线系包括齿轮齿条、旋转作动器、扭力管、角减速器、PDU、两个扭矩传感器等,如图 7.41(a)所示。襟翼操纵线系包括丝杠、扭力管、PDU、两个扭矩传感器等,如图 7.41(b)所示。襟翼、缝翼及其操纵线系在机翼上的安装状态除改装的 4 个扭矩传感器外,与真实飞机状态相同。

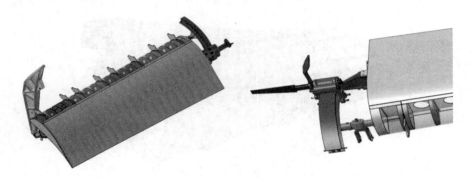

图 7.39　襟翼试验件

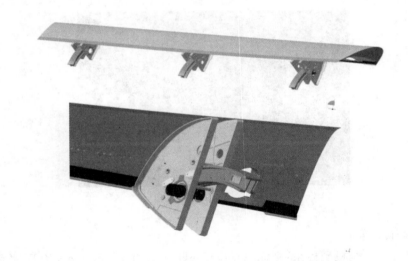

图 7.40　缝翼试验件

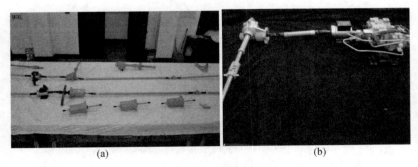

(a)　　　　　　　　　　　　(b)

图 7.41　操纵线系

2.模拟机翼变形台架

模拟机翼变形台架由前梁、后梁、上蒙皮(2块)、下蒙皮(2块)、若干长桁组成。前梁和后梁的位置与真实飞机一致。为节省成本,梁缘条进行了直线处理,上、下蒙皮进行了适当简化,上、下蒙皮均为等厚的铝板,长桁外装。模拟机翼变形盒段与承力墙固支,模拟机翼变形盒段外端面安装加载盒段,通过松紧螺套实现强迫位移施加,见图7.42和图7.43。

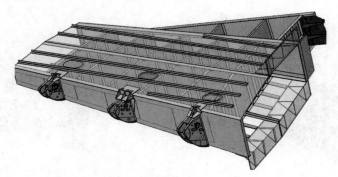

图 7.42　模拟机翼变形盒段

图 7.43　模拟机翼变形加载

3.试验载荷谱及载荷

(1)试验坐标系。全机坐标系:坐标原点位于飞机机头前 0.177 8m ,XOY 平面是飞机客舱地板平面,YOZ 平面是飞机对称平面。全机坐标系示意图见图7.44。

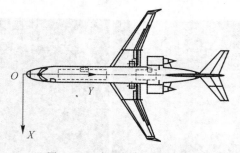

图 7.44　全机坐标系示意图

空中惯性载荷坐标系:惯性载荷定义在全机坐标系下。

气动载荷坐标系:前缘缝翼巡航状态气动载荷在全机坐标系给出,即载荷作用点坐标在全机坐标系下给出,缝翼为收上状态,载荷作用方向沿全机坐标系的 Z 向;前缘缝翼起降构型载荷作用点位置与巡航构型相同,缝翼为放下 $20.85°$,气动载荷作用方向是将全机坐标系 Z 轴在 YOZ 平面内绕 X 轴向前转 $34°$。

(2)试验载荷。依据可靠性评估试验尽量模拟真机使用情况的原则,运动机构各状态施加随机载荷,但为了简化试验,可选择代表性的状态(典型位置)和载荷,将典型位置的载荷按平均值处理,其他角度按线性差值处理。试验中根据需要和可能,忽略次要因素。

1)力矩的施加:襟缝翼的驱动力施加尽量由真实驱动装置或接近真实驱动装置的替代品实施。

2)试验载荷主要模拟飞机在起飞和着陆收放襟缝翼时襟缝翼上的气动载荷的变化过程。为了考虑机翼变形对襟缝翼收放功能的影响,通常在机翼上施加影响襟缝翼收放功能较大的静力气动载荷。典型的载荷谱如图 7.45 所示。

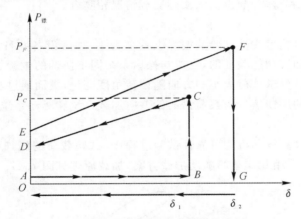

图 7.45　襟翼收放试验载荷循环图

A—襟翼地面 $0°$;　B—襟翼地面 $15°$;　C—襟翼空中 $15°$;　D—襟翼空中 $0°$;
E—襟翼空中 $0°$;　F—襟翼空中 $40.5°$;　G—襟翼地面 $40.5°$;　O—襟翼地面 $0°$

(3)载荷简化。试验要求在可动翼面上施加垂直于翼面且随翼面偏转角度变化的分布载荷,图 7.46 给出了可动翼面与载荷的示意图,θ 为可动翼面旋转角度,载荷 P 与可动翼面成 $90°$夹角。

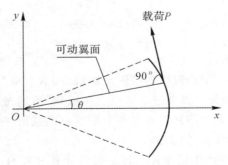

图 7.46　可动翼面加载示意图

为了能够实施试验,对载荷进行简化。由于提供的数据是基于统一坐标系即全机坐标系,对襟缝翼翼面上的各个工况下的惯性载荷、气动载荷及地面载荷分别进行合成,可以得到等效总载荷及其作用点坐标。

按以下公式对各个工况下的载荷及其坐标进行简化计算:

$$等效总载荷＝惯性总载荷＋气动总载荷＋地面总载荷 \tag{7-21}$$

$$X_{等效载荷}=\frac{M_{Y,总惯性载荷}＋M_{Y,总气动载荷}＋M_{Y,总地面载荷}}{等效总载荷} \tag{7-22}$$

$$Y_{等效载荷}=\frac{M_{x,总惯性载荷}＋M_{x,总气动载荷}＋M_{x,总地面载荷}}{等效总载荷} \tag{7-23}$$

式中,M_Y为惯性载荷、气动载荷、地面载荷相对于 Y 轴的力矩;M_x为惯性载荷、气动载荷、地面载荷相对于 X 轴的力矩;$X_{等效载荷}$为等效载荷 x 坐标;$Y_{等效载荷}$为等效载荷 y 坐标。

(4)试验加载点。襟缝翼运动机构可靠性评估试验仅考虑内襟翼和内段缝翼上承受的气动载荷,襟翼载荷沿弦向变化较小,沿展向变化较大,加载点的布置主要考虑弦向,使其各切面上的载荷和压心(剪力和弯矩)与襟翼的实际受载情况相吻合。

4. 随动加载系统

民机襟缝翼运动机构可靠性试验是按操纵系统为主、加载设备并行的控制程序实现运动过程中的翼面载荷施加和功能验证的,完成与操纵系统同步协调的试验加载过程。

可动翼面载荷加载要求载荷大小和方向随偏转角度变化,翼面通过驱动装置来操纵,偏转角可以通过角传感器的反馈信号与载荷谱的偏差向加载系统和驱动系统发送加载指令和位置指令控制试验运行。

为了实现民机襟缝翼运动机构可靠性试验过程中,试验载荷的施加与翼面旋转角度同步的随动加载,本次试验采用双作动筒随动加载方案,加载原理见图 7.47。

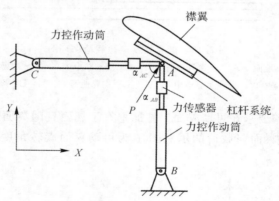

图 7.47　随动加载原理

垂直翼面的气动载荷采用单点双作动筒随动加载,加载点取气动载荷的等效加载点。双作动筒布置于翼面下部,作动筒底部通过底座铰支于底梁,可通过铰支销钉作绕轴转动,通过调节两个作动筒位移和力的大小使其与翼面各个角度时的载荷一一对应,并且保证其合力方向始终垂直于翼面,完成翼面载荷的施加。

由于图 7.47 中 A 点在空间中的坐标位置是可以计算出来的,B 点和 C 点是固定的,A—B 和 A—C 的长度是已知的,所以 α_{AB} 和 α_{AC} 是可以计算出来的。P 是载荷谱的力和位移曲线给出的,根据图 7.47 所示力的平衡原理,可以计算出每一个控制位移处的两个加载作动筒各力之间的相互关系,中间过程可线性处理。

为了给翼面单面施加拉、压双向载荷,本试验设计了一种新的试验加载方式,即拉压垫加载。借鉴国外拉力垫结构的相关资料,从强度和试验适用性两方面考虑,选择了合适的铝板、橡胶和胶水作为拉压垫系统的基本组成部分,通过胶粘剂将橡胶块和铝板粘贴在一起构成拉压垫结构。

拉压垫加载形式具有良好的传力特性、抗拉特性和抗腐蚀能力,可有效地减少加载点数量,从而减低试验的复杂程度,提高可靠性。图 7.48 所示为翼面拉压垫布置图。

图 7.48　襟翼、缝翼翼面拉压垫布置图

翼面下部加载点设计成拉压垫形式,双作动筒底座铰支于底梁上,作动筒作用在与翼面连接的拉压板上,通过增大受力面积,作动筒集中载荷将平均分布在加载翼面上,可以消除局部应力过大而导致的蒙皮失效。图 7.49 所示为作动筒与拉压垫配合施加现场照片。

图 7.49　现场布置图

5. 试验次数

ARJ21-700 襟翼和缝翼的大修周期是 16 000 次起落,试验次数规定为大修周期的 4 倍,即 64 000 次起落。

6. 部分试验结果

民机襟缝翼部分试验结果见表 7.14。

表 7.14　襟缝翼失效部位及处理结果

失效部位	原　因	结　果	原　因	襟翼次数	缝翼次数
扭力管万向节	襟翼万向节损坏，万向节同轴度不高	维修后进行试验	扭力管拐角过大	0	0
扭力管	襟翼扭力管脱落，连接销钉未安装	维修后进行试验		13	0
襟翼丝杠作动器	襟翼丝杠作动器连接处销钉脱落	维修后进行试验		74	347
扭力管发热	万向节同轴度不高，更换襟翼支架部位	维修后进行试验		74	1 750
缝翼隔板	缝翼隔板出现裂纹，疲劳失效	维修后进行试验	结构设计缺陷	333	2 200
扭力管	扭力管销钉脱落	维修后进行试验	扭力管拐角过大	449	2 200
襟翼丝杠作动器	襟翼螺旋作动器报警卡滞，磨损	更换后进行试验	磨损	1 206	2 200
拉压垫	襟翼拉压垫疲劳开裂	补胶后进行试验		2 000	2 200
襟翼支臂底座	襟翼支臂底座出现疲劳裂纹	加强维修并更改位置后进行试验	结构设计缺陷与螺栓装错	3 800	2 200
扭矩传感器	缝翼扭矩传感器失效	更换后进行试验	传感器烧坏	7 350	5 304
襟翼螺旋作动器	襟翼螺旋作动器报警卡滞	更换后进行试验	磨损	7 572	5 306
扭力管	襟翼扭力管平键脱落	更换后进行试验	扭力管拐角过大	8 245	8 093
襟翼螺旋作动器	襟翼螺旋作动器报警卡滞	更换后进行试验	磨损	8 248	8 400
拉压垫	缝翼拉压垫开裂	更换后进行试验	补胶	8 248	10 202
扭矩传感器	缝翼扭矩传感器失效	更换后进行试验	传感器烧坏	8 248	10 204
扭力管	缝翼扭力管脱落	更换后进行试验	松动	8 248	10 758
扭力管	襟翼扭力管销轴脱落	维修后进行试验	松动	8 509	11 697
扭力管	扭力管有较大响声	检修后进行试验	松动	8 808	13 610
扭力管	襟翼扭力管销轴脱落	维修后进行试验	松动	10 600	16 119
作动器	缝翼 2 号作动器失效	更换后进行试验	磨损	12 077	16 645

续 表

失效部位	原　因	结　果	原　因	襟翼次数	缝翼次数
扭力管	缝翼扭矩传感器失效	更换后进行试验	传感器烧坏	12 911	16 659
扭力管	缝翼扭矩杆销轴脱落	维修后进行试验	松动	21 649	17 638
扭力管	缝翼扭矩杆销轴脱落	维修后进行试验	松动	22 204	18 149
部位不明	机房报警,控制板烧坏	维修后进行试验		23 904	21 782
部位不明	机房报警,控制板烧坏	检查线路后进行试验		24 380	20 075
扭力管	缝翼扭力管销轴脱落	维修后进行试验	松动	25 513	22 844
襟翼螺旋作动器,缝翼传感器	襟翼作动器失效,翼扭矩传感器失效	更换后进行试验	磨损	29 574	22 844
襟翼滚针轴承	襟翼滚针轴承出现裂纹	更换后进行试验	磨损	30 338	22 844
扭矩传感器	更换缝翼扭矩传感器	更换后进行试验	传感器烧坏	30 919	22 981
扭力管	襟翼销轴脱落	更换后进行试验	松动	33 548	25 820
缝翼侧向滚轮	转动卡滞	更换后进行试验	严重摩损	52 978	51 000
襟翼滑轨	出现凹坑	更换后进行试验	出现凹坑	52 978	51 000

(1)相邻两段扭力管角度不能相差太大。为了测量襟翼和缝翼的操纵扭矩,在操纵线系中增加了 4 个扭矩传感器,其中襟翼外侧丝杠附近的扭矩传感器两侧的扭力管角度相差太大,造成万向节发生反复发热、脱落、破坏、失效等状况,减小相邻两个扭力管的角度后,问题基本消除。

(2)扭力管扭矩测量应选不破坏扭力管的贴应变片的方法。试验中扭力管的扭矩测量可以采用贴应变片,将信号采用磁力环的方式输出,这样不会打断扭力管,引起不必要的问题。

(3)襟翼丝杠卡滞。试验中襟翼丝杠多次卡滞报警,打开丝杠内部结构后,发现丝杠端面的滚子轴承发生了磨损和破坏,如图 7.50 所示。

图 7.50　螺旋作动器拆解内部结构失效

(4)缝翼加强隔板裂纹。在缝翼进行了 2 200 次起落后,缝翼隔板出现裂纹,如图 7.51 所示。原因是试验件安装状态进行了过度简化,隔板的载荷没有有效地传递至机翼盒段,后来在隔板缘条安装了带板,至试验结束(64 000 次起落)时再无故障发生。

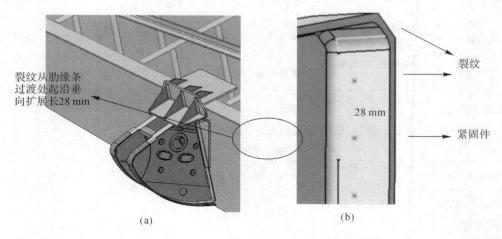

图 7.51　加强隔板裂纹现象描述
(a)裂纹对应肋；　(b)裂纹

　　(5)襟翼支臂与后梁连接螺栓断裂,后梁腹板出现裂纹。在襟翼进行到第 3 800 次起落时,襟翼支臂与后梁的连接螺栓发生了断裂,后梁腹板发生裂纹,如图 7.52 所示。原因有两个,一是设计方面的,设计机翼盒段时,误认为是夹具,要求比真实飞机低,对后梁腹板进行了过度简化;二是制造方面的,将 $\phi 18\text{mm}$ 螺栓误装为 $\phi 10\text{mm}$ 的螺栓。按图 7.53 所示进行修理后,再未出现任何故障。

　　(6)襟翼滚轮滚针轴承发生接触疲劳破坏。在襟翼进行到 $N=30\ 338$ 次起落时,1 号滚针轴承外表面出现剥落裂纹,见图 7.54。经分析,剥落属于经典的接触疲劳失效机理。由于该滚轮滚针轴承安装时采用单侧支撑的悬臂梁式连接,襟翼在外载荷的作用下,图 7.54 中滚轮的下半部分与滑轨接触,有一定的应力集中,随着长时间的反复运动,出现接触疲劳破坏。

图 7.52　螺栓断裂与梁腹板裂纹

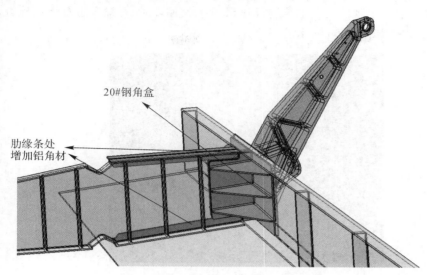

20#钢角盒

肋缘条处
增加铝角材

图 7.53　第二次修理方案(内部)

图 7.54　襟翼 1 号滚针轴承出现裂纹

(7)缝翼侧向滚轮因运动卡滞而严重磨损。缝翼进行到 51 000 次循环时,对缝翼进行周期检查,发现滑轨侧向滚轮出现了如图 7.55 所示的损伤形貌。可以看出,侧向滚轮先发生了卡滞,由滚动变为滑动,最终导致严重磨损。

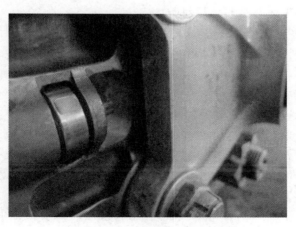

图 7.55　滑轨侧向滚轮损伤形貌

（8）襟翼滑轨下表面出现凹坑。襟翼进行到 52 978 次循环时，对襟翼进行周期检查，发现襟翼滑轨下表面出现了如图 7.56 所示的凹坑。

图 7.56　襟翼滑轨下表面损伤

参 考 文 献

［1］　贺国芳.可靠性数据的收集与分析［M］.北京：国防工业出版社,1995.

［2］　Box G E P, Tiao G C. Bayesian inference in statistical analysis［M］. Reading：Addison-Wesley,1973.

［3］　Martz H F, Waller R A. A Bayes zero-failure reliability demonstration testing procedure［J］. Journal of Quality Technology,1979,11(3):128-137.

［4］　Martz H F, Waller R A, Fickas E T. Bayesian reliability analysis of series system of binomial subsystems and components［J］. Technometrics, 1988,30(5):143-154.

［5］　Martz H F, Waller R A. Bsyesian reliability analysis［J］. New York：John Wiley & Sons,1982.

［6］　Chang E Y, Thompson W E. Bayes analysis of reliability for complex systems［J］. Operation Research, 1976,24(1):156-168.

［7］　Sinha S K, Solan J A. Bayes estimation of the parameters and reliability function of the 3-parameter Weibull distribution［J］. IEEE Transaction on Reliability, 1988(4):364-369.

［8］　Olcay A, Longchean H. Bayes computation for reliability estimation［J］. IEEE Transaction on Reliability, 1997(3): 52-55.

［9］　Vijayan N N. Bayesian inference for some mixture problems in quality and reliability［J］. Journal of Quality Technology,2001,33(1):16-27.

［10］　周源泉.极值分布参数寿命可靠性的 Bayes 精确区间估计［J］.导弹与航天运载技术,1997(4):55-62.

［11］　周源泉,郭建英. Barlow-Scheuer 可靠性增长模型的 Bayes 限［J］.系统工程与电子技

术,1998,74-80.

[12] 张志华,姜永平.指数型产品失效率鉴定试验的 Bayes 方案[J].应用概率统计,2000,16 (1):66-70.

[13] 姜永平,张志华.成败型产品成功率鉴定试验的一种 Bayes 方法[J].工程数学学报, 2000,17(4):25-29.

[14] 韦来生.错误先验假定下回归系数 Bayes 估计的小样本性质[J].应用概率统计,2000, 16(1):71-80.

[15] 祁燕申.在 Bayes 统计推断中后验概率关于试验构成半群[J].沈阳工业学院学报, 2001,20(1):82-86.

[16] 叶川,卞树檀,王文进.基于非工作状态电子系统可靠性评估方法[J].国外电子测量技 术,2002,6:30-31.

[17] 宋永刚,陈东生,徐强.惯性导航平台系统电子产品可靠性综合分析方法[J].导弹与航 天运载技术,2004,4:51-56.

[18] 韩明.双参数指数分布无失效数据的参数估计[J].运筹与管理,1998,7(2):29-36.

[19] 李保盛,何洪庆.小子样零失效情况下寿命可靠度的置信分析方法[J].兵工学报,2001, 22(2):234-237.

[20] Joseph P R. Finite sample nonparametric inference and large sample efficiency[J]. Annal Statist,2000,20(3):756-778.

[21] Olega I T,Tatyana S. Parametric reliability - prediction based on small sample[J]. IEEE Transaction on Reliability, 1997(9):394-395.

[22] Efron B. Bootstrap methods[J]. Ann. Statisty, 1979(7):1-36.

[23] Robin D. The Bayesian Bootstrap[J]. Ann. Statisty, 1981(9):130-134.

[24] 冯元生,冯蕴雯.可靠性设计与可靠性试验评估理论[M].西安:西北工业大学出版 社,1996.

[25] Conti P L. Bootstrap approximations for Bayesian analysis of Geo/G/I discrete - time queueing models[J]. Journal of Statistical Planning and Inference,2004,120(1): 65-84.

[26] 唐学梅,等.武器装备小子样试验分析与评估[M].北京:国防工业出版社,2001.

[27] 周源泉,郭建英.可靠性增长幂律模型的 Bayes 推断及其在发动机上的应用[J].推进技 术,2000,21(1):49-53.

[28] Robinson Michael E,Crowder Martin J. Bayesian Methods for a Growth - Curve Degradation Model with Repeated Measures[J]. Lifetime Data Analysis, 2000,6: 357-374.

[29] Zhang Ruoxue, Mahadevan Sankaran. Bayesian methodology for reliability model acceptance[J]. Reliability Engineering and System Safety,2003,80:95-103.

[30] Awad El - Gohary. Bayes estimation of parameters in a three non - independent component series system with time dependent failure rate[J]. Applied Mathematics and Computation,2004,158:121-132.

[31] Davison A C, Hinkley D V. Bootstrap methods and their application [M].

Cambridge：Cambridge University Press，1997.

[32] Efron B. Bootstrap Methods[J]. Ann. Statist. 1979(7):1 - 26.

[33] Efron B，Tibshirani R J. An introduction to the bootstrap[M]. London：Chapman and Hall,1993.

[34] McCullough B D，Vinod H D. Implementing the double bootstrap[J]. Computational Economics，1998，12(1):79 - 95.

[35] Simar L，Wilson P W. Some problems with the Ferrier/Hirschberg bootstrap idea [J]. Journal of Productivity Analysis，1999，11：67.

[36] Ventura V. Non - parametric bootstrap recycling[J]. Statistics and Computing，2002,12:261 - 273.

[37] Yue Sheng，Wang，Chunyuan. Assessment of the significane of sample serial correlation by the bootstrap test[J]. Water Resources Management，2002，16(1)：23 -35.

[38] Chatterjee S，Bose A. Dimension asymptotics for generalized bootstrap in linear regression[J]. Annals of theInstitute of Statistical Mathematics，2002,24（2）：367 -381.

[39] Perez M C I，Manteiga W G. Bootstrap for the conditional distribution function with truncated and censored data[J]. Ann. Inst. Statist. Math. ，2002,55(2)：331 - 357.

[40] Babu G J，Singh K，Yang Yaning. Edgeworth expansions for compound poisson processes and the bootstrap[J]. Ann. Inst, Statist Math. ，2002,55(1)：83 - 49.

[41] Heckelei T，Mittelhammer R C. Bayesian bootstrap multivariate regression［J］. Journal of Econometrics，2003,112:241 - 264.

[42] Peretti C D. Bilateral bootstrap tests for long memory：An application to the silver Market[J]. Computational Economics，2003，22:187 - 212.

[43] Petersen F T，Meier R，Nykjaer L M. Testing species richness estimation methods using museum label data on the Danish Asilidae[J]. Biodiversity and Conservation，2003,12(4):687 - 701.

[44] Heiermann K，Riesch - Oppermann H，Huber N. Reliability confidence intervals for ceramic components as obtained from bootstrap methods and neural networks[J]. Computational Materials Science,2005,34:1 - 13.

[45] Kim J H，Yeasmin M. The Size and Power of the Bias - Corrected Bootstrap Test for Regression Models with Autocorrelated Errors[J]. Computational Economics,2005，25:255 - 267.

[46] 冯蕴雯，黄玮，吕震宙,等. 极小子样试验的半经验评估方法[J]. 航空学报,2004,25(5):456 - 459.

[47] 朴钟宇，徐滨士，王海斗,等.表征涂层接触疲劳寿命方法的试验研究[J].中国机械工程，2009，20(13):1616 - 1618.

[48] Ahmed R. Contact fatigue failure modes of HVOF coatings[J]. Wear，2002，253：473 -483.

[49]　Govindarajan N, Gnanamoorthy R. Rolling/sliding contact fatigue life prediction of sintered and hardened stells[J]. Wear,2007,262:70－78.

[50]　朱安明. 滚动轴承滑轨摩擦磨损试验机[P]. 中国:ZL201020509599.9, 2011.0504.

[51]　魏敏. 圆柱滚子工作表面廓形对其接触疲劳寿命的影响[J]. 轴承, 1996(5):35－39.

[52]　Tsutomu Yoshida,Yoshirou Mizusaki,Toshimi Taki. Analysis and rig test in Emb170 flap mechanism development[C]. 24th International Congress of The Aeronautical Sciences,2011:1－4.

[53]　中国航空科技研究院.飞机结构可靠性设计指南[M].西安:西北工业大学出版社,1995.

附　录

附录 A　某型民机襟翼机构 FMEA 表

表 A.1　某型民机襟翼传动机构故障模式及影响分析表

初始约定层次：某型民机　　　　约定层次：襟翼传动机构

任务：飞行

代码	产品名称	功能描述	故障模式		故障原因	任务阶段	故障影响			严酷度类别	故障检测方法	设计改进措施	使用补偿措施	备注
			编号	模式			局部影响	高一层次影响	最终影响					
F01	襟翼安装组件	襟翼的安装和定位，为襟翼转动提供支点和旋转中心	F01.01	转动支臂裂纹	疲劳、材料缺陷	F	故障征候	故障征候	影响任务	Ⅲ	目视检查	设计增加抗疲劳强度	增加裂纹视情检查	
			F01.02	悬挂支臂裂纹	疲劳、材料缺陷	F	故障征候	故障征候	影响任务	Ⅲ	目视检查	设计增加抗疲劳强度	增加裂纹视情检查	
			F01.03	悬挂支臂变形过大	刚度不足	F	变形超过允许范围	襟翼收、放的位置误差增大	可能发生结构干涉损伤飞机	Ⅲ	目视检查	增加悬挂支臂的抗弯刚度	定期检查	刚度试验验证
			F01.04	转动支臂变形过大	刚度不足	F	变形超过允许范围	襟翼收、放的位置误差增大	可能发生结构干涉损伤飞机	Ⅲ	目视检查	增加转动支臂的抗弯刚度	定期检查	刚度试验验证
			F01.05	连接螺栓锈蚀	腐蚀、长期使用	F	故障征候	故障征候	无影响	Ⅳ	目视检查	螺栓表面进行处理，提高抗腐蚀性	视情检查	

续表

代码	产品名称	功能描述	故障模式		故障原因	任务阶段	故障影响			严酷度类别	故障检测方法	设计改进措施	使用补偿措施	备注
			编号	模式			局部影响	高一层次影响	最终影响					
F01	襟翼安装组件	襟翼的安装和定位,为襟翼转动提供支点和旋转中心	F01.06	连接螺栓松动	振动,防松措施不合理	F	连接处松动	故障征候	无影响	IV	目视检查	选用成熟可靠的螺栓防松措施	视情检查	
			F01.07	连接螺栓断裂	强度不足	F	连接强度、刚度降低	结构变形增加,收放运动卡滞	可能发生结构干涉,碰撞损伤飞机	II	视情检查	选用高强度钢制造连接螺栓;加强工艺质量控制,按批次抽检螺栓强度,若发现螺栓强度不足,则同批螺栓报废处理	定期检查	
			F01.08	转动铰链松动	磨损、防松措施失效	F	安装配合间隙增大	无影响	无影响	IV	视情检查	采取成熟可靠的防松措施的安装	定期检查润滑	
			F01.09	滑轮支架裂纹	疲劳、材料缺陷	F	故障征候	故障征候	影响任务完成	III	目视检查	合理选材,局部加厚提高滑轮支架的疲劳强度	定期检查	
			F01.10	内襟翼滑轮支架的滑轮磨损	磨损、润滑不良	F	内襟翼内侧的安装间隙增大	无影响	无影响	IV	视情检查	多滑轮支持滑轨,降低接触面滑轮应力,提高滑轮耐磨性	定检润滑	

续表

代码	产品名称	功能描述	故障模式		故障原因	任务阶段	故障影响			严酷度类别	故障检测方法	设计改进措施	使用补偿措施	备注
			编号	模式			局部影响	高一层次影响	最终影响					
F01	襟翼安装组件	襟翼的安装和定位,为襟翼转动提供支点和旋转中心	F01.11	滑轮的转动不灵活	磨损、腐蚀	F	滚动表面之间紧涩	无影响	无影响	IV	视情检查	选用好轴承,选择合理的安装定位方式	定检润滑	
			F01.12	内襟翼滑轨磨损	磨损,润滑不良	F	内襟翼内侧的安装间隙增大	无影响	无影响	IV	视情检查	采取措施提高襟翼滑轨表面的耐磨性,选用优质润滑脂	定检润滑	
F02	襟翼动力驱动装置	电能转换为机械能	F02.01	不能转换	电机损坏	F	无输出运动	无襟翼收放运动	超限制速度飞行或襟翼未放下着陆,损伤飞机	II	离位检测	余度设计,增加一台并联电机	定期检查	
			F02.02	制动装置误刹车	松刹机构卡滞;错误的刹车信号	F	无输出运动、电机烧坏	无襟翼收放运动	同上	II	离位检测	刹车机构进行防卡滞设计;控制系统增加电路联锁保护功能	定期检查	
		制动、定位停止功能	F02.03	准确定位功能失效	刹车盘过度磨损、刹车弹簧损坏,无刹车控制信号	F	制动功能失效	收放运动精度降低	无影响	IV	离位检测	提高刹车弹簧的疲劳强度;设计机械限位装置;增加冗余控制信号	定期检查	

续表

代码	产品名称	功能描述	故障模式 编号	故障模式 模式	故障原因	任务阶段	局部影响	高一层次影响	最终影响	严酷度类别	故障检测方法	设计改进措施	使用补偿措施	备注
F02	襟翼动力驱动装置	制动、定位停止功能	F02.04	定位停止精度下降	刹车盘磨损;刹车弹簧弹簧刚度降低	F	制动精度降低	收放运动精度降低	无影响	IV	离位检测	合理选材,优化制造工艺,提高刹车盘和弹簧的性能	定期检查	
		合成两台电机运动	F02.05	速度综合差动组件无输出	速度综合差动组件卡滞	F	无输出运动,电机烧坏	无襟翼收放运动	超限制速度飞行或襟翼未放下着陆,损伤飞机	II	离位检测	选择成熟可靠的方案设计速度综合差动机构	定期检查	
			F02.06	速度综合差动组件的输出运动不平稳	速度综合差动组件磨损	F	输出运动不平稳	襟翼收放运动不平稳	无影响	IV	离位检测	零件进行合理的热处理,提高零件的强度和耐磨性	定期检查	
		力拒限制保护功能	F02.07	速度综合差动组件输出扭矩偏大	给定过载	F	保护功能失效,传动零件损坏	传动零件损坏,襟翼收放运动停止	超限制速度飞行或襟翼未放下着陆,损伤飞机	II	离位检测	准确计算工作扭矩,给出合理限定扭矩值;脱开机构进行防卡滞设计	定期检查,润滑	
			F02.08	低扭矩时提前保护	设定的保护扭矩值过小	F	输出扭矩值降低	襟翼收放运动不能到位	同上	II	离位检测	设定合理的限定扭矩值;严格检验产品的扭矩限定值	定期检查	

续表

代码	产品名称	功能描述	故障模式		故障原因	任务阶段	故障影响			严酷度类别	故障检测方法	设计改进措施	使用补偿措施	备注
			编号	模式			局部影响	高一层次影响	最终影响					
F02	襟翼动力驱动装置	利用齿轮传动机构、减速机构减速并输出扭矩	F02.09	齿轮箱无输出运动	传动零件损坏,传动卡滞	F	无输出运动,电机烧坏	无襟翼收放运动	超限制速度飞行或襟翼未着陆下着陆,损伤飞机	II	离位检测	设计较大的齿轮重合度,降低制齿面接触应力;合理设计轴承的安装形式	定期检查	
			F02.10	齿轮箱的输出运动不平稳	传动零件的磨损,安装和传动间隙增大	F	输出运动不平稳	襟翼收放运动不平稳	无影响	IV	离位检测	合理选材,对零件进行合理的热处理,提高零件的强度和耐磨性	定期检查	
F03	襟翼动力驱动装置	传递扭矩	F03.01	扭力管断裂	腐蚀、疲劳	F	不能传递扭矩	传动零件损坏,襟翼收放运动停止	超限制速度飞行或襟翼未着陆下着陆,损伤飞机	II	目视检查	表面处理,提高耐腐蚀性;扭力管端部安装万向节,使扭力管只承受受扭矩,不承受弯矩;进行疲劳设计计算和验证试验,保证扭力管的疲劳性能	定期检查	
			F03.02	万向节卡滞	腐蚀、磨损、润滑不良	F	扭力管的应力增大	襟翼收放机构传动阻力增大	无影响	IV	目视检查	对万向节进行表面处理提高耐腐蚀性和耐磨性;设计注油嘴润滑	定期检查	润滑

续表

代码	产品名称	功能描述	故障模式 编号	故障模式 模式	故障原因	任务阶段	故障影响 局部影响	故障影响 高一层次影响	故障影响 最终影响	严酷度类别	故障检测方法	设计改进措施	使用补偿措施	备注
F03	襟翼动力驱动装置	传递扭矩	F03.03	万向节传动间隙增大	端部花键磨损,万向节配合面磨损	F	输出转动不平稳	无影响	无影响	IV	目视检查	对万向节进行表面处理和热处理,提高耐腐蚀性和耐磨性;设计注油嘴润滑	定期检查润滑	
			F03.04	连接螺钉断裂	腐蚀、疲劳、受到过载应力	F	不能传递扭矩	襟翼收放运动停止	超限制速度飞行或襟翼未放下着陆,损伤飞机	II	目视检查	适当提高螺钉的强度设计余量,设计两个相互90°安装的螺钉	定期检查	
			F03.05	螺钉连接处松动	振动、安装孔超差	F	输出转动不平稳	无影响	无影响	IV	目视检查	采取可靠的螺钉安装防松措施;加强螺钉孔尺寸的检验	定期检查	
F04	扭力管组件、扭力管轴承座	支撑扭力矩件,传递扭矩	F04.01	传动轴断裂	疲劳断裂	F	不能传动	襟翼收放运动停止,襟翼	超限速飞行,襟翼未放下着陆,损伤飞机	II	离位检查	合理选材,进行疲劳强度设计计算和试验,保证传动轴的强度要求	定期检查	
			F04.02	轴承卡滞	轴承损坏	F	不能传动	襟翼收放运动停止,无法收放襟翼	同上	II	离位检查	选用优质轴承,合理设计轴承的安装形式,设置注油嘴	定期检查润滑	

续表

代码	产品名称	功能描述	故障模式 编号	故障模式 模式	故障原因	任务阶段	故障影响 局部影响	故障影响 高一层次影响	故障影响 最终影响	严酷度类别	故障检测方法	设计改进措施	使用补偿措施	备注
F04	扭力管轴承座	支撑扭力管组件,传递扭矩	F04.03	配合表面间隙增大	传动轴的花键磨损,轴承磨损	F	转动不平稳	无影响	无影响	IV	离位检查	进行热处理工艺,提高传动轴的耐磨性	定期检查	
			F04.04	安装螺钉松动	振动、防松措施失效	F	安装松动转动不稳	无影响	无影响	IV	目视检查	采取可靠的螺钉安装防松措施	定期检查	
F05	角齿轮箱	在有安装角的扭力管组件之间传递扭矩,支撑扭力管组件	F05.01	传动轴断裂	疲劳断裂	F	不能传动	襟翼收放运动停止,无法收放襟翼	超限制速度飞行或襟翼未放下着陆,损伤飞机	II	离位检查	合理选材,进行疲劳强度设计计算和试验,保证传动轴的强度要求	定期检查	
			F05.02	轴承卡滞	轴承过度磨损;轴承保持架损坏	F	不能传动	同上	同上	II	离位检查	选用优质轴承,合理设计轴承的安装形式,设置注油嘴	定期检查 润滑	
			F05.03	斜齿轮损坏	轮齿疲劳断裂	F	不能传动	襟翼收放运动停止,无法收放襟翼	超限制速度飞行或襟翼未放下着陆,损伤飞机	II	离位检查	优化设计斜齿轮参数,增加疲劳强度	定期检查 润滑	

续 表

代码	产品名称	功能描述	故障模式 编号	故障模式 模式	故障原因	任务阶段	故障影响 局部影响	故障影响 高一层次影响	故障影响 最终影响	严酷度类别	故障检测方法	设计改进措施	使用补偿措施	备注
F05	角齿轮箱	在有安装角的扭力管组件之间传递扭矩,支撑扭力管组件	F05.04	传动不平稳	零部件相对运动表面磨损	F	转动不平稳	无影响	无影响	IV	离位检查	采用热处理工艺,提高传动零件的耐磨性	定期检查	
			F05.05	安装螺钉松动	振动,防松措施失效	F	安装松动,转动不稳	无影响	无影响	IV	目视检查	采取可靠的螺钉安装防松措施	定期检查	
F06	襟翼作动器	给滚珠丝杠组件和外侧的扭力管传递扭矩	F06.01	圆锥齿轮机构无输出	传动零件损坏;传动卡滞	F	不能转动	无襟翼收放运动	超限制速度飞行或襟翼未放下着陆,损伤飞机	II	离位检测	优化设计圆锥齿轮参数;合理设计轴承的安装形式,设置注油嘴	定期检查润滑	
			F06.02	圆锥齿轮机构转动不平稳	齿面磨损,轴承磨损	F	转动不平稳	襟翼收放运动不平稳	无影响	IV	离位检测	选用优质轴承;采取措施提高轮齿耐磨性	定期检查	最外侧襟翼作动器展向传动功能
			F06.03	圆锥齿轮机构的壳体裂纹	材料缺陷或壳体设计强度不足	F	转动不平稳	襟翼收放运动不平稳	无影响	IV	目视检测	合理选材;合理设计壳体的壁厚及其安装孔的边距	定期检查	

续表

代码	产品名称	功能描述	故障模式 编号	故障模式 模式	故障原因	任务阶段	故障影响 局部影响	故障影响 高一层次影响	故障影响 最终影响	严酷度类别	故障检测方法	设计改进措施	使用补偿措施	备注
			F06.04	丝杠表面轻度损伤	腐蚀、磨损	F	传动误差增大;加剧滚珠和丝母的磨损	襟翼收放运动不平稳	无影响	IV	目视检测	设计安装整流罩防尘;防腐蚀	定期检查	
			F06.05	丝母的滚道表面轻度损伤	腐蚀、磨损	F	传动误差增大;加剧组件磨损	襟翼收放运动不平稳	无影响	IV	离位检测	选用不锈钢制作丝母防止腐蚀,采取措施提高丝母耐磨性	定期检查润滑	
F06	襟翼作动器	将转动变换为直线移动	F06.06	丝母的滚道严重损伤	腐蚀、磨损;装配不良	F	卡滞,不能转动	无襟翼收放运动	超限制动度飞行或襟翼未放下着陆,损伤飞机	II	离位检测	挑选尺寸一致的滚珠装配,降低滚道表面的接触应力;精细设计滚珠返回通道,防止卡滞	定期检查润滑	
			F06.07	滚珠表面损伤	腐蚀、磨损	F	传动误差增大	襟翼收放运动不平稳	无影响	IV	离位检测	挑选尺寸基本一致的滚珠装配,使各滚珠受力均匀,降低滚珠的接触应力	定期检查润滑	

续表

代码	产品名称	功能描述	故障模式		故障原因	任务阶段	故障影响			严酷度类别	故障检测方法	设计改进措施	使用补偿措施	备注
			编号	模式			局部影响	高一层次影响	最终影响					
		将转动变换为直线移动	F06.08	丝母滚珠卡滞	腐蚀、磨损、装配不良	F	卡滞，不能转动	无襟翼收放运动	超限制动速度飞行或着陆，损伤飞机	II	离位检测	选配法安装滚珠，降低接触应力；选用优质润滑脂进行润滑和防止腐蚀	定期检查	
F06	襟翼作动器	协调丝母的直线移动和襟翼的偏转运动	F06.09	转动支座转动不灵活	磨损、腐蚀、粉尘进入	F	传动阻力略有增加	无影响	无影响	IV	离位检测	做好转动支座的润滑设计	定期润滑	
			F06.10	转动支座卡滞	腐蚀、磨损	F	丝杠转动阻力增大，出现卡滞	襟翼收放运动卡滞，收放不到位	襟翼未放到位着陆，可能损伤飞机	II	离位检测	进行防卡滞设计，设置注油嘴方便加注润滑脂	定期润滑	

表 A.2 襟翼传动机构Ⅲ类严酷度的故障模式清单

序号	产品名称	故障模式 编号	故障模式 模式	故障最终影响	设计改进措施	使用补偿措施	备注
1	襟翼安装组件	F01.07	连接螺栓断裂	可能发生结构干涉碰撞,损伤飞机	选用高强度钢制造连接螺栓;加强工艺质量控制,按批次抽检螺栓强度,若发现抽检的螺栓强度不足,则同批螺栓报废处理	定期检查	
2	襟翼动力驱动装置	F02.01	电能不能转换为机械能	超限制速度飞行或襟翼未放下着陆,损伤飞机	余度设计,增加一台并联电机	定期检查	
3	襟翼动力驱动装置	F02.02	制动装置刹车	同上	刹车机构进行防卡滞设计;控制系统增加电路联锁保护功能	定期检查	
4	襟翼动力驱动装置	F02.05	速度综合差动组件无输出	同上	选择成熟可靠的方案设计速度综合差动机构	定期检查 润滑	
5	襟翼动力驱动装置	F02.07	扭矩过载后无保护	同上	准确计算工作扭矩,给出合理的限扭矩值;脱开机构进行防卡滞设计	定期检查	
6	襟翼动力驱动装置	F02.08	低扭矩时提前保护	同上	设定合理的限定扭矩值;严格检验产品的扭矩限定值	定期检查	
7	襟翼动力驱动装置	F02.09	齿轮箱无输出运动	同上	设计较大的齿轮重合度;降低齿面接触应力;合理设计轴系的安装系	定期检查	
8	襟翼扭力管组件	F03.01	扭力管断裂	同上	扭力管进行表面处理,提高耐腐蚀性;扭力管端部安装万向节,使扭力管只承受扭矩,不承受弯矩,进行疲劳设计计算和验证试验,保证扭力管的疲劳性能	定期检查	

续表

序号	产品名称	故障模式 编号	故障模式 模式	故障最终影响	设计改进措施	使用补偿措施	备注
9	襟翼扭力管组件	F03.04	连接螺钉断裂	同上	适当提高螺钉的强度设计余量,设计两个相互90°安装的螺钉	定期检查	
10	扭力管轴承座	F04.01	传动轴断裂	同上	合理选材,进行疲劳强度设计计算和试验,保证轴的强度要求	定期检查	
11	扭力管轴承座	F04.02	轴承卡滞	同上	选用优质轴承,合理设计安装形式和润滑方式	定期检查 润滑	
12	角齿轮箱	F05.01	传动轴断裂	超限制速度飞行或襟翼未放下着陆,损伤飞机	合理选材,进行疲劳强度设计计算和试验,保证轴的强度要求	定期检查	
13	角齿轮箱	F05.02	轴承卡滞	同上	选用优质轴承,合理设计轴承的安装形式,设置注油嘴	定期检查 润滑	
14	角齿轮箱	F05.03	斜齿轮损坏	同上	优化设计斜齿轮参数,增加疲劳强度	定期检查 润滑	
15	襟翼作动器	F06.01	圆锥齿轮机构无输出	同上	优化设计圆锥齿轮参数;合理设计轴承的安装形式,设置注油嘴	定期检查 润滑	
16	襟翼作动器	F06.06	丝母的滚珠严重损伤	同上	挑选尺寸基本一致的滚珠装配,降低滚道表面的接触应力;精细设计滚珠返回通道,防止出现阻塞	定期检查 润滑	
17	襟翼作动器	F06.08	丝母滚珠卡滞	同上	选配优质滚珠,降低接触应力;选用优质润滑脂进行润滑和防止腐蚀	定期检查	
18	襟翼作动器	F06.10	转动支座卡滞	同上	进行防卡滞设计;设置注油嘴便加注润滑脂	定期润滑	

附录 B 某型民机缝翼传动机构 FMEA 表

表 B.1 某型民机缝翼传动机构故障模式及影响分析表

初始约定层次：某型民机　　　　　任务：飞行　　　　　约定层次：缝翼传动机构

代码	产品名称	功能描述	故障模式		故障原因	任务阶段	故障影响			严酷度类别	故障检测方法	设计改进措施	使用补偿措施	备注
			编号	模式			局部影响	高一层次影响	最终影响					
S01	缝翼安装装组件	安装缝翼,为缝翼运动提供轨迹导向	S01.01	滑轮支架裂纹	疲劳,材料缺陷	F	滑轮支架强度降低	无影响	无影响	IV	目视检查	合理选材；合理设计支架的壁厚及其安装孔的边距	定期检查	
			S01.02	滑轮表面损伤	磨损、腐蚀	F	安装间隙增大、滑动表面紧涩	收、放运动阻力增大	无影响	IV	目视检查	合理选材；优化热处理工艺,提高滑轮耐磨性	定检润滑	
			S01.03	滑轮的转动不灵活	磨损、腐蚀	F	滚动表面之间紧涩	收、放运动阻力增大	无影响	IV	视情检查	选用好轴承,选择合理的安装位方式	定检润滑	
			S01.04	缝翼滑轨磨损	磨损,润滑不良	F	缝翼安装间隙增大	无影响	无影响	IV	视情检查	采取措施提高襟缝翼滑轨表面的耐磨性,选用优质润滑脂	定检润滑	

续表

代码	产品名称	功能描述	故障模式 编号	故障模式 模式	故障原因	任务阶段	故障影响 局部影响	故障影响 高一层次影响	故障影响 最终影响	严酷度类别	故障检测方法	设计改进措施	使用补偿措施	备注
			S01.05	缝翼滑机刚度不足	设计刚度不足	F	载荷作用下变形过大	无影响	邻近位置的结构擦伤	III	无	合理设计缝翼滑轨横截面形状	无	结构试验
			S01.06	连接螺栓松动	振动、防松设计不合理	F	连接处松动	故障征候	无影响	IV	目视检查	选用成熟可靠的螺栓防松措施	视情检查	
			S01.07	连接螺栓锈蚀	腐蚀、长期使用	F	故障征候	故障征候	无影响	IV	目视检查	螺栓表面进行处理,提高抗腐蚀性	视情检查	
S01	缝翼安装组件	安装缝翼为缝翼运动提供轨迹导向	S01.08	连接螺栓断裂	强度不足	F	连接强度、刚度降低	结构变形增加,收放运动卡滞	可能发生结构干涉碰撞损伤飞机	II	视情检查	选用高强度钢制造连接螺栓;加强工艺质量控制,按批次抽检螺栓,若发现螺栓强度不足,则同批螺栓报废处理	定期检查	

续表

代码	产品名称	功能描述	故障模式		故障原因	任务阶段	故障影响			严酷度类别	故障检测方法	设计改进措施	使用补偿措施	备注
			编号	模式			局部影响	高一层次影响	最终影响					
S02	缝翼动力驱动装置	电能转换为机械能	S02.01	不能转换	电机损坏	F	无输出运动	无缝翼收放运动	超限制速度飞行或缝翼未放下着陆,损伤飞机	II	离位检测	余度设计,增加一台并联电机	定期检查	
			S02.02	制动装置误刹车	松刹机构卡滞;错误的刹车信号	F	无输出运动,电机烧坏	无缝翼收放运动	同上,损伤飞机	II	离位检测	刹车机构进行防卡滞设计;控制系统增加电路联锁保护功能	定期检查	
		制动,定位停止功能	S02.03	准确定位功能失效	刹车盘过度磨损,刹车弹簧损坏;无刹车控制信号	F	制动功能失效	收放运动精度降低	无影响	IV	离位检测	提高刹车弹簧的疲劳强度;增加机械限位装置;增加冗余控制单元	定期检查	
			S02.04	定点停止精度下降	刹车盘磨损,刹车弹簧弹簧刚度降低	F	制动精度降低	收放运动精度降低	无影响	IV	离位检测	合理选材,优化制造工艺,提高刹车盘和弹簧的性能	定期检查	

续表

代码	产品名称	功能描述	故障模式		故障原因	任务阶段	故障影响			严酷度类别	故障检测方法	设计改进措施	使用补偿措施	备注
			编号	模式			局部影响	高一层次影响	最终影响					
S02	缝翼动力驱动装置	合成两台电机运动	S02.05	速度综合差动组件无输出	速度综合差动组件卡滞	F	无输出运动,电机烧坏	无缝翼收放运动	超限制速度飞行或缝翼未放下着陆,损伤飞机	II	离位检测	选择成熟可靠的方案设计综合差动机构	定期检查	
			S02.06	速度综合差动组件的输出运动不平稳	速度综合差动组件磨损	F	输出运动不平稳	缝翼收放运动不平稳	无影响	IV	离位检测	零件进行合理的热处理,提高零件的强度和耐磨性	定期检查	
		力矩限制保护功能	S02.07	扭矩过载后无保护卡滞	给定过载扭矩偏大,脱开机构卡滞	F	保护功能失效,传动零件损坏	传动零件损坏,襟翼收放运动停止	超限制速度飞行或缝翼未放下着陆,损伤飞机	II	离位检测	准确计算工作扭矩,给定扭矩合理限定扭矩值;脱开限开机构进行防卡滞设计	定期检查润滑	
			S02.08	低扭矩时提前保护	设定的保护扭矩值过小	F	输出扭矩值降低	缝翼收放运动不能到位	同上	II	离位检测	设定合理的扭矩限定值,严格检验该值	定期检查	

续表

代码	产品名称	功能描述	故障模式编号	故障模式模式	故障原因	任务阶段	局部影响	高一层次影响	最终影响	严酷度类别	故障检测方法	设计改进措施	使用补偿措施	备注
S02	缝翼动力驱动装置	利用齿轮传动机构减速并输出扭矩	S02.09	齿轮箱无输出运动	传动零件损坏;传动件卡滞	F	无输出运动、电机烧坏	无缝翼收放运动	超限制速度飞行或缝翼未放下着陆,损伤飞机	II	离位检测	设计较大的齿轮重合度,降低齿面接触应力;合理设计轴承的安装形式	定期检查	
			S02.10	齿轮箱的输出运动不平稳	传动零件的磨损,安装和传动同隙增大	F	输出运动不平稳	缝翼收放运动不平稳	无影响	IV	离位检测	合理选材,对零件进行合理的热处理,提高零件的强度和耐磨性	定期检查	
S03	缝翼扭力管组件	传递扭矩	S03.01	扭力管断裂	腐蚀,疲劳	F	不能传递扭矩	传动零件损坏,缝翼收放运动停止	超限制速度飞行或缝翼未放下着陆,损伤飞机	II	目视检查	进行表面处理提高耐腐蚀性;扭力管端部安装万向节,使扭力管只承受扭矩,不承受弯矩;进行疲劳设计计算和验证试验,保证扭力管的疲劳性能	定期检查	
			S03.02	万向节卡滞	腐蚀,磨损,润滑不良	F	扭力管的应力增大	缝翼收放机构传动阻力增大	无影响	IV	目视检查	对万向节进行表面处理提高耐腐蚀性和耐磨性;设计注油嘴润滑	定期检查润滑	

续表

代码	产品名称	功能描述	故障模式 编号	故障模式 模式	故障原因	任务阶段	故障影响 局部影响	故障影响 高一层次影响	故障影响 最终影响	严酷度类别	故障检测方法	设计改进措施	使用补偿措施	备注
S03	缝翼扭力管组件	传递扭矩	S03.03	万向节传动间隙增大	端部花键磨损,万向节配合表面磨损	F	输出转动不平稳	无影响	无影响	IV	目视检查	对万向节进行表面处理和热处理,提高耐腐蚀性和耐磨性;设计注油嘴润滑	定期检查润滑	
			S03.04	连接螺钉断裂	腐蚀,疲劳,受到过载应力	F	不能传递扭矩	缝翼收放运动停止	超限制速度飞行或缝翼未放下着陆,损伤飞机	II	目视检查	适当提高螺钉的强度设计余量,设计两个相互90°安装的螺钉	定期检查	
			S03.05	螺钉连接处松动	振动,安装孔超差	F	输出转动不平稳	无影响	无影响	IV	目视检查	采取可靠的螺钉安装防松措施;加强螺钉孔尺寸的检验	定期检查	
S04	扭力管轴承座	支撑扭力管组件,传递扭矩	S04.01	传动轴断裂	疲劳断裂	F	不能传动	缝翼收放运动停止,无法收放襟翼	超限速飞行,缝翼未放下着陆,损伤飞机	II	离位检查	合理选材,进行疲劳强度设计计算和试验,保证传动轴的强度要求	定期检查	
			S04.02	轴承卡滞,轴承损坏	轴承损坏	F	不能传动	缝翼收放运动停止,无法收放襟翼	同上	II	离位检查	选用优质轴承,合理设计轴承的安装形式,设置注油嘴	定期检查润滑	

续表

代码	产品名称	功能描述	故障模式		故障原因	任务阶段	故障影响			严酷度类别	故障检测方法	设计改进措施	使用补偿措施	备注
			编号	模式			局部影响	高一层次影响	最终影响					
S04	扭力管轴承座	支撑扭力管组件,传递扭矩	S04.03	配合表面间隙增大	传动轴花键磨损、轴承磨损	F	转动不平稳	无影响	无影响	IV	离位检查	进行热处理工艺,提高传动轴的耐磨性	定期检查	
			S04.04	安装螺钉松动	振动;防松措施失效	F	安装松动、转动不稳	无影响	无影响	IV	目视检查	采取可靠的螺钉安装防松措施	定期检查	
S05	角齿轮箱	在有安装角的扭力管组件之间传递扭矩,支撑扭力管组件	S05.01	传动轴断裂	疲劳断裂	F	不能传动	缝翼收放运动停止,无法收放缝翼	超限制速度飞行或缝翼未放下着陆,损伤飞机	II	离位检查	合理选材,进行疲劳强度设计计算和试验,保证传动轴的强度要求	定期检查	
			S05.02	轴承卡滞	轴承过度磨损;轴承保持架损坏	F	不能传动	缝翼收放运动停止,无法收放缝翼	同上	II	离位检查	选用优质轴承,合理设计轴承安装,设置注油嘴	定期检查润滑	
			S05.03	斜齿轮损坏	轮齿疲劳断裂	F	不能传动	缝翼收放运动停止,无法收放缝翼	同上	II	离位检查	优化设计斜齿轮参数,增加疲劳强度	定期检查润滑	

续表

代码	产品名称	功能描述	故障模式 编号	故障模式 模式	故障原因	任务阶段	故障影响 局部影响	故障影响 高一层次影响	故障影响 最终影响	严酷度类别	故障检测方法	设计改进措施	使用补偿措施	备注
S05	角齿轮箱	在有安装角的扭力管组件之间传递扭矩,支撑扭力管组件	S05.04	传动不平稳	零部件相对运动表面磨损	F	转动不平稳	无影响	无影响	IV	离位检查	采用热处理工艺,提高传动零件的耐磨性	定期检查	
			S05.05	安装螺钉松动	振动,防松措施失效	F	安装松动,转动不稳	无影响	无影响	IV	目视检查	采取可靠的螺钉安装防松措施	定期检查	
S06	缝翼转动组件	减速,增大扭矩值,驱动缝翼盒的收放运动	S06.01	缝翼作动器无输出	行星齿轮、轴承等零件损坏;传动机构卡滞	F	不能转动	无缝翼收放运动	超限制速度行驶或缝翼未放下着陆,损伤飞机	II	离位检测	选择成熟的方案设计行星齿轮传动机构;严格检验作动器的装配精度	定期检查	
			S06.02	缝翼作动器输出不平稳	传动零部件磨损	F	转动不平稳	缝翼收放运动不平稳	无影响	IV	离位检测	选用优质轴承;采取热处理、润滑等措施提高传动件耐磨性	定期检查	
			S06.03	缝翼作动器的壳体裂纹	材料缺陷或设计强度不足	F	转动不平稳	缝翼收放运动不平稳	无影响	IV	目视检测	合理选材;合理设计壳体的壁厚及其安装孔的边距	定期检查	

续表

代码	产品名称	功能描述	故障模式 编号	故障模式 模式	故障原因	任务阶段	故障影响 局部影响	故障影响 高一层次影响	故障影响 最终影响	严酷度类别	故障检测方法	设计改进措施	使用补偿措施	备注
S06	缝翼转动组件	减速、增大扭矩值，驱动缝翼盒的收放运动	S06.04	缝翼作动器的安装松动	结构振动或防松措施不合理	F	转动不平稳	缝翼收放运动不平稳	无影响	IV	目视检测	选择可靠的安装螺钉防松措施	定期检查	
			S06.05	传动小齿轮齿断裂	疲劳、设计强度不足	F	小齿轮、齿条运动不平稳	缝翼收放运动不平稳	可能引起附近结构振动	III	目视检查	合理选材、选择锻件制造零件；合理确定齿轮齿条的传动比，适当选择齿轮齿数，提高轮齿疲劳强度	定期检查	
			S06.06	齿轮轮齿表面损伤	磨损、腐蚀	F	传动精度降低	无影响	无影响	IV	目视检查	采取热处理工艺，提高齿轮齿面的耐磨性	定检润滑	
			S06.07	齿轮支撑轴承磨损	磨损、润滑不良	F	齿轮转动精度降低	无影响	无影响	IV	离位检查	选用优质轴承；设置注油嘴，选用耐环境的润滑脂润滑	定检润滑	
			S06.08	齿轮支撑轴承的保持架损坏	磨损、轴承安装形式不合理	F	缝翼齿轮转动卡滞	缝翼收放运动卡滞	超限制速度飞行或缝翼未放下着陆，损伤飞机	II	离位检测	合理设计轴承的安装定位形式，保证轴承的安装精度要求	定期检查	

续表

代码	产品名称	功能描述	故障模式		故障原因	任务阶段	故障影响			严酷度类别	故障检测方法	设计改进措施	使用补偿措施	备注
			编号	模式			局部影响	高一层次影响	最终影响					
S06	缝翼转动组件	减速、增大扭矩值,驱动缝翼翼盒的收放运动	S06.09	齿条的轮齿表面损伤	磨损、腐蚀	F	传动精度降低	无影响	无影响	IV	目视检查	采用热处理工艺提高轮齿的耐磨性;选用耐环境且防锈性能好的润滑脂	定检润滑	
			S06.10	齿条的安装固定螺栓松动	振动、防松措施不合理	F	齿条的安装强度降低	无影响	无影响	IV	原位检查	选择可靠的螺钉安装防松措施;设计多个螺钉安装、采用铰制孔形式安装螺钉,提高安装可靠度	定期检查	

表 B.2 缝翼传动机构Ⅱ类严酷度的故障模式清单

序号	产品名称	故障模式 编号	故障模式 模式	故障最终影响	设计改进措施	使用补偿措施	备注
1	缝翼安装组件	S01.08	连接螺栓断裂	可能发生结构干涉碰撞损伤飞机	选用高强度钢制造连接螺栓;加强工艺质量控制;按批次抽检螺栓强度,若发现抽检螺栓强度不足,则同批螺栓报废处理	定期检查	
2	缝翼动力驱动装置	S02.01	电能不能转换为机械能	超限制速度放下着陆;损伤飞机	余度设计;增加一台并联电机	定期检查	
3	缝翼动力驱动装置	S02.02	制动装置误刹车	超限制速度放下着陆;损伤飞机	刹车机构进行防卡滞设计;控制系统增加电路联锁保护功能	定期检查	
4	缝翼动力驱动装置	S02.05	速度综合差动组件无输出	同上	选择成熟可靠的方案设计速度综合差动机构	定期检查	
5	缝翼动力驱动装置	S02.07	扭力矩过载后无保护	同上	准确计算合理的限定扭矩值;给出合理限定扭矩;开机构进行防卡滞设计	定期检查	润滑
6	缝翼动力驱动装置	S02.08	低扭矩时提前保护	同上	设定合理的限定扭矩值;严格检验产品的扭矩限定值	定期检查	
7	缝翼动力驱动装置	S02.09	齿轮箱无输出运动	同上	设计较大的齿轮重合度;降低齿面接触应力;合理设计轴承的安装形式	定期检查	
8	缝翼扭力管组件	S03.01	扭力管断裂	同上	扭力管进行表面处理,提高耐腐蚀性;使扭力管只承受扭矩,不承受弯矩;进行疲劳设计计算和验证试验,保证扭力管的疲劳性能	定期检查	
9	缝翼扭力管组件	S03.04	连接螺钉断裂	同上	适当提高螺钉的强度设计余量;设计两个相互90°安装的螺钉	定期检查	
10	扭力管轴承座	S04.01	传动轴断裂	同上	合理选材,进行疲劳强度设计计算和试验,保证传动轴的强度要求	定期检查	

续表

序号	产品名称	故障模式		故障最终影响	设计改进措施	使用补偿措施	备注
		编号	模式				
11	扭力管轴承座	S04.02	轴承卡滞	同上	选用优质轴承,合理设计轴承的安装形式,设置注油嘴	定期检查、润滑	
12	角齿轮箱	S05.01	传动轴断裂	同上	合理选材,进行疲劳强度设计计算和试验,保证传动轴的强度要求	定期检查	
13	角齿轮箱	S05.02	轴承卡滞	同上	选用优质轴承,合理设计轴承的安装形式,设置注油嘴	定期检查、润滑	
14	角齿轮箱	S05.03	斜齿轮损坏	同上	优化设计斜齿轮参数,增加疲劳强度	定期检查、润滑	
15	缝翼转动组件	S06.01	缝翼作动器无输出	超限制速度飞行或缝翼未放下着陆,损伤飞机	选择成熟的方案设计行星齿轮传动机构;严格检验作动器的装配精度	定期检查	
16	缝翼转动组件	S06.08	齿轮支撑轴承的保持架损坏	同上	合理设计轴承的安装定位形式,保证轴承的安装精度要求	定期检查	